鹿児島県大口市の瀬戸山巌さんの冬野菜の畑。秋にイネ科牧草のイタリアンライグラスの種を播き、その上からカブ、チンゲンサイ、白菜、大根、タカナの種を播く。すると、無農薬でもぜんぜん病害虫がつかない。（撮影　赤松富仁　本文42ページ参照）

天敵名人のハウス

高知県土佐市　浜田忠光さん

撮影・赤松富仁

高知県土佐市の浜田忠光さんは、天敵を利用して、無農薬でシシトウを栽培している。天敵活用を軌道にのせるには、土着天敵を活かすことが不可欠だという。購入天敵だけに頼れば、金額的にあわなくなってしまうからだ。

シシトウのハウス栽培で、もっとも基本となる天敵は、クロヒョウタンカスミカメ、ヒメカメノコテントウ、カブリダニ（コウズケカブリダニ・ニセラーゴカブリダニ）の三種類。この三種類の天敵のバランスをうまく保てれば、コナジラミ、スリップス、アブラムシなど主要な害虫を問題なく抑えることができる。

昆虫間のバランスがとても重要で、害虫など天敵の食べ物がいなくなってしまうと天敵同士で食い合うし、共食いまでする。浜田さんは、生態系の土台にいるダニ類を絶やさないようにハウス内に米ぬかを振ったり、アブラムシの生息場所となる麦を絶やさないようにしている。

ベッドの肩に米ぬかをまいて、天敵のエサになるダニ類の生息場所にする。

天敵たちのエサになるムギクビレアブラムシの生息場所となるように、麦を植える。麦が枯れてきたら、新たに種を播いて絶やさないようにする。

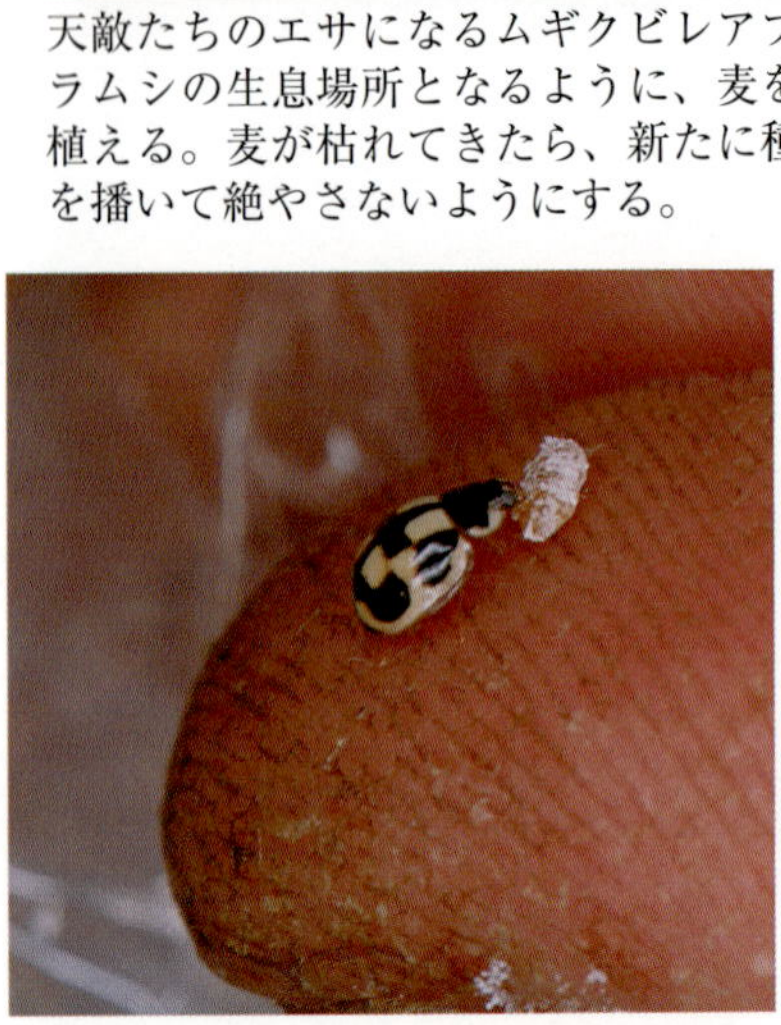

ヒメカメノコテントウにカイガラムシを食わせ、味を覚えさせてから放す。

テントウムシなどの比較的大きな天敵を捕まえて、次の夏作のハウスに移動させる。

コナジラミが好むイヌホオズキ。天敵のエサにするために残しているが、コナジラミが殖えすぎることもあるので注意。

クロヒョウタンが好むオオアレチノギク。セイタカアワダチソウも好む。

夏作用の苗は量が少ないので、冬作のうね間で育苗する。苗のうちに天敵を定着させておく。

冬作の苗は量が多いので、夏作の株を抜いて、育苗用の場所をあける。株を抜いたときに天敵が地面に落ちて、苗に定着する。

◀新しい天敵を見つけると、虫かごに入れ、どんなエサを食べるか、いつごろ産卵するかなどを観察する。

天敵のクロヒョウタンを見つけてにっこり。

クロヒョウタンカスミカメ。関東以南にはどこにでもいる。コナジラミをよく食べる。浜田さんのハウスには、ククメリス、サバクツヤコバチ、ハナカメムシ、ニセラーゴカブリダニ、ツヤコバチ、キイカブリダニ、ヒメカメノコテントウ、ヒラタアブ、タバコカスミカメ、コミドリチビトビカスミカメ、コレマンアブラバチ、ヘヤカブリダニ、キアシクロヒメテントウ、チリカブリダニ、マイコタールなどの天敵がいる。

コナジラミがやや殖えたため、捕虫器で捕獲する。シシトウの樹を揺すると、いっせいにコナジラミが黄色いセロファンをかぶせた電球めがけて飛んでくる。次に、電球を揺らして、コナジラミを換気扇の下の袋に吸い込ませる。

無農薬でも、こんなにきれいなシシトウ。

うねにカタバミを残しておくと、クロヒョウタンの産卵場所になる。

天敵図鑑

協力・岡林俊宏氏
高知県園芸流通課

クロヒョウタンカスミカメ
写真は終齢幼虫。アザミウマ類の土着天敵。見かけはアリによく似ている。

タイリクヒメハナカメムシ
アザミウマ類の天敵として、周年で販売されている。もともとヒメハナカメムシ類は、高知県や和歌山県や九州などの暖かい地方に生息している。
（高知県農業技術センター　下元満喜氏提供）

ヘアカブリダニの成虫
アザミウマ類の土着天敵。ククメリスの定着のために、通路に籾がら、フスマをまくと、ヘアカブリダニも自然に殖えてくる。

ショクガタマバエの幼虫
アブラムシの天敵として販売されているが、土着天敵としても自然に生息している。
（近畿中国四国農研センター　長坂幸吉氏提供）

タバコカスミカメの幼虫
アザミウマ類やコナジラミ類など微小な害虫を捕食する。ただし、害虫を食い尽くすとトマトやナスの生長点などを加害することがある。

ハダニタマバエの幼虫
ハダニ類の天敵。海外では資材化されている。ハダニを食べるのは幼虫だけで、昼間は葉の裏などでじっとしている。

おとり作物のキュウリにできた、コレマンアブラバチのマミー。

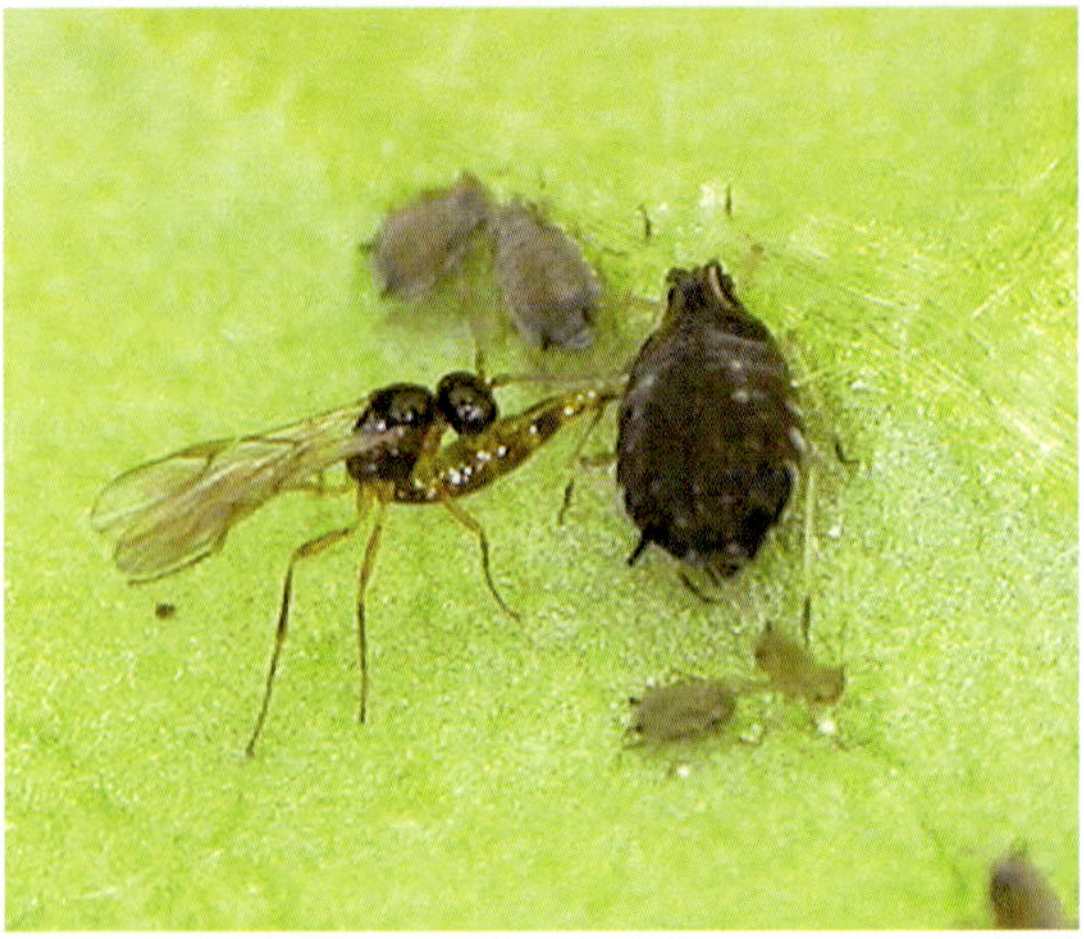

コレマンアブラバチ
ワタアブラムシに卵を産みつけているところ。
（近畿中国四国農研センター　長坂幸吉氏提供）

ヒメカメノコテントウの幼虫
下は、ヒゲナガアブラムシ。

ナナホシテントウの成虫と卵
卵は数日で孵化して幼虫となる。

コミドリチビトビカスミカメ
成虫がハダニを捕食している。西日本ではどこにでもいるカメムシ。アザミウマやアブラムシなどを捕食はするが、作物自体も吸汁するので、天敵でもあり害虫でもある。

ナミテントウの幼虫
ナミテントウは、天敵資材として販売されている。ワタアブラムシ、モモアカアブラムシ、ヒゲナガアブラムシなどを旺盛に捕食する。

ヒラタアブの幼虫
幼虫は、最初のうちは身体の中が透けて見える。一匹だけで、この葉のアブラムシをすべて捕食した。

ヒラタアブの成虫
成虫のメスが、アブラムシのコロニーの中に白くて細長い卵を産みつける。

ヤマトクサカゲロウ
カイガラムシを捕食中の3齢幼虫。アブラムシ、コナジラミ、ハダニ、ヒゲナガアブラムシ類、カイガラムシまで幅広く捕食する。

アカメガシワクダアザミウマ
害虫のアザミウマを食べるアザミウマ。

キイカブリダニ
アザミウマの幼虫を捕食中。土着カブリダニ種の中でもアザミウマ類等の捕食量は抜群。
（高知県農業技術センター　山下泉氏提供）

ハモグリミドリヒメコバチ
ハモグリバエ類の土着天敵。ハモグリバエの幼虫に産卵管を刺している。
（高知県農業技術センター　下元満喜氏提供）

家庭菜園の害虫と天敵

本田進一郎

4月中旬の菜園。手前からリーフレタス、ソラマメ、からし菜、山東菜、ねぎなど。手前の植え穴はじゃがいも。左の方にはルッコラ、大根、玉ねぎ、じゃがいもが植えてあり、周囲には、アスパラ、レモン、グレープフルーツ、フェイジョア、ブルーベリー、栗、椿、桜など（神奈川県）。

ニジュウヤホシテントウ。有力な天敵がいないようで、春先のじゃがいもに現れ、じゃがいもが終わると、ナスとトマトに移動する。目立つし、逃げないので手で取る。アマガエルがいれば、うまく捕食するのかもしれない。

◀春先に一番早く現れるのはソラマメの生長点につくアブラムシ（4月上旬）。ただ、ソラマメは、先端を摘心するので、その後は発生しない。

次に現れるのは、ヤガの幼虫の毛虫。ヤガの幼虫はすごい勢いでソラマメの葉を食べるので、手で取る。その後、子育て中のムクドリのつがいがやってきて、ヤガの幼虫とシャクトリムシをきれいに捕まえていった。

▶春のころのササグモ。じゃがいもの葉の上で虫を待つ。じゃがいもの葉を食害するキリギリスやバッタの幼虫を次々と捕食する（5月中旬）。

米ナスの葉に巣を張るクモ。クモたちは、虫が作物につく場所をよく知っているようで、必ず生長点の周辺に巣を張る（6月上旬）。

▶じゃがいもの葉の上にいるオオカマキリの幼虫（5月中旬）。じゃがいも、ナス、トマト、きゅうりなどの一番上の葉に、一株に一匹ずつ陣取って、虫を待っている。ただし、そのまま成虫にならずに、初夏のころには姿を見かけなくなり、秋口に再び現れる。鳥を避けて、藪のほうに移動するのであろうか？

アカサシガメが、カミキリムシを捕らえた。めったに姿を見せないが、いろいろな虫を捕食しているようだ（6月下旬）。

レモンの枝先は、クモの巣だらけになる（6月上旬）。

アスパラガスのクモ（6月上旬）。

米ナスの葉の上でじっと虫を待つハラビロカマキリの幼虫。理由はわからないが、オオカマキリよりも現れるのがかなり遅い（7月中旬）。

キュウリの葉の下でヨコバイを捕らえたササグモ。ササグモは春先から長い期間、活躍してくれる（7月下旬）。

ナスにつく害虫は、春先のヨトウガ、キリギリス、バッタ、ニジュウヤホシテントウ、ツブノミハムシなど。ヨトウムシは、株の周辺を熊手でかき回すと見つかる。その他の虫も発生は少なく、見つけやすいので手で取る。ナスは土中の難溶リンの吸収力が弱いので、可溶リンを施すか、堆肥施用などで土壌中の菌根菌が繁殖しやすい環境にする。

ナガメは、「菜の花につくカメムシ」の意味。ルッコラの種についていたが、ルッコラが枯れると、シソの葉に移動した（7月下旬）。

ツブノミハムシ。ナスの葉やフェイジョアの新葉をかじって小さな穴を開ける。普段はブナ科の広葉樹にいるようだが、有力な天敵がいないのか、よく見かける。見つけるたびに手で取っているが、1～2㎜の小さな甲虫なので石鹸水をかければ死ぬのではないかと思う（7月下旬）。

ナスの葉をかじるショウリョウバッタ。7月中旬ころに現れて、シソ、ナス、きゅうりなどの葉をかじる。有力な天敵（鳥？）がいないようで、夏の間は、ショウリョウバッタばかりになる（7月下旬）。

秋口にキャベツ、ブロッコリー、菜花、からし菜、山東菜などアブラナ科野菜を播くと、アオムシ、ナノクロムシ（カブラハバチの幼虫）が発生する。カブラハバチは単食性で、種によって食べるアブラナ科の種類が違うらしい。幼虫は鳥などが嫌がる汁を出すために、わざと目立つ黒い色をしている。土中に繭をつくって越冬する。何らかの天敵がいるはずだが、減らないようなら麦を間作して混播するか、あるいはネットを被せる。

以前、市街地の中で家庭菜園をやっていたときは、ナスにアブラムシがビッシリついて収穫することができなかった。郊外の森（混合林）のそばに菜園を移してからは、春先のソラマメ以外は、アブラムシは全然見かけなくなった。ナスの葉の裏にわずかにつくときがあるが、それらのアブラムシも、寄生蜂に卵を産みつけられている。

混合林の近くの菜園には、さまざまな天敵がやってくる。古来より、ヤマモモやアカシヤは、空中窒素を固定する肥料木として植えられてきた。一五〇〇年前の群馬県黒井峯遺跡から、ヤマモモを植えつけた跡が見つかっている。ヤマモモやアカシアは、地力を高めるだけでなく、さまざまな昆虫（害虫、天敵）のすみかになり、さらには、果実によって鳥類を呼び寄せ、ガの幼虫やバッタの害を防いでいたのではないだろうか。

米ナスの茎にいるアオバハゴロモの幼虫。大きな害にならないようなので放置しているが、クモが幼虫を捕食していた。

きゅうりについたアオバハゴロモの成虫。昨年はスズメのつがいがやってきて、成虫をきれいに捕まえていった（7月下旬）。

枯れた大豆についたカイガラムシ。

トマトは地中深くに根を伸ばすので、乾燥や長雨に強く、肥料をあまりやらなくてもよく育つ。害虫もまったくといっていいほどつかない。トマトをもっとも食害するのはカラスだが、ネットやテグスを張れば大丈夫。

きゅうりにつく害虫はウリハムシだけだが、入梅の頃には姿を見かけなくなる。つるがのびのびと伸びるように、広い空間を確保して実を取り遅れないようにすると生育が衰えない。連作すると生育が悪いので、場所を変える。品種は「四葉」が美味。

納豆菌＋乳酸菌＋酵母菌の発酵液

愛知県　河合正信さん

撮影・赤松富仁

発酵液を1,000倍、パイロゲン1,500倍、カキ殻入り竹酢液1,000倍、塩が10,000倍になるように混ぜて、バラに散布している。

発酵液をかけると、うどんこ病の病斑が乾いたようになって、広がらない。

通路にまいている、米ぬかにもかける。

黒砂糖300g、イースト菌20g、ヨーグルト100g、納豆20粒、500ccの水（パイロゲン1,500倍）。これで9ℓの発酵液ができ、経費は約500円。発酵液の作り方は、「えひめAI」を参考にしている。水の代わりにパイロゲンの1,500倍液を使用すると失敗しない。パイロゲンには、酢、ビタミン、ミネラル、蜂蜜などが入っている。

4～7日間培養すれば出来上がり。作りたてはクリーム色だが、やがて茶色くなる。

左が作りたて、右が作りおきのもの。

ヨモギの天恵緑汁

東京都練馬区　福田俊さん

福田さんは東京練馬区の貸し農園で、菜園歴二十七年、無農薬栽培歴十三年のベテラン。ヨモギの天恵緑汁で作物が元気になり、病気にかかりにくくなる。虫が大発生することもないという。

①材料は、ヨモギ、黒砂糖。黒砂糖はヨモギの重さの3分の1程度。葉にいる微生物を生かすため、ヨモギを洗わない。

写真は福田俊さん提供

②ヨモギと黒砂糖を交互に瓶に入れ、重石をのせる。

③約1週間で出来あがり。発酵液を抜き取る。

発酵液は、サイレージのような乳酸発酵の臭いがする。

ボカシ肥料の発酵材として使う。

100倍くらいに薄めて野菜に散布する。

スギナには3～16％ものケイ酸が含まれており、ケイ素は植物の抵抗力を高めることが知られている。

スギナ汁

茨城県茨城町
米川二三江さん

米川さんは、八反歩の畑で野菜やキクをつくって直売所に出荷している。昔からスギナは虫刺されのときなどに、すりつぶして皮膚に塗ったりしていた。人間にいいものが植物に悪いはずはないと思って、スギナを水に浸けた液を野菜の苗にかけてみた。すると、苗が元気になって病気にかからなくなったという。

撮影・田中康弘

▲抜いたスギナをひたひたの水に浸けておく。半月ほどで、液が黒ずんでくる。

▶原液のまま本葉2～3枚のころの苗に散布。定植後も活着したら散布。キュウリにうどんこ病がでなくなり、葉物にアオムシがつきにくくなった。

籾がらを詰めて竹を刺す。

くん炭製造器。籾がらを焼いてくん炭を作るときに、もみ酢がとれる。

唐辛子+にんにく+もみ酢

埼玉県鳩ケ谷市　加藤隆治さん

もみ酢に、唐辛子、ミキサーで潰したにんにくを漬け込む。半年ほど寝かせると完成。

撮影・田中康弘

ハウストマトを栽培する加藤隆治さんは、天恵緑汁、もみ酢、ブドウ酢、発酵液など何でも自分で作っている。以前は、くん煙剤、市販の酵素液など、一作で三〇万円以上の防除費用がかかっていたが、自給できる材料を利用するようになってからは、支出がほとんどなくなった。

ホットプレートで気化させる。作業が終わった午後六～八時で、一〇日に一度。「去年はコナジラミが一匹も出なかった」

白水さんが手作りしている植物エキス。

植物エキス

福岡県若宮町
白水善照さん

白水さんは、ブドウ五反とイチゴ一反五畝を栽培し、直売所で販売している。病害虫の防除に、三〇種類の植物から抽出したエキスを利用している。基本のエキスは、ドクダミ、スギ、ヒノキ、マツ、オオバコ、クマザサから抽出したもの。これを五〇〇倍に薄めて一週間に一回散布する。植物の力を借りて、作物の抵抗力を高めることと、害虫の忌避効果がねらいだ。

エキスは、植物の種類によって、アルコール、酢、熱湯で別々に抽出しておいて、使うときに混ぜる。作物の状態や病害虫に応じて、調整する。たとえば、うどんこ病には、ショウガ、ニンニク、ノビルなどの抽出液を基本のエキスに加える。害虫対策には、トウガラシ、寒天などを加えている。毒性が強いのでめったに使わないが、クスノキの樹皮、シキミの葉や枝、アセビの抽出液を一五〇〇倍に薄めて加えることもある。

（＊白水さんの技術は、『自然農業のつくり方と使い方』農文協刊に詳しく紹介されています）

4年前から始めたイチゴ。

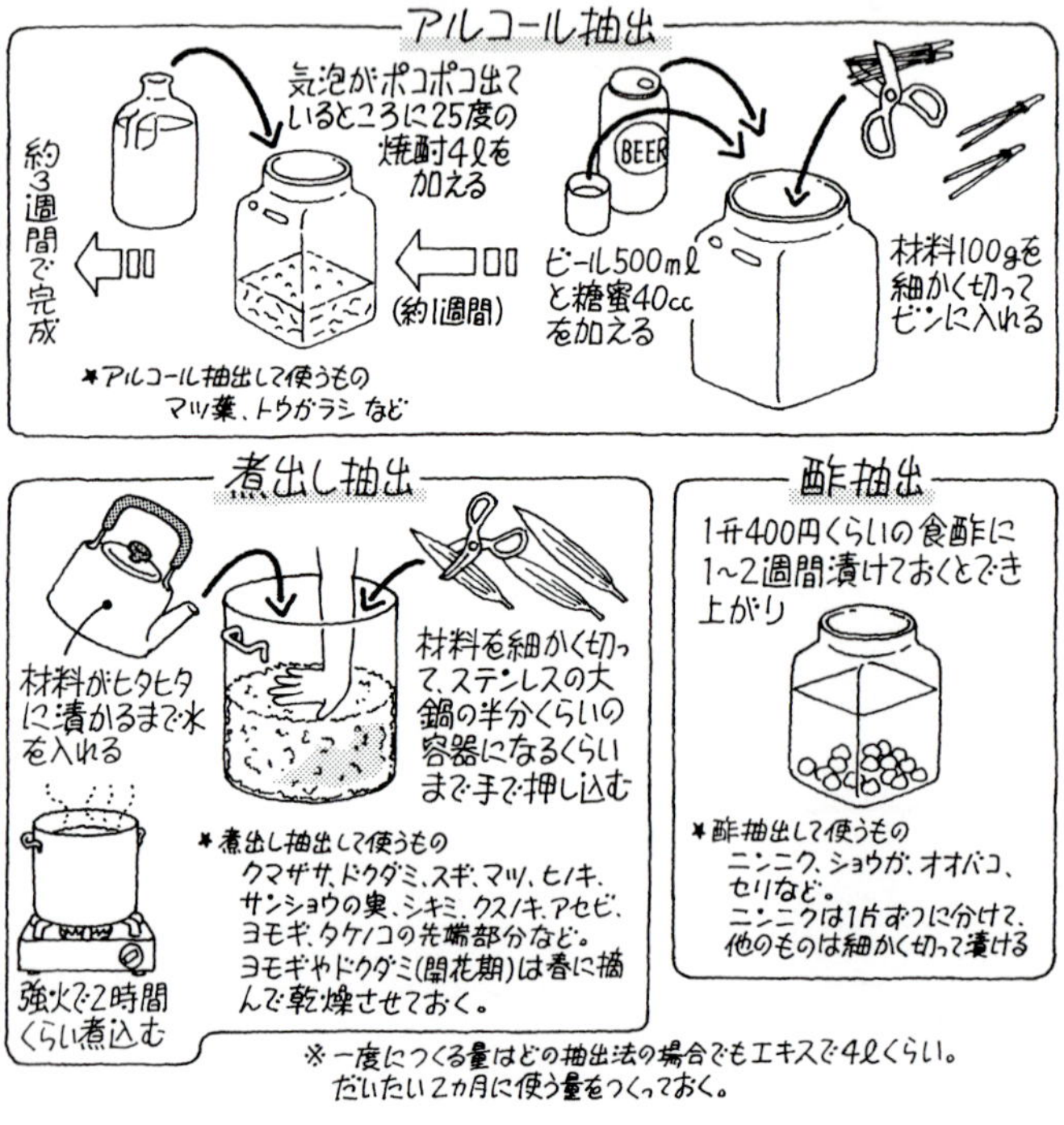
アルコール抽出
材料100gを細かく切ってビンに入れる
ビール500mlと糖蜜40ccを加える
(約1週間)
気泡がポコポコ出ているところに25度の焼酎4lを加える
約3週間で完成
＊アルコール抽出して使うもの マツ葉、トウガラシ など
煮出し抽出
材料を細かく切って、ステンレスの大鍋の半分くらいの容器になるくらいまで手で押し込む
材料がヒタヒタに漬かるまで水を入れる
強火で2時間くらい煮込む
＊煮出し抽出して使うもの クマザサ、ドクダミ、スギ、マツ、ヒノキ、サンショウの実、シキミ、クスノキ、アセビ、ヨモギ、タケノコの先端部分など。ヨモギやドクダミ(開花期)は春に摘んで乾燥させておく。
酢抽出
1升400円くらいの食酢に1~2週間漬けておくとでき上がり
＊酢抽出して使うもの ニンニク、ショウガ、オオバコ、セリなど。ニンニクは1片ずつに分けて、他のものは細かく切って漬ける
※一度につくる量はどの抽出法の場合でもエキスで4lくらい。だいたい2カ月に使う量をつくっておく。

はじめに

農業基本法（一九六一年）以来、農業の産業的自立が掲げられ、現在の農政改革も、それをさらに進めるものとして取り組まれている。産業の中でもとりわけ重要なのは、「物を生産する産業」である工業と農業だ。しかし、工業と農業の生産様式は全く違うし、工業製品と農産物は違う。例えば、世界の自動車の生産台数が三割減ったら、確かに大不況かもしれないが、人が大勢死ぬわけではない。一方、世界の食料生産が三割減れば、パニック、飢餓、紛争に直結する。また、自動車は数年でモデルチェンジを繰り返しながら生産し続けているが、二百年後の未来に自動車が存在するかどうかはわからない。しかし、食料の場合は、人類が存続する限り、同じ品質のものを生産し続けなければならない。

個々の経営体が市場を通じて自由な競争を繰り広げれば、「見えざる手」によって、最も効率的に商品の需給バランスが保たれると信じられているが、農産物の総需要は総人口によっておおよそ決まるので、工業製品に比べて農産物は、需給変動の硬直性が高く、利潤率が小さくなる（収穫逓減）。すなわち、農産物は、それほど利潤はでないが、過不足無く、しかも決して途切れることなく永続的に生産を続けなければならない。同じ「商品」であるかのように見えても、工業製品と農産物は根本的に性格が異なる物なのである。

近年、有機ＪＡＳ規格や残留農薬等に関するポジティブリスト制度が制定されているが、このような基準や法によって、食品の安全が完全に保障されるわけではない。全ての食品を検査することが不可能である以上、不正を行なおうと思えば、抜け道があるからだ。結局のところ、消費者は生産者を信頼して食料品を得る以外に、生きる方法はない。つまり、農業など食料生産に関わる人々には、きわめて高い信頼が求められるということである。品質がよく安全な食べ物を永続的に提供することよりも、利潤追求を優先してしまうような精神の人々は、食料生産にたずさわるべきではない。世界中で家族農業が支持されるのは、経済的にも精神的にも自立した自作農民が、最も信頼性が高いことを、人々が経験的に知っているためである。

農作物の病害虫を防除するには、化学合成農薬を使用するのが、最も簡単、確実な方法だ。そのために、現在の食料生産の大部分は、化学合成農薬の使用によって支えられている。近年は、毒性の範囲が広いものや残留性の強い農薬は次第に登録されなくなっているので、定められた使用法を遵守すれば、環境や人体に対するリスクはきわめて小さくなっている。農薬は危険で、無農薬だから安全などという、かつての理論は意味がなくなっている。

だからといって、これからも農薬にどっぷりと依存しておればよいかといえば、そうではあるまい。作物を人間に置き換えて考えてみると（もちろん人間と作物は同じではない）、どんな人でも、怪我や病気のときは、医薬に頼るのが普通である。しかし、医薬さえ飲んでいれば、不養生、不摂生でもかまわないなどと言う医者はいない。

すなわち、農薬を一切使ってはならぬなどということは意味がないが、生産者は、農薬を過度に投与しなくてもすむような健康な作物を作る努力を続けなければならない。健康で本当に美味しい作物を育てるには、それぞれの作物に適した土壌と環境を用意し、施肥、防除、輪作、混作などの栽培技術を駆使しなければならない。そして、健康で美味しい作物を永続的に育てることが、人々の信頼に応える最も確かな方法である。

本書では、農薬に過度に依存せず、作物の病害虫を防ぐ方法を収集しました。

目次

PART 3 病原の生態と防除法

レイアウト・組版　ニシ工芸株式会社

▩本書で取り上げている病害虫（五十音順に配列。なお，誤読しやすい病名については重複掲載）

Part 1
農薬に依存しない防除法

小川光さんが栽培するメロンの雨よけハウス。通路にヨモギなどの野草を残しておくと、ヨモギを好むアオヒメヒゲナガアブラムシが集まるが、これはメロンなどにはつかない。次に、アオヒメヒゲナガアブラムシを食べに、ナミテントウ、ヒメカメノコテントウが集まり、メロンにつくワタアブラムシを退治してくれる（福島県喜多方市、92頁参照）。

天敵活用で産地の防除が変わった

高知県安芸市

編集部

かつては、安芸では、新薬の農薬をどこよりも早く使っては、いち早く病害虫の抵抗性をつけてしまう。そしてまた新薬の発売を心待ちにするという農業の形が、当たり前になっていた。害虫は強くなるいっぽうだし、コストもかかる。農家は農薬散布ばっかりして身体もきつい。それでも、殺虫剤をかけて効くのならまだいいが、暖かくなる四月からはハウスを開けるので、結局は外から入ってくるミナミキイロアザミウマにやられてしまい、ナスもピーマンも傷だらけになってしまう。「このままじゃいかん」。八方ふさがりなのは、農家もみんな本当はわかっていた。

普及センターが本気でIPM（総合的病害虫管理）を推進しようと動き始めたのは、そんな状況のさなかの九八年のことだった。

天敵資材の導入

当時発売されていたミナミキイロアザミウマの天敵は、ククメリスカブリダニ。ナス・ピーマン地帯の安芸では、このククメリスを中心に据えての天敵活用が始まった。

暖地の安芸の場合、ナスやピーマンの定植は九月で、翌年の六月いっぱいまでハウスの中に作物がある。当初、ククメリスだけでは、秋～冬はなんとかなっても、春先からのミナミキイロの猛烈な増殖スピードに追いつかない。結局は、途中で強い殺虫剤を使わざるを得ず、天敵栽培を断念しなければならないことが多かった。

二〇〇〇年に、高知在来種のタイリクヒメハナカメムシが販売されるようになった。ククメリス同様、ミナミキイロをもっとも好む天敵だ。初めて試した農家は一〇〇軒。これがみな、「農薬がかすむくらいの効果があった」。高知の天敵時代の幕開けである。

天敵は、農薬に弱い

タイリクヒメハナカメムシは、秋に放飼してハウスに定着してしまえば、冬を越して春からもずっとハウスの中で元気でいてくれる。ミナミキイロが外から飛び込んできても、その勢いを上回って食べ尽くしてくれるのだ。おかげで春先以降は、殺虫剤を使っていた頃よりも、よっぽどきれいなナスやピーマンがとれるようになった。

そんなヒメハナカメムシだが、殺虫剤にはきわめて弱かった。無農薬で栽培できれば問題ないのかもしれないが、ハウスにはミナミキイロ以外に、アブラムシもダニもハモグリも出る。一般には、天敵資材と殺虫剤を組み合わせて防除体系を組み立てる。

天敵栽培を成功させるためにはタイリクヒメハナカメムシが欠かせない。だがこのカメムシをうまく使うには、殺虫剤は使えない。安芸の農家はいよいよ本気で農薬を使わない栽培に変えるしかなかった。天敵を観察し、天敵に影響の少ない農薬だけを使うための勉強をした。

「この方向しかない」大北勝敬さん

天敵はね、頭の切り替えの難しい年代の人たちならまだしも、我々の年代くらいの若いもんは、やってかないかんのが常識でしょ。途中で失敗しても、その方向しかないと思ってやってきたよ。

実際ねー、これだけのハウスを農薬で消毒するっちゅーのは大変なこと。三八aのこのハウス一回消毒するのに労力は二万円、クスリ代は二～三万円として、一回に約五万円。それでいて農薬はあまり効かないし、抵抗性ついちゃったらどうしようもない。

今はもう、僕らのハウスは滅多に農薬散布せんき。虫は一〇〇%いなくならなくてもいいっていう考えだから。八割減れば十分。

大北勝敬さん（撮影　赤松富仁）

天敵栽培に変えてからのほうが、ナスがピカピカになった（撮影　赤松富仁）

今作で困ったのは、近所にオクラつくってる人がいて、そこから秋にアブラムシがたくさん来たこと。ナスのうねのところどころにおとり作物でキュウリ植えてたんだけど、そこにビッシリ来たね。オクラは一週間に一度は防除するらしいから、抵抗性のついたアブラムシが入ってくると困るねー。この問題を解決するには、地域の農家全員が天敵栽培することしかないだろうね。何年先になるかな。

仕方ないから、十月にアブラムシ用に殺虫剤をかけた。天敵には比較的やさしい農薬なんだけど、ヒメハナだけは影響がでる。「これかけたらヒメハナ減るなあ。あー損した」とか思いながらかけた。仕方ないき、そのあと追加放飼。

途中で農薬かけるっていうのは、ようするにヘタだってことだ。天敵はとにかく農薬ふらないのが一番。どんなに「影響ない」って農薬でも二五%くらいは減るな。天敵栽培やると、農薬がややこしくないのもいい。前は、やれ△△は抵抗性がついたとか、今度新しい××っていうのが出たらしいとか、わけわかんないカタカナの名前がたくさんで覚えきれんかったけど、今なんか単純だね。

ヒメハナカメムシ入れるようになってから、かいたナスの葉を全部下に落とすようになったよ。だってせっかく天敵がついてる葉を外に持ち出したらもったいない。すごい損失。うねの上に放っておいとくと、自然に分解する。

去年から、ポリマルチもやめたしね。アブラムシの天敵のショクガタマバエは、土に潜って蛹になるから、マルチがあると潜れないのよ。天敵が次世代になれないんじゃ困るからね。おかげでマルチ代三万五〇〇〇円が浮いた。

今、子供が春休みだから、「外でテントウムシとってきたら一匹一〇円で買うよ」っていったら、三人で競争して毎日とってくる。昨日は三二〇円払った。この休みでもう一〇〇〇円以上、払ったなー。テントウムシだって、売ってるやつ

市販されている天敵の主なもの （「天敵利用　虎の巻」（安芸農改普及センター）より）

対象害虫	天敵	商品名
アザミウマ類	タイリクヒメハナカメムシ	タイリク、オリスターA
	ククメリスカブリダニ	ククメリス、メリトップ
	ディジェネランスカブリダニ	スリパンス
アブラムシ類	コレマンアブラバチ	アフィパール、アブラバチAC、コレトップ
	ショクガタマバエ	アフィデント
	ヤマトクサカゲロウ	カゲタロウ
	ナミテントウ	ナミトップ
ハモグリバエ類	イサエアヒメコバチ	ヒメコバチDI、ヒメトップ
	ハモグリコマユバチ	コマユバチDS
	イサエアヒメコバチ＋ハモグリコマユバチ	マイネックス
ハダニ類	チリカブリダニ	スパイデックス、カブリダニPP、チリトップ
	ミヤコカブリダニ	スパイカル
オンシツコナジラミ	オンシツツヤコバチ	エンストリップ、ツヤコバチEF、ツヤトップ
シルバーリーフコナジラミ	サバクツヤコバチ	エルカール

買うと高いき。一匹七〇円くらいする。

天敵栽培のコストかい？　まあナスの場合、前と同じくらいかな。ピーマンの人は安くなってると思う。ただ、消毒せんでいいき身体はラク。これは大きい。その分、観察はしなきゃいけないが。かん水のバルブの開け閉めの間に、そこらを見て回ることにしている。天敵の密度、害虫の密度、ステージ他、すべて考えて行動を決めないといけない。前は観察なんか必要なかった。虫がいたら、殺虫剤を五～六剤一緒に混ぜて、散布してただけだったからなー。それでも農薬は「効かなかった」んだよ。天敵はいいね。

シシトウの花の中には、ヒメハナカメムシが何匹もいた。中央の小型のものはヒメハナの幼虫（撮影　赤松富仁）

土着天敵は、ものすごく重要だ

春に暖かくなってハウスを開けるようになってくると、アブラムシも増えるが、アブラムシを食べる土着天敵もハウスに入ってくる。テントウムシも来るし、ヒメハナカメムシもミナミキイロに飽きたら結構アブラムシを食べたりする。そして最後に大活躍するのは、毎年ヒラタアブの幼虫だ。

六月にハウスの作付けが終わって片づけると、以前はハウスのミナミキイロが露地ナスへ移動し、「露地ナスがつくれない」と文句をいわれたものだが、今は違う。露地ナスに天敵がわんさか移動するのだ。そのまま地域で定着して、また秋からハウスに入ってきてくれるとちょうどいいのだが、問題なのは、水田のカメムシへの殺虫剤。ここで、定着していた地域のヒメハナカメムシが一気に死ぬ。

まだまだ、課題は続くのだが、「日本の農業はここから変わる」という気がした。

二〇〇四年六月号　産地まるごと天敵活用

天敵栽培すると、問題になってくる虫たち

岡林俊宏　高知県園芸流通課

二〇〇三年、高知県安芸市内のナス類、ピーマン類の天敵利用農家にアンケートに答え

てもらった。当時、タイリクヒメハナカメムシの本格的な利用も二〜三年目で、「天敵利用栽培でやっていける！」という自信をみなが持てたのがこの頃だ。「どのような害虫が、どの程度問題と感じているか」という設問の結果が左の表だ。

ナス類、ピーマン類の天敵利用農家での問題となる害虫アンケート結果
（2003年4〜5月実施）

問題程度（%）／害虫の種類	ナス類（65ハウス）			ピーマン類（53ハウス）		
	問題	やや問題	問題なし	問題	やや問題	問題なし
モモアカアブラムシ	6	48	46	8	37	55
ワタアブラムシ	11	28	61	15	26	59
ジャガイモヒゲナガアブラムシ	6	32	62	4	19	77
チューリップヒゲナガアブラムシ	3	5	92	2	4	94
コナジラミ類	5	9	86	0	4	96
ハモグリバエ類	11	48	41	—	—	—
チャノホコリダニ	26	56	18	4	8	88
ハダニ類	8	37	55	4	17	79
カイガラムシ類	0	14	86	9	60	31

※タイリクヒメハナカメムシの定着率：ナス類78%、ピーマン類94%
※コレマンアブラバチはほぼ100%の農家で利用しており、そのうちの65%が麦のバンカーを設置している

チャノホコリダニ　チャノホコリダニは、天敵・ククメリスカブリダニの利用がに普及した一九九九年頃から多発してきた。とくにナスでは問題とする農家が多かった。ククメリスカブリダニに影響のあるダニ剤を使わなくなったことで、同じダニの仲間であるチャノホコリダニが増えてしまったのだ。誰も、その被害症状を知らなかったこともあって大騒ぎになった。

　対策としては、まず農家が被害症状をはっきり認識して早めに発見ができるようになること、そして発生源となる被害の激しい生長点を取り除くこと、スポット散布の徹底。数年を経た最近は、蔓延してしまうハウスはずいぶん減ってきている。

ピーマンの葉にマデイラコナカイガラムシが蔓延したところ

カイガラムシ　天敵利用が始まる前は、施設野菜でカイガラムシが問題になるとは、誰も思っていなかった。タイリクヒメハナカメムシが普及して、ネオニコチノイド剤を使用しなくなると、急に問題となってきた。今までは、アザミウマ類やアブラムシなどの防除に使っていた殺虫剤が、知らないあいだにカイガラムシもやっつけていたというわけだ。とくに栽培管理温度が高いピーマン類での発生が多い。

アブラムシ　ナス類、ピーマン類いずれでも問題となっているのはアブラムシだ。タイリクヒメハナカメムシを利用するほとんどの農家が、コレマンアブラバチを利用してアブラムシの防除を行なっている。

　実際、数ある天敵資材の中で、どの作物にも一番利用しやすいのが、このコレマンアブラバチであろう。小さなハチなのだが、アブラムシにせっせと卵を産み付けて、次から次へとアブラムシを「マミー」（寄生されてハチの幼虫や蛹が入ったもの）にしていく。そして、そのマミー化したアブラムシから、次世代のハチが殻を破って出てきて、またアブラムシに寄生しながら増えていく。マミー化した状態の時は、殺虫剤などの影響も受けにくく、圃場内で長く定着維持もしやすい。願ったり叶ったりの天敵なのである。

　ところが、自然界というのはそう単純に人間に都合のいいようにはいかない。

なんと、アブラムシに寄生したコレマンアブラバチに、さらにまた寄生するハチが何種類もいたのである。二次寄生蜂――つまり、天敵・コレマンアブラバチの天敵である。

コレマンアブラバチの成虫。小さい蜂だが、アブラムシを探索する能力は高い

ピーマンの生長点にわいたモモアカアブラムシのマミー

二次寄生蜂に寄生されたマミー。コレマンアブラバチは身体がスマートなので、マミーの抜け穴はよく見えないが、二次寄生蜂はずんぐりしているため、抜け穴が写真のようにはっきりと見える

ナスの新芽を加害するチューリップヒゲナガアブラムシ。普通のアブラムシより大きい

こいつらがハウス内に侵入してくると、せっかく放飼して増殖しアブラムシを抑えていたコレマンアブラバチが、いつの間にかどんどん二次寄生蜂に置き換わってしまうこととなり、一〜二か月後には、アブラムシがまたじわじわと増えだしている。四月以降には、ほとんどの農家で二次寄生蜂の侵入が確認される。冬から二次寄生蜂が多いと、春にはアブラムシの防除が困難になってくるので要注意だ。

また、もともとコレマンアブラバチが寄生しないジャガイモヒゲナガアブラムシやチューリップヒゲナガアブラムシも、問題となっている。

ハモグリバエ類　その他の害虫では、ナスではハモグリバエ類をやや問題とする農家が多い。高知県でもほとんどがマメハモグリバエからトマトハモグリバエに変わっているようだ。確かに一気に広がってしまう圃場もあるし、多発すると作物の見た目もたいへん悪い。しかしながら、実際には果実への直接の被害がないことや、土着の天敵のハモグリミドリヒメコバチなどが野外からハウス内へ入ってきて活躍してくれることから、ほとんど問題にはならない。

ハダニ類　ハダニ類はナス、ピーマンともにやや問題とする農家が多い。タイリクヒメハナカメムシが安定した密度でいれば、アザミウマを食べるついでにハダニ類も食べてくれるが、アザミウマ類を食べ尽くしてヒメハナの密度が減った時などに、ハダニ類が増殖を始めてしまうとやっかいなことになる場合が多いようだ。ただし、発見が遅れなければ、チリカブリダニやミヤコカブリダニが利用できること、また選択性の殺ダニ剤がいくつか利用できることから、防除可能な状況となっている。

シルバーリーフコナジラミ　二〇〇三年には、ナス類で八五％、ピーマン類で九六％もの農家が「問題なし」と答えていた害虫が、二〇〇五年に猛威をふるってきている。シル

ナスの葉に蔓延してしまったシルバーリーフコナジラミ

バーリーフコナジラミ（編注・現在、タバココナジラミバイオタイプBと名前が変わった）だ。

今までも、九〜十月に放飼したタイリクヒメハナカメムシが定着するまでの二か月ほどの間に、コナジラミ類も増えてくることはあった。しかし、ちょっと葉がすすになる程度なら被害も少ないし、ヒメハナカメムシが定着するとそれのエサにも多少なったりもするし、厳寒期になってくるとコナジラミ自体の増殖も遅くなってきて、ほとんど問題なくなるというパターンであった。

ところが二〇〇四年に、安芸市内でも被害ハウスが多発。「コナジラミがすごいけんど見に来てくれ〜」と電話をもらって見にいくと、あまりの蔓延にびっくり。全部シルバーリーフコナジラミであった。ラノー乳剤も抵抗性ができたのか、密度抑制効果がかなり落ちた。対策としては寄生菌の微生物製剤に頼るしかないが、まだまだ安定的に利用できているとはいえない。

シルバーリーフコナジラミは、トマトでは致命傷となる黄化葉巻ウイルスを媒介し、それこそもっと大きな問題になっている。シシトウでも白化症を起こすことがわかってきていた。高知県でも、〇・四㎜目の防虫ネットを張って侵入を防ごうとするトマト農家が増えてきている。

高知県内では、他の害虫に比べて、シルバーリーフコナジラミには野外の土着天敵が少ないことも蔓延の原因の一つではないかと考えられる。ハモグリバエ類のように、土着の寄生蜂などが野外に豊富になっていけば、もう少し発生が全体的に収束してくる可能性もある。

天敵を利用するということは、必然的に、何にでも効く殺虫剤の利用は控えることとなる。予想せぬ害虫が問題となる場合が今後もあるはずだ。課題は尽きない。

二〇〇三年の農家アンケートで、もう一つおもしろい結果を紹介したい。

「天敵利用はまり度合いチェック」

①もう何があってもやめられない…四八％

②あと数年やれば技術ももっとなんとかなると思う…四五％（うち一年：一〇％、二年：一五％、三〜五年：三〇％）

③天敵はめんどくさい！　やっぱり農薬が一番ぜよ…七％

何よりも大勢の農家が、いろんな実践をしながら情報交換をし、天敵利用に対して継続して本気で取り組んでいくことによって、その突破口は、また思わぬところから現れてくるのではないかと考えている。

二〇〇五年六月号　天敵栽培すると、問題になってくる虫たちとは？

クロヒョウタンの産地間引っ越し

松本宏司　高知中央西農業振興センター

クロヒョウタンカスミカメ（以下、クロヒョウタン）は外見はアリに似た虫で、高知県内では野外で普通に見られます。タバココナジラミが問題になるまでは果菜類の大害虫・ミナミキイロアザミウマの土着天敵だと思わ

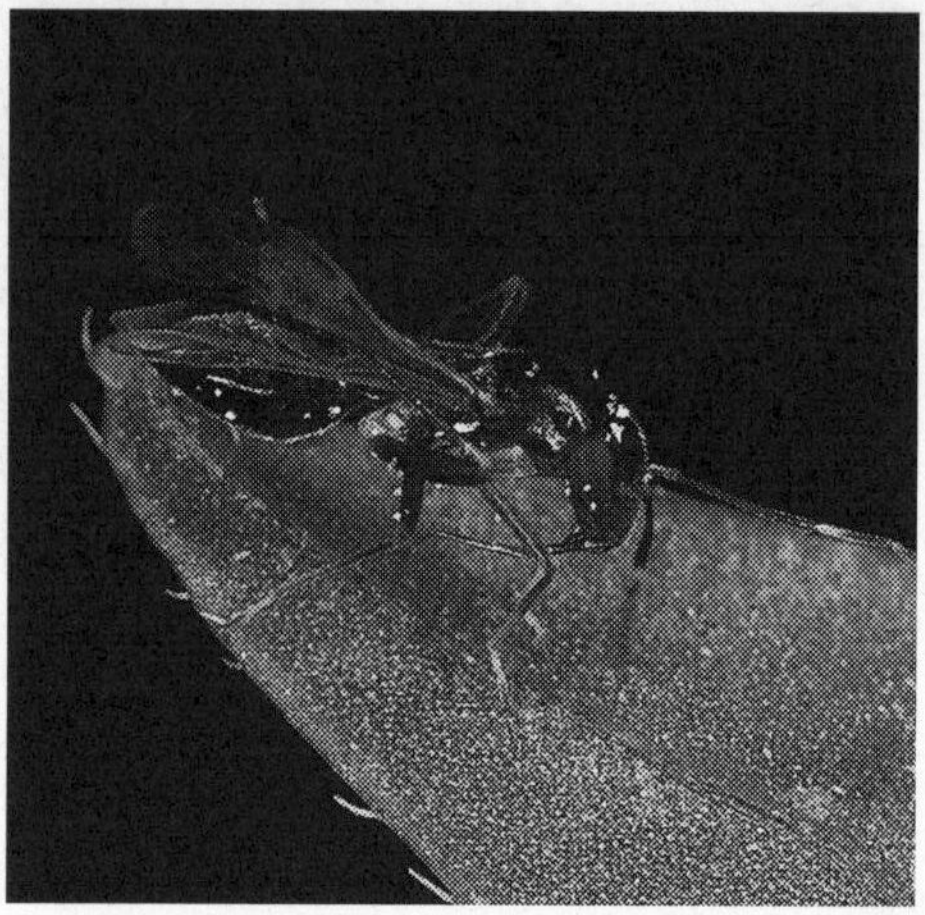

クロヒョウタンカスミカメ　関東以南にはどこにでもいる。クズやヨモギによく見られる。タバココナジラミの蛹を見つけると、針のような口で刺し、中身を吸う。他の害虫に対しても捕食力は抜群。農薬には弱い

れていましたが、アザミウマ類だけでなくコナジラミ類、ハダニ類などの害虫もバクバク食べます。

高知県安芸地域では二〇〇四年から果菜類でのタバココナジラミの被害が大問題となっていました。そんな頃、天敵を利用している促成ナス農家で、クロヒョウタンが野外からハウス内に自然に入ってきて、タバココナジラミを捕食しているのが確認されました。最初は、農家もクロヒョウタンをあまり当てにしていなかったのですが、春先の四月頃からタバココナジラミが減ってきて、被害が減少してきたことで、「これは使えるのではないか」との話になりました。

この管の下面は
ガーゼなどで
ふさいでおく
この先を口に
くわえて吸うと
こちらの管の先に
いた虫が中に吸い
込まれていく
中の紙は虫の
クッション

手づくり捕虫器（吸虫管）。一方の管の先を虫に近づけ、もう一方の管をくわえて吸い込むと、虫が捕獲される

その頃、安芸市から約八〇km離れた四国山脈に近い嶺北地域の雨よけ栽培の産地もタバココナジラミの被害が問題となってきておりました。嶺北地域は、天敵利用など環境に優しい農業に先進的に取り組んでいる地域でもありました。

そこで、安芸市から嶺北地域への引っ越し大作戦が実行に移されたのです。安芸地域も嶺北地域も天敵を利用した農業に取り組んでおり、農薬の使い方など、農家の考え方に、ある程度近いものがあったのは大事なポイントだったと思います。現在六地域、約四〇名の農家がクロヒョウタンの引っ越し大作戦に参加しています。

まず、引っ越し時期は、安芸から嶺北へが、安芸の施設栽培終了間近の六月中旬～七月上旬。嶺北から安芸へが、嶺北の雨よけ栽培終了間近の十月中旬～十一月上旬。夏秋作と越冬作、それぞれの作が終わるころに、引っ越しさせてやるわけです。

捕獲方法は白いシートなどをナスの樹の下に置いて、樹を揺すり、落ちてきたクロヒョウタンを吸虫管で吸い取ります。一〇〇頭くらい捕獲したら別の容器に移します。このとき、吸虫管内にナスなどの葉や紙を細かく切ったものを容器の三分の一ほど入れておくと、捕獲したクロヒョウタンが死ににくくなります。

また、捕獲後に引っ越し先まで時間がかかるようなら、あらかじめコナジラミ類やアザミウマ類の寄生した葉をエサとして容器に入れておくと、引っ越し先でも元気に働いてくれます（その日にハウスに入れてしまうのであればエサは不要）。引っ越し先に害虫を入れたくない場合は、再度、吸虫管でクロヒョウタンだけを吸って放してあげればいいでしょう。

クロヒョウタンは、冒頭で記述したように非常に多くの害虫を食べるため、一度増えたら長い期間効果を発揮します。しかし、親に

なるまでに約一か月間かかります。十分な効果を発揮するのは、三代目以降（約三か月後から）。そこでなるべく早くに、できるだけ多くのクロヒョウタンを圃場に入れるのがよいと思われます。

防除費は個人差もありますが、クロヒョウタンなどの土着天敵を使うことで従来の五〇～七〇％程度になったという事例もでてきました。農薬散布回数が減るので体がラクになったという声も聞かれます。

高知県では、他地域の農家との交流や情報交換会、勉強会などを通じて、農家のやる気や省力・低コスト化、より環境に優しい農業を推進していきたいと思っています。

二〇〇八年六月号　クロヒョウタンの産地間引っ越し大作戦

ハウスの中に、ムギを植えることで天敵のエサを用意する

天敵が増える バンカー法の実際

長坂幸吉　近畿中国四国農業研究センター

高知県安芸市において、二〇〇一年から始めたバンカー法の取り組みをご紹介したいと思います。

バンカー法は、施設内に天敵の銀行（banker）を設けて、十分な量の天敵を長い期間、連続して放飼する方法です。この方法の特徴的なことは、施設内で害虫とはならないような「天敵のエサ」を用意しておくことです。施設内では通常、天敵は害虫をエサにして増えていきます。ですから、害虫が少なすぎると天敵も増えられません。そうかといって、害虫が多いと当然被害が出てしまいます。この見極めが天敵の利用で難しいところ。バンカー法では、施設内で害虫がいないかごく少ないうちから、無害なエサ昆虫で天敵を増やしたり維持したりしておきます。天敵の開放型飼育システムを施設内に設けて、天敵で害虫を待ち伏せする体制をつくるわけです。そして、害虫が施設へ入ってきたら、数が増える前に退治してしまう作戦です。

現在、はっきりとした防除効果が示されているのは、ワタアブラムシやモモアカアブラムシなどのアブラムシ対策として天敵コレマンアブラバチを用いるバンカー法です。天敵のエサとして、ムギクビレアブラムシやトウモロコシアブラムシを用意してやります。これらのアブラムシは、野菜類は加害しません。このエサのアブラムシを維持するために、大麦などのムギ類を用意します。このムギ類がバンカー植物ということになります。

一年目は失敗

二〇〇一年当時、高知県安芸市では天敵を使って安定してアブラムシを防除する方法を求めていました。バンカー法の実証試験には七～三五aの施設が七五か所参加してくれました。

アブラムシ対策としてのバンカー法は、収穫盛期にアザミウマ対策として使っているタイリクヒメハナカメムシへの悪影響を減らす必要から取り組み始めています。ですから、バンカー法の成功の基準は、天敵に影響がない程度の農薬散布でアブラムシ類を抑えられたかどうかということになります。園主さんが、アブラムシ類に農薬散布の必要がないと判断するか、あるいは、圃場の一〇分の一程度の面積の農薬散布でアブラムシ類の増殖を抑えられれば成功、ということにしました。園主さんが、それ以上広い範囲で農薬散布をしないとアブラムシ類が全体に広がってしまうと判断したときには失敗、ということになります。

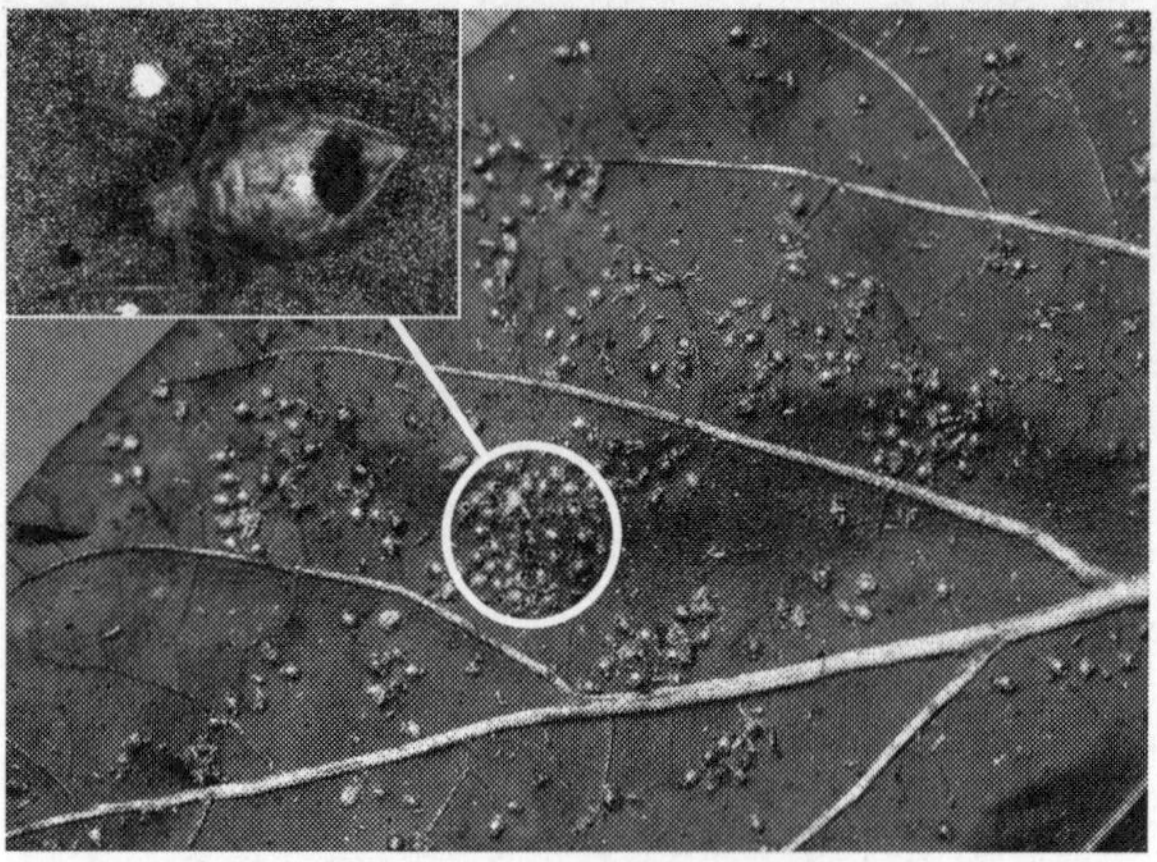

このように多くのマミーができているときには、逆に注意が必要。二次寄生蜂が羽化した痕跡（マミーの抜け殻にギザギザの大きな穴）が見られる

　一年目の成功率は低く、三割程度でした。しかも、アブラムシ防除薬剤が無散布で済んだ施設はわずか二か所。私自身はこの結果を見て、次の年はだれもバンカー法をやってくれないのではないかと心配でした。

　農薬散布に至った原因の一番目は、スケジュール通りにバンカーの用意ができなかったことでした。一年目の取り組みでは、ムギ類の播種は十二月はじめ、ムギクビレアブラムシの接種は一月はじめ、そして、天敵の放飼が二月はじめと予定しました。しかし、みんなでいっせいにやり始めたために、十二月はじめに安芸市でプランターが店先からなくなったり、二月はじめに天敵のコレマンアブラバチが不足したり、と思わぬハプニングが起きました。また、思ったようにムギクビレアブラムシが増えない所もありました。これは、乾燥してムギがしおれてしまったり、逆に丁寧にかん水しすぎて、ムギクビレアブラムシを洗い流してしまったりしたことが原因でした。こうなると天敵の放飼も遅れてしまいます。害虫を天敵で待ちかまえる態勢を整えておくには、スケジュールに余裕が必要でした。

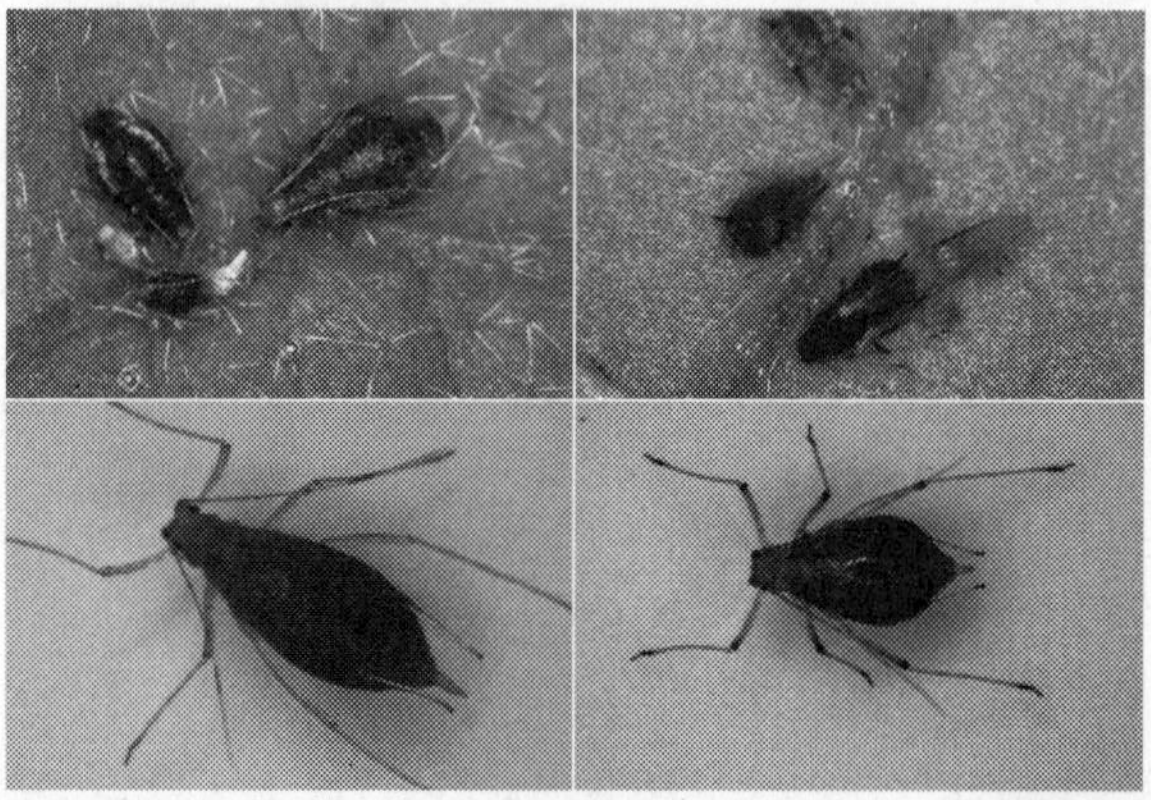

モモアカアブラムシ（左上）とワタアブラムシ（右上）はコレマンアブラバチの寄生対象となり、ムギのバンカー法で防除可能。しかし、チューリップヒゲナガアブラムシ（左下）とジャガイモヒゲナガアブラムシ（右下）にはコレマンアブラバチが寄生することができないので、別の対策が必要

　二番目の原因は、「天敵の天敵」が出現したことでした。コレマンアブラバチがアブラムシに寄生して殺しているのですが、そのコレマンアブラバチに寄生するハチがいたのです。こうした二次寄生蜂は、なんと八割近くの施設で見つかりました。多く見られた二次寄生蜂の種類は、ヒメタマバチの仲間とオオモンクロバチの仲間でした。

　最悪の事例はパプリカの施設で、マミーから羽化してくるハチのうち、二次寄生蜂が九九％で、コレマンアブラバチはわずか一％でした。この施設の園主さんは、数多くのマミーを見て、モモアカアブラムシはすぐにおさまると安心していたのですが、一か月後にはハウス全体に広がってしまいました。結局、農薬の全面散布が二回必要で、パプリカもアブラムシの甘露で汚れて、被害は甚大でした。

この施設の園主さんは、自分の判断であるとして、責任を私たち研究者に問うようなことはされませんでした。しかし、私たちはこの事態を予測できなかったことを大いに反省しました。これ以降、バンカーからサンプルを持ち帰るようにして、二次寄生蜂の早期発見に努めるようにしました。

三番目の原因は、ジャガイモヒゲナガアブラムシやチューリップヒゲナガアブラムシの発生でした。これまでは、ワタアブラムシやモモアカアブラムシといった農薬の効きにくいアブラムシばかり気にしてきました。天敵でこれらをうまく退治できるようになって農薬を散布しなくなったために、これらのヒゲナガアブラムシ類が増えたのです。天敵はすべての害虫に効くわけではありません。コレマンアブラバチも、同じアブラムシ類の仲間でも、ジャガイモヒゲナガアブラムシやチューリップヒゲナガアブラムシには寄生することができません。放っておくと増殖して施設全体に広がってしまいます。アブラムシ類もきちんと見分けて、大型のヒゲナガアブラムシ類ならば、薬剤散布などの対策をする必要があったわけです。

二年目、成功率は七割に上がった

以上の問題点を反省して、二年目からはスケジュールを一か月早めました。十一月に側窓を閉めるようになってからムギ類を播種して、二週間くらいでムギクビレアブラムシを接種し、年内にコレマンアブラバチを放飼することを目標としました。ハウスが開放的な時期には二次寄生蜂の侵入が懸念されますから、早すぎてもいけません。

バンカーは一〇a当たり四か所以上、ハウス内に均等に配置してもらいました。側窓を閉めている時期にはアブラムシ類はおもに天窓から侵入してきますので、その下にバンカーを構えて待ち伏せします。

そして、ムギ上に適度な量のムギクビレアブラムシとマミーが存在することが大切ですので、ムギ類の更新やムギクビレアブラムシの追加をすることと、作の終わりまでバンカーを管理することをお願いしました。ムギ類は二~三か月くらいはバンカー植物として役立ちますので、十一月に一回目の播種をしたら、次は一~二月、その次は三~四月くらいが更新の目安です。あと、アブラムシ類のコロニーが広がっていく場合には、何らかの不都合があると考えて、農薬の部分散布を実施するようにしてもらいました。

その結果、成功事例が三分の二以上となり、防除効果も生産者の皆さんに認められるに至りました。また、労力も大したことはないという感想でした。

バンカー法がうまくいくようになると、バンカー植物のムギ類にはアブラムシ類をエサとするいろいろな天敵がやってきます。ヒラタアブやヒメカメノコテントウがどこからかやって来ます。圃場にアザミウマ類が少なくなると、タイリクヒメハナカメムシもここにアブラムシを食べに来ます。ムギ類とそれに付くアブラムシ類を施設に導入することで、こんなにも虫の種類が多様になっていくわけです。露地なら、なおさら虫の世界が広がるでしょう。

こうした混植は、特定の種（とくに害虫）だけが増えたりしない、安定した生態系を圃場内に作ることに役立っており、その第一歩として「ムギ類＋これに付くアブラムシ類」がわかりやすく、すぐに実行できる例だと思います。

二〇〇六年六月号　ハウスだって混植で天敵が増える
バンカー法の実際

ナス

ソルゴー障壁と黄色蛍光灯で農薬使用が激減

小宅　要　京都府京都乙訓農業改良普及センター

平成十年に京都市内のあるナスの栽培農家から、「気温の高い夏季は害虫防除作業の負担が大きいので、なんとか軽減できないか」と相談を受けました。そこで、岡山県で実施されているソルゴー（モロコシ）を障壁に使った減農薬技術を紹介し、次年に農家の協力を得て現地試験を実施しました。

その結果、農薬散布回数は約三分の一に削減することができました。多少の害虫発生と若干の品質低下はありましたが、それ以上に散布労力の軽減や減農薬というメリットがありました。一戸から始まったナスのソルゴー障壁栽培は年々増加し、平成十六年には約一一〇戸の農家が取り組みました。

ソルゴー障壁栽培の手順

ソルゴーの播種時期　ソルゴーは霜に弱いので、播種適期は当地では遅霜がなくなる五月上旬からです。通常はナスの定植のほうが四月と早いので、ソルゴーを播種するスペースを残して、先にナスを定植します。

ソルゴーの播き方　京都市内の場合は圃場が小さいので、基本はうね幅一〇〇cm、条間六〇cmの二条植え、株間二〇cmとしています（図）。大きい圃場では条数を増やします。条数が狭くて無理な時は一条植えとします。条数が多少減っても効果は変わりません。

うねの高さはナスと同じで、平うねとします。ナスとソルゴーのうねの間はできるだけ広く、一五〇cmくらいとります。ソルゴーとナスの間に防風ネットを張るとソルゴーの葉がじゃまにならなくなり、通路が広く使えます。播種機を使えば一〇aで約一〇分です。この場合、播種量は一〇aで約一〇〇gでした。もちろん手播きでもOKです。手播きをする場合は、三〇〇gもあれば足ります。

なお、播種後にハトやスズメにソルゴーの種子を食べられてしまうこともあるので、寒冷紗などで覆いをしておくと安心で

風の強い平地では草丈の高い高糖分ソルゴー。住宅地などは草丈の低い三尺ソルゴーにするなど品種を使い分け

露地ナス産地でにわかに広まっているソルゴー障壁栽培。ナス畑の周囲が生育途中のソルゴー

ソルゴー障壁栽培の仕組み

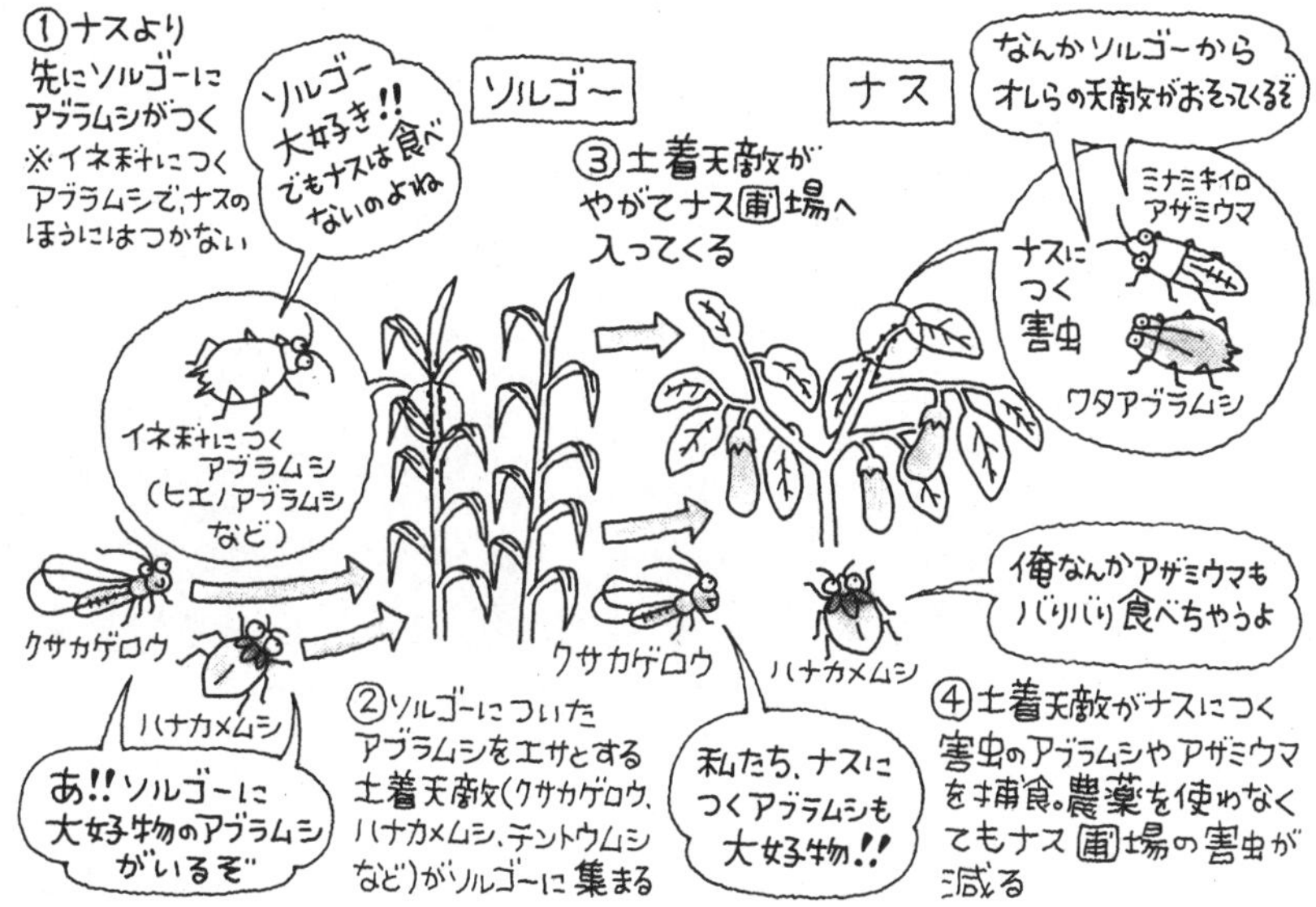

①ナスより

ほうにはつかない

③土着天敵が
やがてナス圃場へ

土着天敵（クサカゲロウ、

など）がソルゴーに集まる

④土着天敵がナスにつく

を捕食。農薬を使わなく
てもナス圃場の害虫が

ソルゴーの播き方

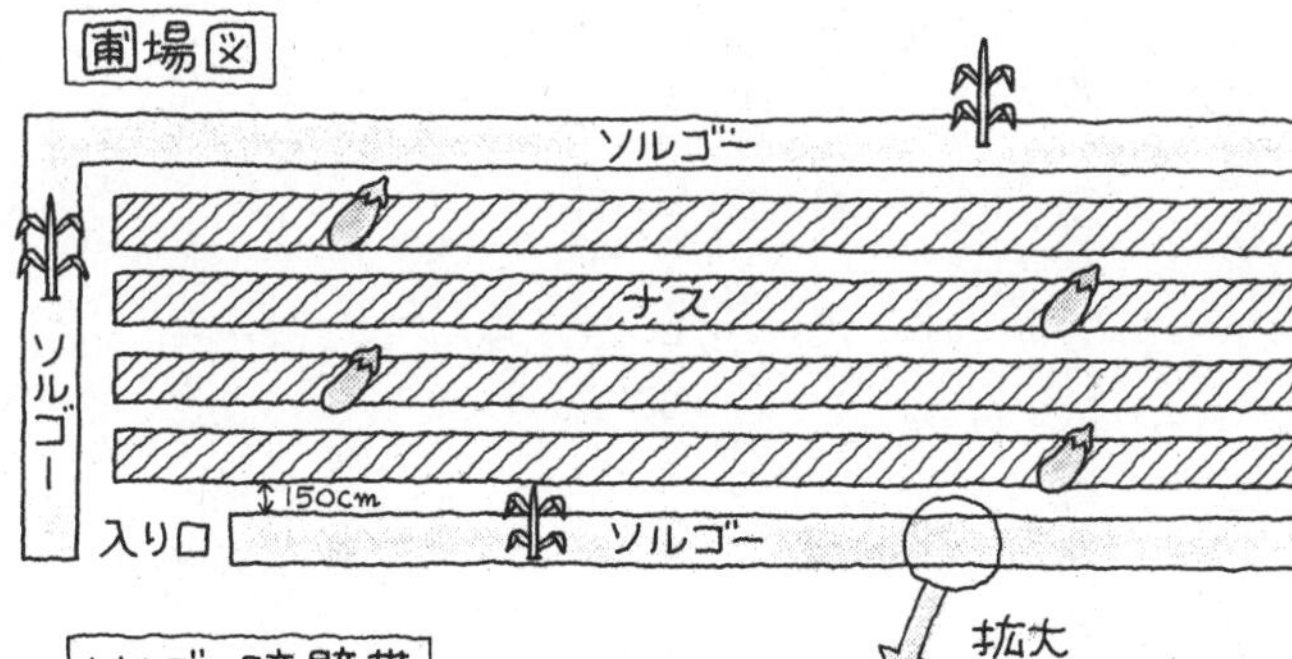
ソルゴー
ソルゴ〜障壁帯
手押し播種機で
ソルゴーの種子を
2〜3粒ずつまく
20cm
条間60cm
20cm
株間20cm
2条植え
ウネ幅100cm
ウネの高さはナスと同じ。ただし、平らにする。肥料はナスと同じ
※上記は一例で、圃場に合わせて工夫してよい

す。鳥害防止と早くソルゴーを大きくするため、ソルゴーをポットで育苗し移植する方法もあります。

ソルゴーの施肥方法　窒素を効かせたほうが天敵のエサとなるアブラムシがつきやすいので、元肥はナスと同じとします。

生育中の注意点　京都市内では七月中・下旬頃からアブラムシがつき始め、盛夏にはソルゴーにべったりとアブラムシがついています。ソルゴーにつくヒエノアブラムシはイネ科につくアブラムシなので、ナスを加害することはありません。ソルゴーには農薬を絶対にかけないようにします。

ソルゴーの品種　比較試験をしたり、関係者、農家の意見を聞きながら、三種類に絞り込みました。防風効果を兼ねていることもあり、倒伏に強いことが必要条件となります。

草丈の高低については、地域の条件と作業性により使い分けています。

たとえば、風の強い平地では草丈の高い「高糖分ソルゴー」（高さ約二・五m）、または中間の「ハイグレンソルゴー」（同二・〇m）を、住宅地の畑では草丈の低い「三尺ソルゴー」（同一・五m）。

なお、出穂すると、モロコシを食べに飛来してきた野鳥の糞でナスが汚れたり、ソルゴーの花粉でナスが汚れたりするので、必ず穂を切り取る作業が必要です。現在では、晩生の「風立」（同三・〇m）という穂が出ない品種も人気があります。

残渣処理　残渣については、穂が出ると桿が硬くなるのでせん定用のチ

夜蛾類は黄色蛍光灯で撃退。10ａ当たり10～13基の設置で被害果は従来の10分の１

ョッパーなどで細かくカットした後、畑にすき込んで土づくりの材料にします。また、チョッパーなどを持っていない場合は、畑の隅で積み込んで堆肥にします。

殺虫剤が四分の一に減った人も

このようなソルゴー障壁栽培を取り組んだ結果、想像していた以上の防除効果をあげることができました。慣行栽培では、四月のナス定植時に粒剤を施用し、その後は害虫が発生しはじめる七月頃から毎週一回農薬散布をしていました。一方、取り組み後は、農薬散布は三～四週間で一回と大幅に減少しました。農家によっては全期間を通じて殺虫剤が四分の一以下になった例もあります。

ただ、ソルゴー障壁栽培はアブラムシとアザミウマには非常に効果がありますが、ハダニは発生しやすいので、ナスの圃場の中を観察してスポット的に殺ダニ剤を散布します。また、ハダニは乾燥を好むので、意図的に圃場内に水を流し込み、湿度を保つことで発生を抑えています。

オオタバコガ、ヨトウには黄色蛍光灯

ソルゴー障壁栽培では、オオタバコガ、ハスモンヨトウなどの夜蛾類については効果がなく、防除対策の課題が残っていました。これらについては黄色蛍光灯を用いることで、被害果は従来の一〇分の一以下に減少しました。

仕組みは簡単で、圃場内に一〇ａ当たり一〇～一三基の黄色蛍光灯を設置し、夜間に点灯するだけです。夜蛾類は圃場が明るいことで飛来が抑制され、圃場内に飛び込んだ場合でも、交尾と産卵行動を抑制することができます。現地圃場では発生数が少なくなり、高い防除効果が認められました。なお、黄色蛍光灯はナスの生育には影響はなく、蛍光灯から五ｍ離れていれば水稲の出穂にも影響はありません。

ソルゴー障壁栽培は、環境にやさしい農業技術として天敵を利用するだけではなく、農薬飛散防止対策としての役割も期待できます。

二〇〇六年六月号　ソルゴー障壁栽培でアザミウマ、アブラムシ防除が三分の一

茶のアザミウマ防除やキュウリのアブラムシ防除にも取り組んでいる。写真はソルゴーとキュウリとの組み合わせ

カンキツの総合防除
ほとんどマシン油、ボルドーのみ

田代暢哉　佐賀県果樹試験場

問題なのは見かけを悪くする病害虫

カンキツ栽培では、果実の見かけを悪くするような病害虫の重要度が、きわめて高いという特徴がある。「病害虫防除」の対象の中心は外観を悪くする病害虫なので、農薬の散布回数を減らした場合には外観が見劣りする果実になってしまう。

しかし、最近の消費者は「おいしくて、価格が安い果実」を求めており、見かけの悪さについての理解はかなり得られるようにはなってきている。まず求められているのは、本当においしい果物作りである。

では、いざ農薬散布を減らすとなると病害虫の被害が増えることが予想されるが、それをカバーする技術は種々開発されている。以下に、現在私たちが実施している具体的な方法について述べる。

チャノキイロアザミウマ　光反射シートを設置することで行動を撹乱し、被害を回避できる（写真1）。もともと本シートの設置は高品質果実生産を目指したものなので、一石二鳥である。本シートの利用によって果実の着色が早まり、赤みも増すために黒点病が少々発生していてもマスクされてしまい、きれいなミカンに見えるという利点もある（写真3）。シートを設置できない場合は樹体への白塗剤散布で代替できる。

ミカンハダニ　商品価値に大きく影響する果実被害は避けなければならないが、八月までの葉の被害は問題にしない生産者が増えている。自分たちの感覚から、ある程度までの葉の被害は問題ないと判断しているようだが、きちんとした裏付けは必要であり、今後、被害許容水準の見直しが必要である。

四〜六月に数回、マシン油乳剤を散布するだけで十分な効果がある。この場合、殺菌剤にマシン油乳剤を混用すると殺菌剤の耐雨性が向上して散布回数の削減につながるので一石二鳥である。ただし、果実品質、とくに糖度に悪影響をおよぼさないようにできるだけ低濃度（四〇〇倍以下）で散布（混用）し、七月以降の散布は行なわないようにする。

ミカンサビダニ　有機減農薬栽培でももっとも問題になる害虫であったが、六〜七月に水和硫黄剤を散布することで十分に防除できる。本剤はＪＡＳ法に基づいた栽培でも使用

写真1　着色をよくする光反射シートは、チャノキイロアザミウマの行動を撹乱させる

表1　カンキツ栽培で問題になる病害虫の総合管理体系

時期	対象病害虫	必ず行なう管理		発生に応じた管理	防除の要否および目的
		薬剤防除	耕種的防除		
年間を通じて	ゴマダラカミキリ		捕殺		
	カイガラムシ類				
冬季（せん定時）	そうか病		罹病葉のせん除		伝染源として重要なので徹底してせん除する
	黒点病		枯れ枝のせん除		
			Ca剤土壌施用		Ca剤施用で果実体質を強化する
12月または3月	ミカンハダニ			97%マシン油乳剤	多発時のみ散布する 樹勢低下樹には散布しない
	カイガラムシ類				
3月上旬 （発芽前）	そうか病		罹病葉のせん除	6-6式ボルドー	そうか病の罹病葉がある場合には必ず散布する
	かいよう病				かいよう病罹病性品種では必ず散布する
4月中下旬 （展葉初期）	そうか病		罹病葉のせん除	5-3式ボルドー	そうか病の罹病葉がある場合には必ず散布する
	かいよう病				
5月下旬 （落花直後）	そうか病	5-3式ボルドー	罹病葉のせん除		3病害の重要防除期間、必ず散布する
	黒点病		枯れ枝のせん除		
	かいよう病		罹病葉のせん除		
	灰色かび病		花弁を落とす		発生源になる花弁を落とす
5月下旬～	チャノキイロ		光反射シート		物理的防除
6月上旬～7月中旬	ゴマダラカミキリ		捕殺 株元ネット	ボーベリア菌	ボーベリア菌は多発園で使用し、できるだけ広域に施用する
	ミカンサビダニ	水和硫黄剤			かけむらのないように散布する
6月上旬～9月中旬	果実腐敗		Ca剤散布		Ca剤散布で果実体質を強化する
6月中旬～7月中旬	黒点病 ミカンハダニ	97%マシン油乳剤 加用マンゼブ剤	枯れ枝のせん除		薬剤散布後の累積降雨量が350～400㎜に達したら再散布する
7月中旬～9月上旬	黒点病		枯れ枝のせん除		後期黒点病対策として徹底する
8月下旬	ミカンハダニ			殺ダニ剤	果実被害が心配される場合に散布する
	ミカンサビダニ				
出荷時	果実腐敗			天然物由来の防腐剤	収穫から販売までの期間が長い場合に使用する

できる。無農薬栽培では本種が多発して、流通可能な果実の生産は困難である。

ヤノネカイガラムシ　かつてカンキツの大害虫とされていたが、天敵で十分に対応できる。ただし、そのためには殺虫剤の散布回数を減らす必要があり、さらに天敵に悪影響のない薬剤を選択しなければならない。

ゴマダラカミキリ　寄生菌（ボーベリア菌）を利用した防除技術が開発されており、とくに広域で使った場合には効果が期待できるが、経費の面で難がある。

他の手段として、株元にネット資材を巻きつける方法も有効であり、捕殺と組み合わせることにより、被害の軽減につながる。

カメムシ類　果樹園に多飛来した場合、現状では薬剤散布以外の対策がない。使用する薬剤としては合成ピレスロイド剤の効果がすぐれているが、天敵相には悪影響を与えてしまうのが欠点である。

病害　黒点病に対する枯れ枝除去、かいよう病対策としての防風ネットの設置、そうか病、かいよう病に対する発病葉梢の除去など耕種的な対策を地道に行なう。これらの対策は実施すればしただけの効果は得られる。

薬剤散布にあたっては薬剤の残効や耐雨性を高めるようなアジュバント（機能性展着剤）の利用を図り、少しでも散布回数を減らすような工夫が必要である。ミカンハダニの項で述べたが、マシン油乳剤のアジュバントとしての利用価値は高く、取り入れたい技術である。

散布間隔の目安は雨量計を用いると的確に判定できる（写真2）。

温州ミカンの減農薬を図るうえでもっとも問題になる病害はそうか病である（中晩柑では発生しない）。温州ミカンでの無農薬栽培は本病の多発生で困難である。しかし、ボルドー液を発芽前と展葉初期に散布すれば実用上、十分な効果が得られる。

四年経過も大丈夫

以上のことを組み合わせて、表1に示す総合管理体系を構築した。なお、JAS法で認められる有機栽培を行なうためには、黒点病防除剤であるマンゼブ剤をはずして、代わりにボルドー液を用いるとともに、八月下旬の殺ダニ剤を使用しないようにする。

私たちは四年間、本体系による病害虫管理を行なっているが、現時点でとくに問題になるような病害虫の発生はなく、十分に流通できる果実が生産されている（表2）。

なお、この結果では商品化率の割合は低くなっているが、あくまでもこれまでの流通上の基準である。実際に大手スーパーの店頭で販売した際、外観の悪さについて消費者からクレームがつくことはなかった。

個々の生産者が、自分が目指す、目的とする果実（消費者にアピールできる果実）を生産するために、多くの技術の中から取捨選択して自分なりの総合管理体系を組み立てていくことが大切である。

二〇〇三年六月号　これならできる総合防除、四年経過も大丈夫

写真2　薬剤の散布間隔の目安となる手作り雨量計。散布後に容器を空にして累積降雨量が設定値に達した時点で次の散布を行なう。写真のように青、黄、赤のテープで安全値、危険値などを表示しておくと、視覚的に捉えられる

表2　有機栽培温州ミカンにおける病害虫の被害状況（開始4年目：2002年）

試験区	薬剤散布回数（回）	化学合成農薬投下数（種類）	耕種的対策	病害虫の発生				商品化率	
			そうか病葉枯れ枝除去回数（回）	そうか病発病果率（%）	黒点病（銅の薬害を含む）（被害度）	ミカンサビダニ被害果率（%）	チャノキイロアザミウマ被害果率（%）	基準A 一般流通秀品以上（%）	基準B 生協出荷用（%）
①完全無農薬	0	0	0	76.0	調査不可	24.7	10.7	0	2.0
②有機栽培（JAS基準）	5	0	2	0.4	38.4	0	5.6	14.0	90.8
③一般管理	6	10	0	0	0.2	0	1.0	95.0	100

注）品種は上野早生温州、調査不可はそうか病が激しく発生した果実が多かったため

写真3　有機栽培区では光反射シートを敷いているため果実の赤みが強い。黒点病が少々発生しているが赤みで目立たず、一般管理区の果実よりきれいに見える

麦マルチ＋ソルゴー障壁でオクラの害虫を防ぐ

群馬県甘楽町　小柏富雄さん

編集部

昔から行なわれていた麦の間作

群馬県甘楽町では、オクラの畑の通路に麦を植える麦マルチと、畑の周囲にソルゴー（モロコシ）を植える方法が、農家の間に広がっている。

「農薬代は以前の三分の一以下。初期収量も上がる。麦マルチは悪いことがひとつもない」そう言うのは、先駆けてこの栽培法に取り組んできた小柏《おがしわ》富雄さん。オクラ作り十五年以上のベテランだ。

もともと野菜と麦を間作する方法は、かつては関東でも広く行なわれていた。麦と豆、稲と豆などの混作方式は、中国の明朝時代に、長江流域で広く普及していたことが知られている。さらに、初夏のころに間作麦を刈り取って、メロンやスイカの敷きわら代わりにする方法も一部の篤農家の間で行なわれていた。

小柏さんがオクラに麦マルチをしようと思ったのは六年ほど前のこと。長年栽培してきたコンニャクのえそ萎縮病に麦マルチがいいと聞いていた。地中海地方が起源の小麦や大麦は、冬季に一定期間低温に遭遇しないと穂分化しない性質がある。そのため、普通の秋播き性の麦を、春に播種すると、穂ができずに自然に倒伏して、夏ごろにそのまま枯れてしまう（座止現象）。ちょうど敷きわらを敷き詰めたようになる。

小柏さんは、コンニャクで利用されていた麦のマルチをオクラでも使えないかと試してみることにした。四月下旬、オクラのうねをつくってマルチを張ると同時に、通路に大麦を条播きした。品種は低温にも比較的強い「てまいらず」（カネコ種苗）を選択。オクラを播種する五月上旬には麦はすでに芽を出して、一か月もすると分げつして通路いっぱいに広がる。そして七月上旬、オクラの収穫が始まるころに自然に枯れ始め、ちょうどいいマルチになったのだ。

オクラの通路を麦が覆いかぶさるようになる。写真は6月中旬のようす

これで敷きわらを入れなくても済むし、除草剤も必要ない。さらに、予想外のことが起きた。オクラはそれまでは花が咲いても三〜四段までは必ずといっていいほど花落ちしていたが、麦マルチをしたら最初からしっかり実がつくのだ。

アブラムシ害が出ない

オクラの害虫でもっとも困るのが初期のア

ブラムシ。五月上旬に播種して芽が出たあと、本葉三枚くらいのころに例年アブラムシが大発生する。初期防除の徹底は絶対条件。

「以前はね、初期のアブラムシ防除だけでも一週間～一〇日ごとに、最低三回はやっていましたよ」

ところが麦マルチを入れたとたん、アブラムシにやられないのだ。畑の端の数株に、ちらほらとは出る。ただ、中の株にはつかない。数株だけ、スポット的に防除すれば十分に抑えられる。

麦につくアブラムシはオクラを食害しない。アブラバチやカゲロウなどのアブラムシの天敵が殖え、オクラのアブラムシを抑えていると思われる。

ソルゴー障壁も天敵の棲みか

また、畑の周囲には、農薬飛散防止のためにソルゴーを植えている。ソルゴーの葉裏にもたっぷりアブラムシがつくので、それをエサに土着天敵が集まってくるのだ。

「アブラムシは期間中ずっとつきますよ。とくに暑くて乾燥すると花のガクにつく。でも、防除しなきゃダメだと思うほどにはならない。やっぱり天敵が食べてくれてるんでしょうね。前は早め早めの防除で農薬を一二～一三剤はかけてました。でもいまはアワノメイガ用など三剤だけ。少しは害虫がいても、ちょっと我慢すればそんなに広がらないということがわかってきましたね。収穫のとき、少し株を揺らすとクモとかカゲロウとかいるんですよ。前は見たことなかったですけど。それとカマキリ。秋に多く見かけるけど、いまは大事にしてるんです。だって虫を何でも食べてくれるでしょ」

農薬を減らしてから、小柏さんの畑には多種多様な土着天敵が住みつくようになったようだ。

二〇〇九年五月号　ムギ混植畑のオクラは農薬激減、悪いことはひとつもない

5月中旬　オクラが発芽したところ。150㎝の通路に麦を2条播き。麦の播種量は10a 当たり5kg程度

7月上旬　オクラの収穫開始時期。通路を覆った麦は自然に倒伏してしまう

7月下旬　畑の周囲に播いたソルゴー。1条播きで株間は10㎝程度。播種量は10a当たり500g程度。オクラの背より高くなって日当たりが悪くなったら頭をカマで切る

7月下旬　ソルゴーの葉裏をのぞくとアブラムシがビッシリ

イタリアンライグラスと野菜を混播した瀬戸山さんの畑。左端にポリマルチをして定植した白菜のうね

イネ科牧草との混植で病害虫がでない

鹿児島県大口市　瀬戸山　巌さん

文・写真　赤松富仁

今回は、鹿児島県大口市で直売所に野菜を出している、瀬戸山巌さん（八〇歳）の野菜畑におじゃましました。暮れも押し迫った時におじゃましたので、あらかたのものは収穫してしまい、わずかに残っているのが大根と白菜だとのこと。さっそく畑に案内してもらうと、一反歩ほどの野菜畑は全面に四〇cmほどに伸びた牧草のイタリアンライグラス（以下、イタリアン）がびっちり。白菜も大根も見えません…。

遅かったかーと思っていると、瀬戸山さんが畑の中につかつかと入っていき、イタリアンの中から白菜やら大根を抜いて見せてくれました。

瀬戸山さんは、六年ほど前までは和牛生産農家でした。当然、イタリアンも飼料として何反歩も作っていたのです。イタリアン畑の端に自家用野菜を二畝《せ》ほど作ると、虫やセンチュウの害がなく、野菜がすこぶるよくできていました。その後、牛飼いをやめて、集落にできた「にこにこ市場」に野菜を出すようになり、イタリアンと野菜を混播して育てることにしたのです。

やり方は、秋口にまず動力散布機で、反当二kgほどのイタリアンの種子を畑全面に播きます。牧草生産用として播いていた時の半分の量です。その上からカブ、チンゲンサイ、白菜、大根、タカナと、収穫の早い順に端から手播きしていきます。野菜の種子を播き終わったら、軽くロータリをかけ、鎮圧したらおしまい。あとは収穫を待つだけです。

野菜の種子とイタリアンを同時期に播くのがミソ。イタリアンの種子は

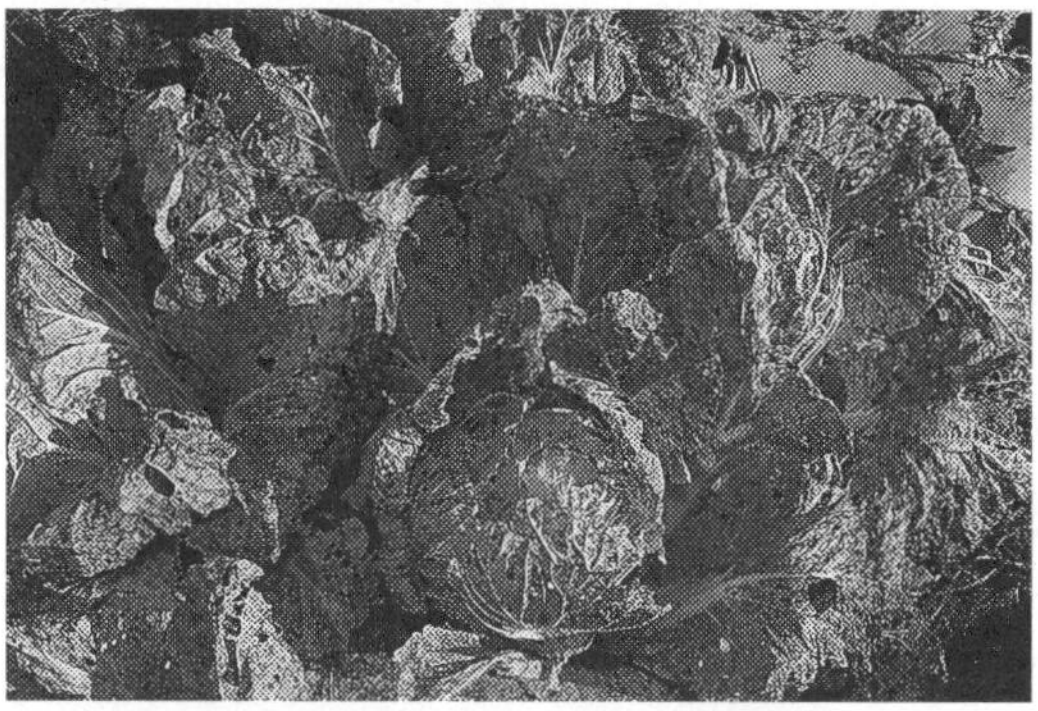

ヨトウの襲撃を受けたポリマルチの白菜

イタリアンの中の白菜。無農薬だが、ハスモンヨトウの食害がほとんどない

練馬大根の周りにイタリアンの根がびっしり。生育がよく、肌もピカピカ

イタリアンの中のタカナは外葉が土につかないので出荷調製がラク。凍害も受けにくい

二kgぐらいが野菜の生育を阻害することもない適量だといいます。

さて、畑の野菜を見てびっくり！　畑の隅に二うねだけ、ポリマルチをして白菜を定植してあったのですが、虫に食われて放置されていました。ハスモンヨトウの殺虫剤を一回かけたというのに食害はひどいものです。一方、イタリアンの中の白菜には害虫の食害がほとんどないのです。こちらは外葉を四枚ほど取れば出荷できます。もちろん無農薬です。

もともと大根の肌を汚すセンチュウ害を防ぐために、イタリアンを混播するようになったそうですが、大根の葉にも食害がありません。チンゲンサイやタカナもイタリアンのおかげで外葉が直接土に触れないので、出荷調製がラクだし、菌核病なんかも出ないのだといいます。

瀬戸山さんは、「世話がいらんから」と野菜とイタリアンの混播にこだわっていますが、もしイタリアンの中で育つ野菜に病害虫がつきにくいのなら、露地野菜にいろいろ応用ができるかもしれません。イタリアンを播いたあとに定植をするとか、定植後にイタリアンを播くとか、いろいろな可能性が見えてきそうです。作が終わったあとは緑肥供給にもなります。なんだかよいことずくめです。

二〇〇七年三月号　牧草の中の野菜は無農薬

使い方のコツ

防虫ネットと不織布べたがけ

福井県池田町
辻　勝弘　池田町農林課

不織布のトンネル

害虫の多い九月を乗り切る

福井県池田町では、ツバメなど渡り鳥がいなくなるせいかどうかわからないが、ともかく九月に害虫が多い。夏が猛暑となればなおさら多い。発芽直後から加害するキスジノミハムシに始まり、ネキリムシに株元を切られ、シンクイムシに生長点をかじられ、ダイコンハムシ、コナガ、アオムシ、ハスモンヨトウ、カブラハバチに葉を食べられる。しまいにはナメクジが葉の中に潜り込む。もうどうでもしてくれといいたくなる。

池田町が「ゆうき・げんき正直農業」(農薬や化学肥料をできるだけ使わないで栽培する運動。平成十二年開始)を始めた頃は、九月を無農薬で乗り切るなんてとても無理だと思ったものだ。案の定、野菜は網目だけを残す無惨な姿となり、とても収穫できる代物ではなかった。このままでは、無農薬どころではない。何とかしなくてはと、取り入れたのが防虫ネットと不織布であった。

コツその1　播種・定植の直後に被覆すべし

防虫ネットはあまりに目合いが細かいと熱がこもると思い、一㎜目を採用した。白菜やキャベツ、ブロッコリーなど背が高くなる野菜は防虫ネット、葉菜類や根菜類は不織布と一応の使いわけをすることとした。

しかし、どうもその成果が芳しくない。ネットの中はモンシロチョウだらけ、不織布の下の菜っ葉は穴だらけなのだ。その原因を追究すると、被覆する時期が遅いことがわかった。みんな、葉っぱが食われないとネットを掛けない。だが、その間に葉っぱに害虫の卵がつき、気付かないまま被覆したら、ネットの中は虫カゴ状態になる。

そこで、被覆を始める時期は定植もしくは播種直後、とした。

コツその2　裾をしっかり押さえるべし

また、裾が開いているのも原因だった。飛

防虫ネットのトンネル

不織布のべたがけ

んでくる害虫ばかりに気をとられ、歩いて入ってくるダイコンハムシなどにはまったく無頓着だったのだ。

そこで、被覆の方法については、ネットの裾は両端最低一〇cm程度は余裕をもって垂らし、そこへ角材など、長くて重いものを置くこととした。

最初は裾を土の中に埋めることも考えたが、間引きや追肥作業でたびたび開けなくてはならないため、具合がよくない。角材ならすぐにどけられるため、便利である。

また、最近は角材と併用して、クリーニング屋でもらう針金ハンガーを三〇cm程度に切り、U字形に曲げて押さえ金具としている。自分一人でネットを張る場合は、まず片一方をU字形金具で押さえ、それからもう片方を止める。風にあおられなくなるそうだ。

コツその3　アブラムシ対策には葉裏チェック

定植直後にネットを張り、裾をピッタリ押さえても、いつの間にか入っている虫がいる。アブラムシだ。これは外から眺めているだけではわからない。最初、白菜の下葉が黄色くなり、徐々に株全体が黄色くなってくる。気づいて、あわててネットを開けると葉の裏にアブラムシがびっしり。周辺の株にもかなり広がっている。

アブラムシはネットを張っても、どこからか入ってくるし、葉の裏につくため非常に見つけにくい。追肥作業時にネットを開けたら、必ず葉の裏を見ることが必要である。

コツその4　不織布は十月中旬にとるべし

被覆期間は、不織布の場合、十月中旬までを目安としている。不織布は透光率が悪いためか、出荷まで被覆しておくと葉色が薄くなる。十月中旬になれば害虫は極端に少なくなるし、多少やられたとしてもその後の生育にはあまり影響はない。遅くても収穫の一〇日前までにはとるようお願いしている。

防虫ネットの場合は、収穫まで被覆しても影響はないと思われる。

コツその5　不織布は洗濯して透光率の維持を

また、不織布は一年間使っていると、汚れが目立つようになる。そのまま使うと透光率が悪いので、洗濯するようすすめている。洗濯できる大きさに切って使うこともおすすめしている。

・

二〇〇五年九月号　防虫ネットと不織布べたがけ　使い方のコツ六カ条

野菜二〇品目を無農薬
大きい虫はネットで、小さい虫は天敵で

三重県名張市　福広博敏さん

編集部

福広博敏さんの野菜畑では、ブロッコリーのうねのそばに麦が植わっていた。ハウスの中をのぞくと、ここにも麦が。ハウスの外にもクローバーやヨモギがビッシリ。どれも意識的に種を播いたもので、土着天敵を殖やすためのバンカープランツである。

福広さんは、二〇品目くらいの野菜を無農薬でつくる。夏秋トマトは二年前から、露地野菜は四～五年前から、完全無農薬。しかも、植物エキスも一切使わない。「どうしてもかけないとできないなら仕方ないけど、それなしでできる」という。

福広さんの無農薬栽培を支えている大きな柱が、苦土施肥、防虫ネット、そして土着天敵だ。

大きい虫はネットで、小さい虫は天敵で

福広さんの害虫防除の考え方は、「大きい虫はネットで、小さい虫は天敵で防ぐ」というものだ。小さい虫をネットで完全にシャットアウトするのは無理なので、天敵に働いてもらう。すなわち、オオタバコガやヨトウガなどチョウ目の害虫を〇・八㎜の防虫ネットで防ぎ、コナジラミ、アブラムシなどは天敵で抑える。

福広さんが現在利用している天敵はすべて土着天敵。購入天敵でいいものがあれば使うが、なければ土着天敵を殖やす。

福広さんがいちばん最初に天敵を買ったのは、オンシツコナジラミの天敵であるオンシツツヤコバチだった。当時は、ハウスでトマトを、春定植と秋定植の二回作付けていた。あるとき、春定植のトマトにツヤコバチを入れようと思ったら、下葉にすでにオンシツコナジラミのマミー（蛹）があった。コナジラミ幼虫に土着の寄生蜂が寄生して黒い蛹になっていたのだ。

そこで、メーカーの基準の半分のマミーカード（一〇a当たり四二枚のところを二〇枚）でツヤコバチを放飼するやり方にしてみた。それでもコナジラミは抑えられた。六月ごろに粘着トラップを見ると、コナジラミよりツヤコバチの数のほうが多かった。それが三～四年前。

二年ぐらいそうやって基準の半分のツヤコバチを放飼で続けた後、ついに、ここ二年間は全く放飼しなくて、土着のツヤコバチでコナジラミを抑えられるようになった。

福広さんのハウスで発生しているコナジラミはオンシツコナジラミ。全国的に問題となっているシルバーリーフコナジラミは、夏から秋にかけて発生する。現在の福広さんのハウストマトの作型は、三月定植で収穫は七月までなので、ほとんど問題にならないという。

ヨモギ・麦でアブラムシの天敵殖やす

ネットで防げないトマトの害虫は、コナジラミの他に、アブラムシがいる。トマトにつく体の大きいタイプのヒゲナガアブラムシは、現在売られているアブラムシの天敵「コレマンアブラバチ」では効果がない。ならば土着天敵を殖やすしかないと、ヨモギの種を

ハウスまわりに播いてみた。

ヨモギには、ヨモギヒゲナガアブラムシとかヒメヨモギヒゲナガアブラムシがよくつく。それをエサにして土着のアブラバチを増やし、トマトのヒゲナガアブラムシを食べてもらおうというねらいだ。

ハウスの中に植わっている麦は、もともと冬に作付ける小松菜につくアブラムシ対策だ。麦につくムギクビレアブラムシをエサにモモアカアブラムシなどの天敵のアブラバチが殖えてくれるのを期待している。

ハウスの中に植えた麦と福広さん（撮影　赤松富仁）

トマトサビダニは作型で防ぐ

ところで、ハウストマト栽培で、天敵を活用し始めると被害が出るといわれるのがトマトサビダニ。ルーペで見ると、かろうじて動いているのが見えるというくらいの小さな虫だが、増えると茎や葉が茶色くなってしまう。いまのところ日本ではトマトサビダニの天敵は売っておらず、土着天敵に期待したいところだが、幸い福広さんは三月定植〜七月終了の作型のおかげで大きな被害は免れている。

福広さんによれば、トマトサビダニの生育に適した条件は「中温乾燥」。春と秋に乾燥したときに出やすい。かつてトマトを春と秋の二作していたとき、じぃーっと見ていたら、冬だと一週間から二週間かけて一株移動するのが、五月に入ると一日で一株移動するようになるのがわかった（茎と葉の色が変わる）。そしてまた梅雨時期にはじっとし始め、梅雨が明けると増殖は止まってしまうのだそうだ。

露地栽培の葉もの、クローバーで天敵殖やす

露地栽培の葉菜類で、ここ三〜四年、コナガをあまり見なくなったという。七年ほど前にいちばん被害がひどかったのはコナガだったはずなのに…。強い農薬を使わなくなったために、よほどコナガの天敵が殖えたのだろう。さらに、アブラムシの被害もずいぶん減っている気がする。

「よその畑でアブラムシがひどいときでも、うちの畑では被害が少ないことがあったし、小松菜に天敵のマミーがついているのも見ましたよ。天敵のアブラバチは〇・八㎜ネットでも自由に出入りできるみたい。アブラムシはいるけど、大したことないという感じ。これは天敵がいる証拠だと思う」

三年ほど前、畑まわりにクローバーを播いてみた。ここにやってくる小さいタイプのアブラムシをエサに、アブラムシの天敵が殖えてくれることを期待してのことだ。その他、畑まわりのカラスノエンドウを絶やさないようにし、クローバーと同じ効果を期待している。今年はソルゴー（モロコシ）も播くつもりだ。天敵が集まる草をいろいろ探している。

二〇〇三年六月号　いつの間にかコナジラミもコナガも減っていた

防虫ネットの利用技術

田口義広　元岐阜県専門技術員

防虫ネット（以下ネットという）は、品質が著しく向上している。このような精巧なネットの登場により、大型鱗翅《りんし》目害虫ばかりでなくコナジラミ類、スリップス類あるいはハモグリバエ類のような微小害虫の侵入抑制も可能になってきた。

ネットの目合いと侵入を抑制できる害虫の種類を表1に示した（ただし、この表の数値は目安である）。また、表2には市販の「防虫ネット」として利用されている資材の名称と目合いを示した。

破損対策

大型施設の側窓や出入口に張ったネットは穴があくまで利用できるが、雨よけ栽培のパイプハウスのように毎年張り直す場合は注意が必要である。ハウスの形が異なったり、パイプや鉄骨の位置や太さがわずかに違うだけでも、前年と同じようにネットを張ることは難しい。このためハウスのどの位置に張ってあったネットかがわかるように印を付けておくとよい。

ネットが悪くなるのは出入口や作業をするときによく使うところである。また、ネットはパッカーでパイプに止めると、破れたり、目がずれたりする。このため柔らかいビニールや布を準備し、パッカーの下に入れるなどの工夫が必要である。

ネットによる高温障害

ネットを張ると、気温が低い時期には保温効果や湿度の均一化効果が現われ、作物の生育を促す効果が認められる。四㎜目合いのネットでは施設内の気温は、約一・五℃上昇するだけで生育に大きな影響はない。しかし、一・〇㎜ネットでは四℃以上上がり、けばだった寒冷紗では五・三℃も上昇する。

このように気温が上昇すると発芽不良、徒長、日焼け、高温障害が生じる。また、トマトでは花粉の粘性が低下し、着果が不良になる。長繊維不織布（パオパオ90、パスライト）などは徒長を生じやすいとされる。

害虫の種類とネットの張り方

〈スリップス類〉

ネットの目合い　ネットを施設の側窓、出入口などの開口部に隙間なく張ると、高い侵入抑制効果が得られる（那須・木村、一九八六）。使用するネットの目合いはスリップス類の大きさによって若干異なるが、一・〇㎜が標準となる。ミカンキイロアザミウマは比較的大きいため、一・〇㎜目合いのネットでよい。しかし、チャノキイロアザミウマは体長が〇・七～〇・八㎜とやや小さいため〇・八㎜以下の目合いが必要である。アザミウマの侵入抑制に用いるネットの色は黄色を避ける。また、ミカンキイロアザミウマでは青色を避ける。

表1　ネットの目合いと侵入を防止できる害虫の種類

ネットの目合い（㎜）	侵入を防ぐことができる害虫の種類
5.0	シロイチモジヨトウ, ハスモンヨトウ, モンシロチョウ, タマナギンウワバ
4.0	タバコガ類, ヨトウムシ類
2.0	カブラハバチ, ウリノメイガ, ハイマダラノメイガ, アワノメイガ
1.0	コナガ, アブラムシ類, ナモグリバエ, ミカンキイロアザミウマ
0.9	スリップス類, オンシツコナジラミ
0.8	ハモグリバエ類, キスジノミハムシ, チャノキイロアザミウマ
0.6	シルバーリーフコナジラミ

注）　各地の試験事例から引用し整理した

展張する時の留意点　ネットを張るときは、①隙間をつくらないこと、②作業や風で目がずれて広がらないことがポイントである。地面とネットの間にも隙間をつくらないようにする。

キュウリ栽培で、ネットが風に揺れて目が歪み、広がったところからミナミキイロアザミウマが侵入した例がある。施設の風の強い側のネットは目ズレをしない素材を選び、C鋼やビニペットを用いて固定しておく。

ネットはできるだけ高い位置まで張るとよいが、天窓から侵入するスリップス類はハナアザミウマ類の一部の種類に限られるので、ネットを側窓に張れば、大半のアザミウマ類の侵入を抑制できる。目がずれて広がったり、穴があいたりした場合は、必ずその日のうちに、即乾性の接着剤で塞ぎ修理しておく。

雑草の管理面での留意点　施設周辺の除草を徹底するか、あるいはマルチを行ない、ネットの近くまで雑草が生えないようにする。草丈が伸びた雑草を刈り取る場合も、施設をネットで覆ってから行なう。施設内の気温が上がる場合は、天窓換気あるいは遮光資材を用いる。

紫外線除去フィルムとの併用　スリップス類は

表2　市販の被覆資材の特性

資材名	素材	製法	目合い（㎜）	目づれ[a]	透光率（%）	耐用年数[b]（年）
パオパオ90	ポリプロピレン	長繊維不織布	2.00	—	90	1～2
パスライト	ポリエステル		1.00	—	85	1～2
マリエースE1015	ポリエステル		0.50	—	—	1～2
タフベル（3000N）	ポリビニールアルコール	割繊維不織布	2.00	—	93	5～7
ワリフHS	ポリエステル		2.00	—	90	2～3
寒冷紗　#300	ビニロン	平織	1.04	*	78	7～10
寒冷紗　F1000	ビニロン		0.95	*	—	7～10
よもぎくん　#500	ビニロン		—		—	7～10
さらら　銀河	ポリエチレン	平織	1.00	*	—	—
サンサンネット　N1500	ポリエチレン		1×1.5	*	90	—
サンサンネット　N3500	ポリエチレン		3×5.0	*	95	—
サンサンネット　N2000	ポリエチレン		2.50	*	87	—
サンサンネット　GN2000アルミ入り	ポリエチレン		1.00	*	90	—
サンサンネット　U2000アルミ入り	ポリエチレン		1.00	*	87	2～3
サンシャイン　N2220	ポリエチレン		0.98	*	90	—
サンシャイン　N3230	ポリエチレン		0.60	*	87	—
サンシャイン　PX50	ポリエチレン		0.40	*	82	—
ダイオネット　#100	ポリエチレン		2.00	*	—	5～7
ダイオネット　#110	ポリエチレン		3.50	*	—	5～7
ダイオネット　#140	ポリエチレン	ラッセル編み	4.0×5.0	—	—	5～7
ダイオネット　#160	ポリエチレン	ラッセル編み	5.0×7.0	*	—	5～7
ハイブリーズ　HB50	ポリエステル	平織	0.50	—	73	7～10
クレモナ　F1500	ビニロン・ポリエチレン		0.60×0.95	*	82	—
ベルネット　K3557	ポリエステル	—	0.66×0.89	—	80	—
ライトネットスーパー　AL10	ポリエチレン・プロピレン	平織・貼合わせ	1.0	—	86	—
ライトロンネット　T3012	ポリエチレン・プロピレン		2.0	—	97	—
ライトロンネット　T3020	ポリエチレン・プロピレン		1.0	—	96	—
ライトロンネット　T3025	ポリエチレン・プロピレン		0.8	—	92	—
ライトロンネット　S3025	ポリエチレン・プロピレン		0.8	—	63	—
サニーセブン	ポリエステル	トリコット編み	0.50	—	—	—
サンサンネット　#3800	ポリエチレン	カラミ織り	2.50×4.0	—	—	—

注　[a] 目ずれの記号。*：目ずれする，—：目ずれしない
[b] —はデータなし
本表は，内山・岡安（1991）に各メーカーの資料データを加えて改編した

天井ビニールに紫外線除去フィルムを用いると施設内への侵入が抑制される。これにネットを併用すると、きわめて高い侵入抑制効果が得られる。たとえば、トマト栽培ではヒラズハナアザミウマによる「白ぶくれ果」の発生が問題となるが、紫外線除去フィルムとの併用で被害を著しく減らしている。一方、イチゴ栽培では受粉のためミツバチを利用するので紫外線除去フィルムで天上を覆うことはできない。このため施設の出入口を外に出し、二重にし、紫外線除去フィルムで覆い、併せてネットを張ると出入口からの侵入が抑制できる。施設内に全面マルチを併用するとさらに効果を高めることができる。

〈コナジラミ類〉

ネットの目合い　コナジラミ類の侵入に用いるネットの目合いは〇・八～一・〇㎜とする。オンシツコナジラミは目合い〇・九㎜のネットを通り抜けないが、シルバーリーフコナジラミは〇・八㎜でも通り抜ける個体がある。黄化葉巻病対策として〇・六㎜のネットを張る場合は高温対策を徹底する。また、一・〇㎜であってもネットを展張するとしないとではトマト黄化葉巻病の発生が著しく異なる（芳賀・土井、二〇〇二）。コナジラミの成虫は羽化後一か月くらい生存する。施設内に侵入したコナジラミは株から株を飛び移りながら黄化葉巻病ウイルス（TYLCV）を伝搬するため、侵入したコナジラミが一頭であっても多数の株にTYLCVを伝搬することになる。侵入したコナジラミの数が多ければ多いほど発生株数が多くなる。

コナジラミ類に対するネットの色は青色やシルバーおよび白色がよく、黄色や緑色は避ける（三宅・加藤、一九九一）。

展張する時の留意点　施設の開口部にネットを張るときの留意点はスリップス類の場合と同じである。コナジラミ類は風を避けて飛ぶため、風がないところや地面から一五cmくらいの低いところを往来している。このためネットの高さ一m程度までにわずかでも隙間があれば、侵入口となってしまう。侵入できる穴がないように十分注意して張る必要がある。また、施設の開口部には必ずネットを張る。温室の配置や風向きによっては天窓から侵入する個体も増えてくるため、ネットはできるだけ高い位置まで張る。すなわち、施設の南側と東側、施設と施設の間、コンクリートの道路を挟む施設では気温が高くなり、夕方まで暖かいためコナジラミ類が集まりやすい。ここに開口部があると容易に侵入する。また、ハウスの壁は温度が高く上昇気流が発生しているため、コナジラミ類はこれに乗ってハウスの高い位置まで飛翔し、天窓から侵入する（杖田・田口、二〇〇二）。コナジラミ類の侵入を完全に防ぐには、天窓にもネットを張る必要がある。

雑草の管理　施設の周囲にコナジラミ類の生息場所となる雑草を生やさないようにする。

その他の工夫　細かい目合いのネットを用いるため、高温対策として遮光資材、天井換気など他の管理と併用する。

〈アブラムシ類〉

ネットの目合い　モモアカアブラムシは大型でネットの展張効果は高いが、ワタアブラムシは小さいためネットを容易にくぐり抜ける。通常は一・〇～一・五mmの目合いのネットを、ワタアブラムシを対象にする場合は〇・八mm目合いが必要となる。

展張するときの留意点　アブラムシ類は比較的高いところを飛び、天井に張ったネットの上に着地し、侵入口を探して入り込む。また、施設の側窓からも容易に侵入する。ネットを張るときの留意点はコナジラミ類に準ずる。

〈ハスモンヨトウ〉

ネットの目合い　ハスモンヨトウの成虫は大きい（体長一五～二〇mm）が、ネットの目合いは五mm以下とする。

展張するときの留意点　ハスモンヨトウは高いところを飛ぶため、ハウスのどこからでも侵入できる。夕方から夜間に飛来するので、夕方に天窓を閉めてしまう栽培施設では天窓にネットを張る必要はないが、五時以降も天窓を開けていればネットが必要である。施設で栽培するトマト、ナスおよびイチゴでは、側窓に隙間がないようにネットを張る。ハスモンヨトウがネットに産卵するときは、垂直に張ったネットにはほとんど産卵せず、斜めになったところに産卵する習性がある。このためできるだけ垂直の面が多くなるようにネットを張る。

管理面での留意点　ネットの上に産卵された卵塊を見つけたら必ず取り除いて潰しておく。施設の周囲に大豆畑やサツマイモ畑などがあると、孵化した幼虫が大量に這ってきて侵入するので注意する。

〈タバコガ類〉

ネットの目合い　タバコガ類の防除に用いるネットは目合い五mm以下のものとする。

展張する時の留意点　タバコガ類の飛来は、平坦地域では五月から、中山間の高標高地帯では六～七月となる。ネットは初飛来前に張ることが重要である。

図1　害虫の侵入を防ぐネットの外張りと内張りの工夫

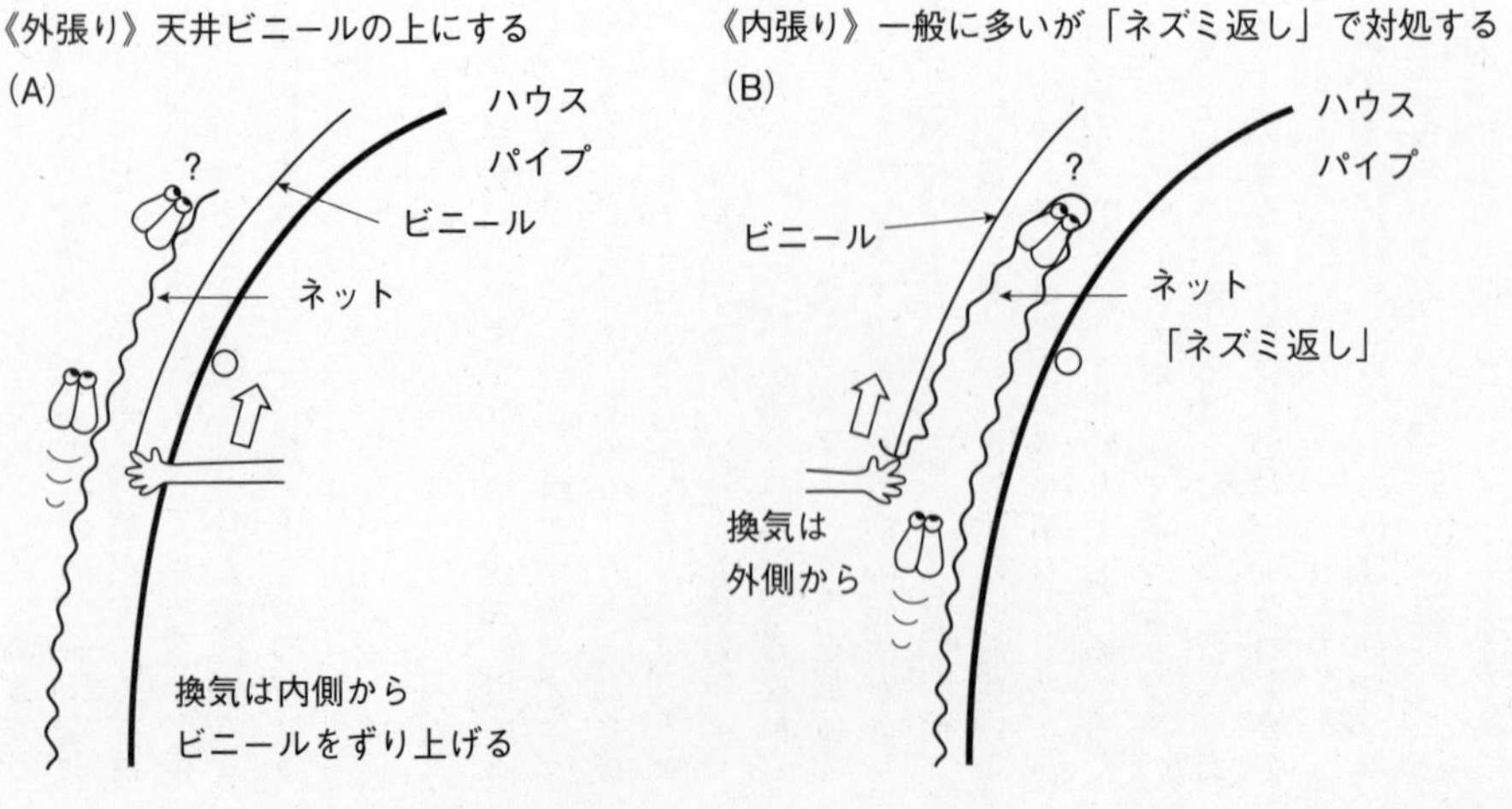

単棟の場合は側面と妻面に隙間なくネットを張る。ネットは天井ビニールの上になるように覆うのがコツである。マイカー線で押さえ、パッカーで止めれば隙間がなくなる。外部から飛来しネッ

トに取り付いたオオタバコガは上に向かって這い回り侵入口を探す。このためネットをビニールの上に張るとオオタバコガの侵入を確実に防ぐことができる。しかし、この方法では夏期の高温時に換気がしにくくなるので、ネットはできるだけ幅の広いものを使用し、ビニールをずり上げても隙間ができないよう余裕を持たせる（図1A）。このため実際にはネットをビニールの下に張る農家も多い。天井ビニールの下にネットを張るとネットとビニールの間に僅かな隙間ができて、オオタバコガの成虫がネットの上を這って登り、この隙間から侵入してしまう。そこで、ネットを天井ビニールの内側に入れ、さらにネットの上端を外側に二〇㎝くらい折って（ネズミ返し）ビニールの端より外に出しておくと、この袋の部分に成虫が入って出られなくなり死亡する（図1B）。ハウスが並んでいる場合は、隣接するハウス間を肩のところでネットを用いてつなぐとネットの使用量を少なくでき、作業性もよくなる。

管理面の留意点　ネットを張っても被害がでる場合は、どこかに隙間があってタバコガ類が侵入しているからである。隙間を見つけて早めに塞ぐとともに、殺虫剤を散布しておく。しかし、ネットを張っても、地面を這って侵入するヨトウムシ類の幼虫に対しては効果がない。このためハウスの近くの雑草を除草し、ヨトウムシ類の嗜好性の高い作物を栽培しないようにする必要がある。

ネットを被覆するとハウス内の温度はやや上昇する。トマト栽培では湿度が低下し、花弁の収縮が早くなるため花が落ちやすく灰色かび病の発生は少なくなる。

その他の工夫　タバコガ類はハスモンヨトウと同じように、夕方四時頃からハウス内へ侵入し始めるため、昼はネットを開けておいても侵入することはない。気温の上昇が心配な場合は、昼はネットを開けておいてもよい。

〈その他の害虫〉

シロイチモジヨトウ　ハウスの側窓をネットで全面被覆すると、天窓の被覆をしなくても被害は無処理区の四・五％に抑制された。しかし、ウリノメイガは昼間でも天窓から侵入した。

コナガやカブラハバチ　透明寒冷紗（クレモナF1000）で被覆してキャベツを栽培すると、無防除でも栽培できるが、被覆内は気温が三℃高くなり徒長した。また、露地の小松菜栽培で高さ七〇㎝に一・〇㎜のサンサンネットを張り、図2のようにネットの上部を二〇㎝折り曲げておくとコナガの高い侵入抑制効果が得られた（松村・福井、二〇〇一）。

スイートコーンのアワノメイガ　目合い一㎜の透明寒冷紗（N2000、透光率八七％）でパイプハウスを被覆して、播種期から収穫期まで栽培し被害を防ぐことができた（市川・木下、一九九三）。

マメハモグリバエ　目合い一・〇㎜のネットを通過するが、〇・八㎜ではほとんど通過しなかった（田中・二井、一九九七）。ただし、一・〇㎜の目合いでも被覆すれば、無処理に比較し高い侵入抑制効果が認められている（市川・大野、一九九五）。また、アルミ蒸着ネットの効果も高かった。青色のネットは侵入抑制効果が高く、オレンジと黄色のネットは低いためネットの色にも注意する必要がある。また、紫外線除去カットビニールと目合い一・〇五㎜のネットあるいはダイオミラーネットを組み合わせると高い防除効果が得られた（上遠野・河名一九九六）。

大阪シロナのナモグリバエ　一・〇㎜のネットで著しく高い侵入阻止効果が認められた（福井、一九九八）。

すでに侵入した害虫の対策

施設内にフェロモントラップやライトトラップをおけば被害が発生する前に侵入の有無が確認できる。侵入を確認し、直ちに農薬散布を行なうと若齢幼虫のうちに防除できる。

農業技術大系野菜編　第十二巻　防虫ネットの利用技術
二〇〇二年より

図2　コナガの侵入を抑制する折り曲げネット

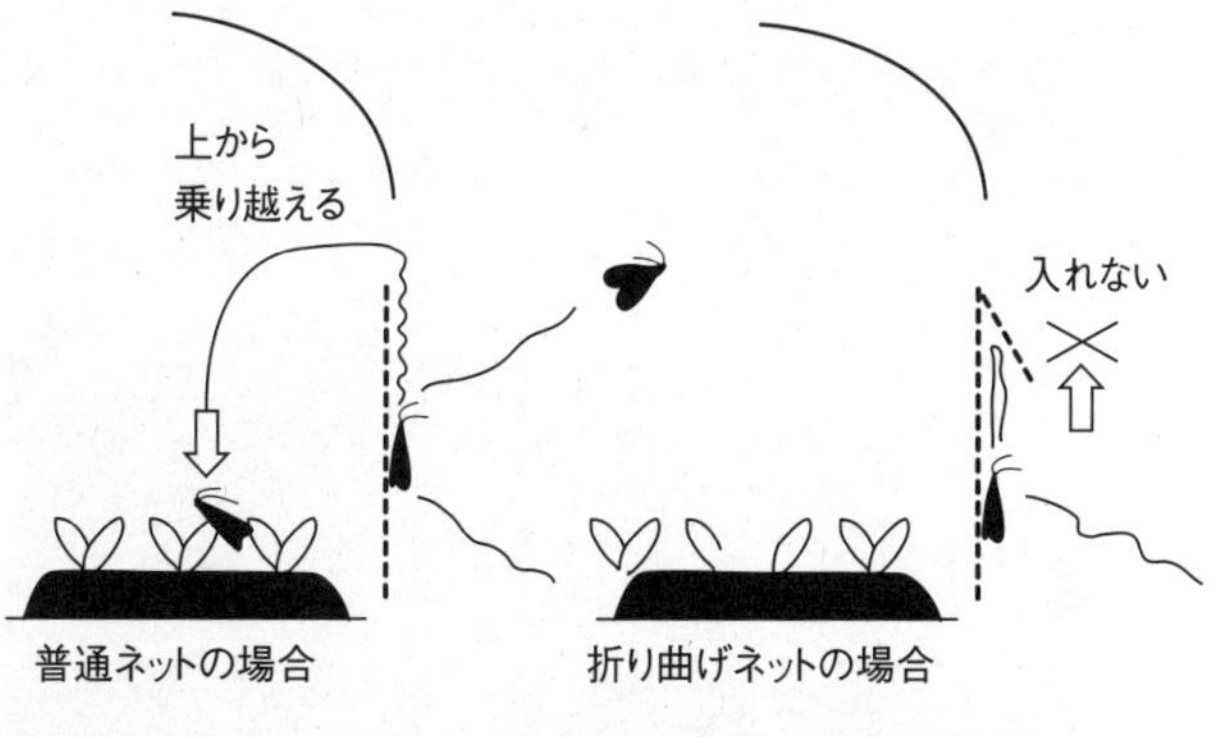

雌は羽化後すぐに交尾して体が重くなるので，飛翔力が弱い。そのため，わずか30cmの障壁でも侵入を抑制できることが知られている。ただし，障壁にとまった後，歩いて上に登り，ハウスに侵入してくるものがいるため，ネットを折り曲げる

防蛾灯と誘蛾灯で、果樹園から夜蛾を追い出した

山梨県南アルプス市　深澤　渉

夜蛾とは読んで字のごとく夜活動する蝶のことである。一㎜ぐらいのものから、大きいものは、一〇㎝以上のものまでさまざまで、何十種類もあると聞く。これらが夜になると活動しだし、果実を傷つけてしまう。

退治するには、ピレスロイド剤が有効だと聞くが、昼間は雑木林などに潜んでいて、夜になると出没するのだから厄介である。

リンゴのふじは袋で解決したが…

私がリンゴの栽培を始めた三十年前、無袋栽培のふじは着色するにつれ、シミのような点々が目立つようになってきた。押してみると中は空洞である。降雨の後、それが腐ってくる。何の病気だろう？　普及所の先生方と調べた結果、夜蛾だと判明した。その時は、すべての果実が腐ってしまい、リンゴはすべて有袋栽培するようにした。その後、除袋するのが早くて被害にあってしまうことも経験し、除袋時期は夜温が下がる十月に入ってからにしている。

ふじは有袋で解決したのだが、九月観光の目玉として取り入れた千秋は、香りもいいし、味もいいが、夜蛾の被害に遭ってしまう。また、ナシの豊水も夜蛾が好む果実だと知ったのである。

ネットと誘蛾灯で被害果なし

防蛾対策として、次のような方法を試してみた。

①トラップ　中に酒、酢、砂糖を入れた牛乳ビン（当時はペットボトルがなかった）を一本の木に四本ぐらいと、それと同数の木酢を吊るして、忌避効果もねらいながらの対策をしてみた。当時はかなりの効果が得られたのだが完全ではなかった。

②ネットで囲う　考えあぐねた末、網目一㎜で長さ六〇m×幅五mのネットを作り、列ごとすっぽりと囲ってみることにした。これはそれまで試した中では、もっとも有効であった。

③誘蛾灯　四年ほど経過した時、友人より誘蛾灯で大量の夜蛾を捕殺しているとの情報を得て、見学させていただいた。誘蛾灯の下に中性洗剤を溶かした水を張り、飛んできた蛾を溺れさせる方法であった。なるほど大量に捕殺でき、すぐ設置をしたのである。

ネットと誘蛾灯の設置で被害果はほとんどなく、順調に推移したのだが、その頃になる

筆者。リンゴ、スモモ、ナシ、サクランボなど8品目で約30品種の観光農園を経営（撮影　赤松富仁）

とナシなども評判となり、九月のお客様が増加するにつれ、ネットの中でのもぎ取りはなんともサマにならなくなってきていた。設置や撤去も大変な労力を必要としたので、何とかしなければと思うようになった。

黄色蛍光灯と黄色ナトリウムランプ設置

ちょうどその頃、高速道路のトンネル内の照明が黄色灯に切り替わり始めていた。聞いてみると、虫のトンネル内への侵入防止も理由のひとつだとのこと。さらに、専門家に聞いてみると、黄色灯によって波長五七〇nm付近の光を照射することで、ヤガ類を昼間と勘違いさせ、飛来や交尾、産卵、加害行動を抑制させる効果があるのだという。

さっそく畑全体に四〇Wの黄色蛍光灯を設置して、果樹園内から蛾を追い出し、園の周囲では誘蛾灯による捕殺作戦を開始した。この方法で網がなくても成果が上がった。三年前からは、二七〇Wの黄色ナトリウムランプも併用し、より完全な防除施設になったと思っている（図）。

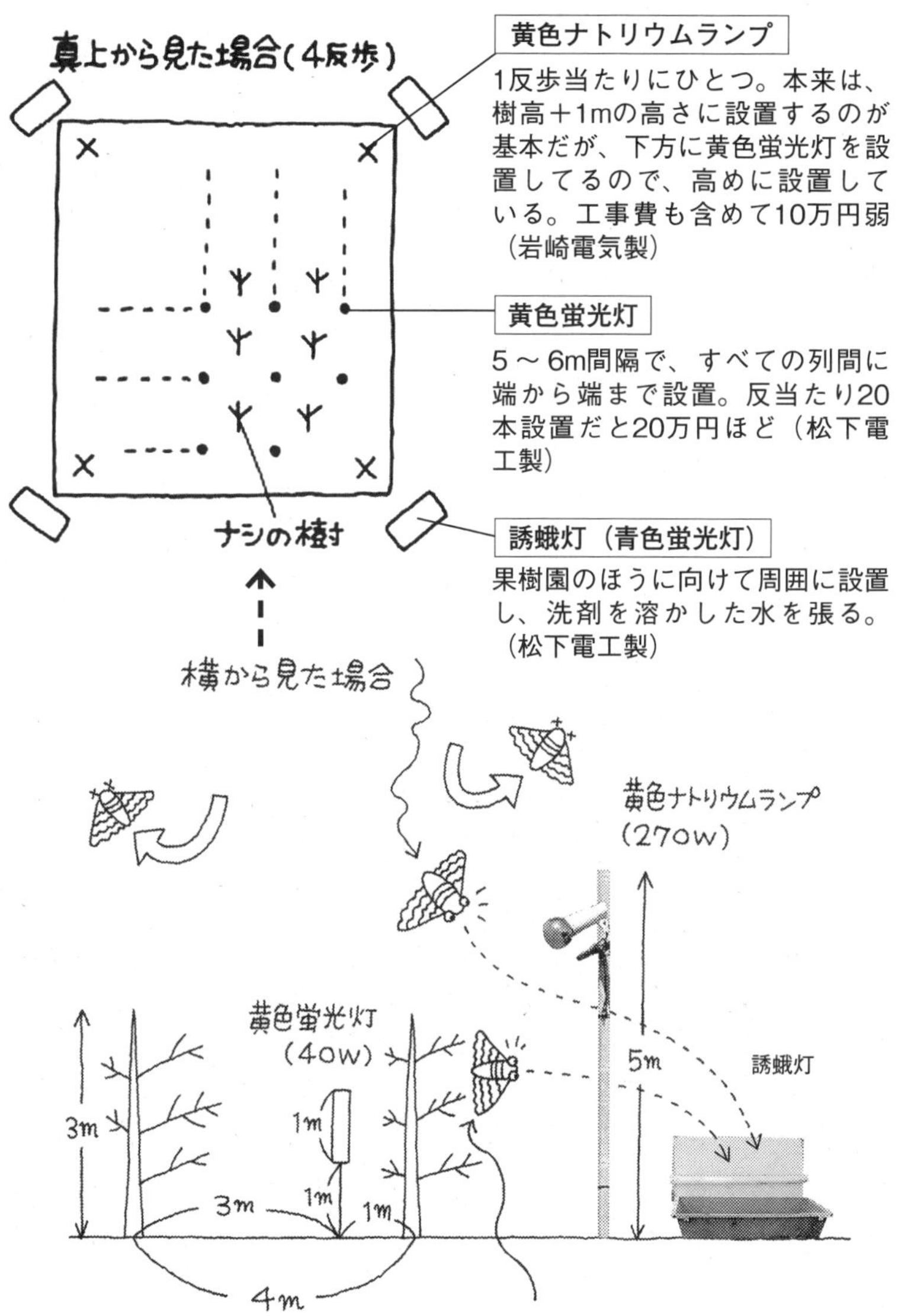
真上から見た場合（4反歩）
黄色ナトリウムランプ
1反歩当たりにひとつ。本来は、樹高＋1mの高さに設置するのが基本だが、下方に黄色蛍光灯を設置してるので、高めに設置している。工事費も含めて10万円弱（岩崎電気製）
黄色蛍光灯
5～6m間隔で、すべての列間に端から端まで設置。反当たり20本設置だと20万円ほど（松下電工製）
ナシの樹
誘蛾灯（青色蛍光灯）
果樹園のほうに向けて周囲に設置し、洗剤を溶かした水を張る。（松下電工製）
横から見た場合
黄色ナトリウムランプ（270W）
黄色蛍光灯（40W）
5m
誘蛾灯
3m
1m
1m
1m
3m
4m

カメムシの大発生

二～三年は、ナシなども無袋栽培で何の支障もなく経過していたのだが、昨年はカメムシの大発生により痛い目にあってしまった。豊水など早生種は、全滅に近い被害を受けてしまった。これからはカメムシ対策で、有袋を併用しようかな、とも思っている。

生き物の世界は複雑で、こちらが思いもよらないことの連続である。これで完璧という方法はなく、状況の変化に対応できる柔軟さがなければならない。

二〇〇七年六月号　防蛾灯、誘蛾灯のW設置で、果樹園から夜蛾を追い出した

黄色蛍光灯をもっと安く、効果的に使う方法

岡林俊宏　高知県園芸流通課

黄色灯は、天敵利用のスタート

太平洋に面した高知県東部に位置する安芸郡。ここは古くからのナスやピーマン類のハウス園芸の大産地である。新しい技術はなんでもまず自分で試してみる土地柄だ。

黄色い蛍光灯は、物理的な防除法なのでほんとに簡単だ。ハウス内につけるだけでハスモンヨトウなどヤガ（夜蛾）類に忌避効果があるところがすごい。天敵や訪花昆虫がハウス内で活躍するためには、とにかくそれらに影響のある殺虫剤の使用を一剤でも減らしていく必要がある。そこで安芸では、天敵利用農家の約七〇%がまず最初にこの黄色蛍光灯の利用からスタートしている。

ところが、この黄色蛍光灯。一般的な設置基準は、ハウス内をすべて一ルクス以上に照らすということで、四〇Wタイプで一〇a当たり一〇灯以上、となっている。一灯当たり一万円以上かかり、これだけたくさんつけるとなると電線もたくさんいるし、へたをすると配電盤まで工事する必要があり、最終的に二〇～三〇万円もかかってしまうことになる。いくら効果が高くても、それではなかなか手がでない。そこで、安芸郡では徹底的にエコ設置を目指し工夫を重ねた。

設置数を思い切って減らす

まず設置の目的をヨトウ類の被害をゼロにするのでなく、八〇%程度軽減すれば十分として、一九九八年から三年間、約二〇〇ハウスに設置した。その設置灯数は、一ルクスにとらわれず、一〇a当たり、二〇W直管タイプで四～六灯、三〇W円管タイプで三～四灯程度にとどめた。

蛍光灯は上向きに、ハウス開口部に向けて設置する

効果を上げる設置方法

①器具は必ず上向き設置とする。まず忌避効果を第一に考え、作物を照らすのではなく、上向きに設置してハウス内の空間を照らすようにする。結果として天のフィルム面によく光が反射し効率もアップする。

②天窓の開口部へきっちり光を見せる。さらに、ヨトウの気持ちになって、飛び込みの多い天窓の開口部から光がまぶしく見えるよ

うにする。くるくる天窓やラック式など、その構造に応じて工夫して設置する。

③ハウスの四隅を重点的に照らす。ヨトウの交尾抑制には四隅がポイント。四隅から一〇m以内に設置する（図）。

④作物の種類や品種によって、徒長や花芽分化に注意する。ナスやトマトは心配ないが、ピーマン類（とくにパプリカ）では、上向き設置でも電灯の直下がやや徒長したり、花芽が弱くなったりする場合もある。使用する作物の種類や品種に応じて、さらにステンレスやアルミ箔で反射板を利用するとよい（写真）。

⑤粘着板を併用する。吸汁性のカメムシ類やヨコバイ、ドウガネブイブイなどの被害防止対策として、黄色蛍光灯の直下に粘着板を数枚設置しておくとよい。

なお、安芸ではタイリクヒメハナカメムシや寄生蜂などの天敵類を放飼後、定着するまでの間は、粘着板を再びはずすようにしている。

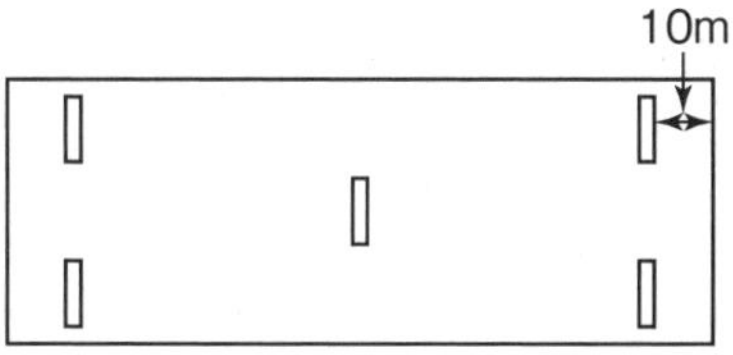

蛍光灯は、ハウスの四隅（10m以内）に設置。ヨトウガはハウスの壁面に沿って移動し、交尾することが多いので、四隅を重点的に照らす

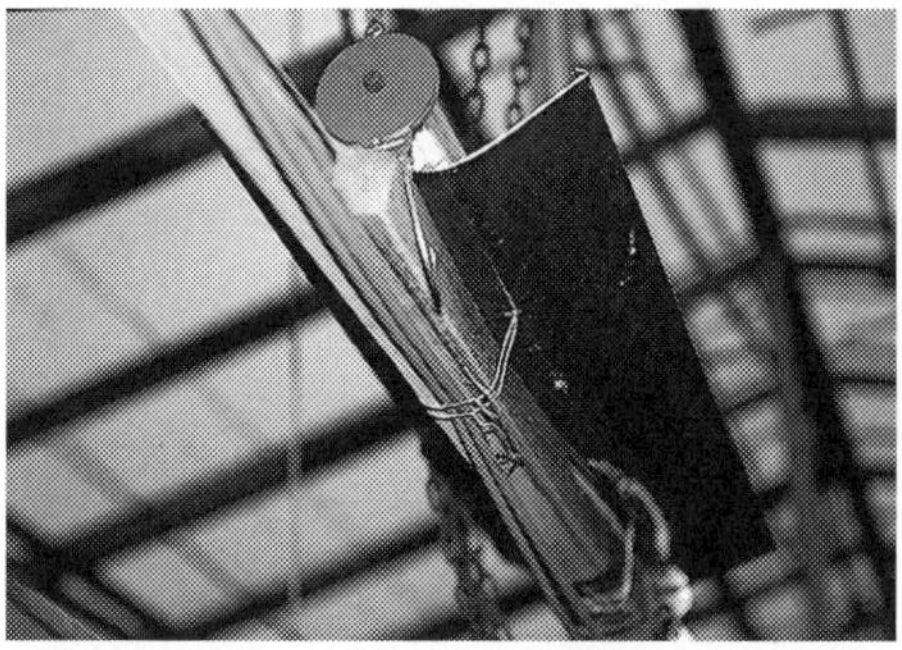

ピーマンなど、光が当たると徒長する作物の場合に、ステンレスの反射板を手作りしてつける。板金屋さんに頼んでも900円くらいなもの（撮影　赤松富仁）

一〇a四万円、工夫すれば二万円

以上、より環境にもやさしい安芸方式設置の場合、コストは一〇a当たり四万円程度で収まり、通常設置の五分の一以下とすることができる。さらにちょっと器用な方なら、ホームセンターなどで二〇〇〇円程度で売っている二〇W用の電灯器具に黄色蛍光管だけつければもっと安くなる。そして街路灯用の、「暗くなったら自動的に点灯、明るくなったら消える」ＥＥスイッチ（一〇〇〇円程度）を利用すれば、なんと一〇a当たり二万円程度で設置可能となるのだ（ただし、この場合防水ではないため、ハウス内で利用するラジオなどと同じようにいつでも取りはずしできるようにし、安全には十分注意して設置・管理する必要がある）。

IPMでは、「害虫ゼロ」はねらわない

ということで、安芸方式設置のミソは、本当に必要最低限の設置だというところだ。IPMの基本は、害虫をゼロにすることではない。点灯後もヨトウ類を発見したら、スポット処理なり、BT剤や選択性の殺虫剤などやはり早め発見、早め処置が決め手となる。

あるナスの篤農家が教えてくれた。その方のヨトウ対策は、IPMの考え方が普及して天敵や訪花昆虫が当たり前になる前から、「観察」だったようだ。毎朝ハウスのサイドの防風ネットをチェックして回り、ハスモンヨトウの卵を見つけては取り除いていたそうだ。五年前にその方のハウスに黄色蛍光灯を安芸方式設置したが、その方の発見する卵の数は激減したそうだ。やはり、最後は自分のハウスに応じた観察と工夫がポイントとなる。

そして、せっかく黄色蛍光灯を設置して減農薬を目指すなら、さらに天敵の利用などへとどんどんステップアップしたい。農業はますますおもしろい。

二〇〇四年六月号　黄色蛍光灯をもっと安く、効果的に使う方法

リンゴ酢で減農薬　何でも自分で作る

岩手県盛岡市　小山田　博さん

編集部

カラスに突かれた、くずリンゴを持つ小山田さん

防除用に作ったリンゴ酢

何でも自分で作るのが農家

　リンゴ農家の小山田博さんは、もう十年ほど前からリンゴ酢を毎年作っている。自宅脇の一・三haのリンゴ園をこのリンゴ酢で減農薬栽培するためだ。

　きっかけはその頃から使っていたEM菌の仲間から、「ストチューがいいぞ」と聞いたこと。酢と焼酎を混ぜたストチューが防除に使えるのなら、リンゴを皮ごとつぶして酢を作ればいいじゃないかと思った。

「防除のために市販の酢や焼酎を買っていたのではまったく合わない。作れるものは自分で作る。農家にとっては当たり前のことです。酢の原料になる、くずのリンゴはいくらでもありますからね」

　ところが最近、あるところから「酢を作ることは、酒を作ることである」として、酒税法違反になるかもしれないと言われた。しかし、お酒を飲まない小山田さんは、「果実が酢になるのは自然なこと、それを農家が食べ物を作るために使うのも当たり前のことだ」と考えている。そもそも酒税法とは「酒類には、この法律により、酒税を課する（第一条）」ことが目的である。農家が安全な食べ物を生産するために作っている防除用の酢まで、酒税法で取り締まるなどというのは、まったく法の精神に反する。

　リンゴから作った酢は安全で、それをリンゴ生産に利用することで、農薬の散布量を減らすことができる。まったく社会の公益にかなったことだ。リンゴの他にも、自家用の野菜や果樹にも使用して幅広く効果を実感している。

害虫の天敵が大活躍してくれる

　リンゴの場合、殺虫剤の代わりにしょっちゅう酢をかければ、果実に入ってしまうシンクイムシ以外の、ほとんどの害虫が減る。葉に入るハモグリガやホソガのような虫もいなくなるし、赤ダニ（リンゴハダニ）は、まっ

材料のくずリンゴ

酪農家からもらったステンレス容器で発酵

ポリ容器に入れて納屋に静置、熟成させる

小山田さんのリンゴ酢の作り方

①EM菌1ℓ、糖蜜3ℓ、水16ℓの割合で混ぜた液体を作る。
②米ぬか15kgに、①の液体1ℓの割合で混ぜ、ボカシを作る。16kg入るコンテナに詰めて、新聞紙でくるんでおく（寒いときで1か月で完成）。
③くずリンゴを飼料用粉砕機で粉砕。
④角型のステンレス製容器（容量600ℓ）の底にすのこを敷き、さらに防風ネットを敷く（後で濾過するため）。底に②のボカシ10kgを平らに敷き、その上に粉砕したリンゴ500kgを投入して平らにする。さらにいちばん上に②のボカシ10kgを敷いてサンドイッチ状にする。ただし、リンゴの腐熟がすすんでいる場合は3層にしないで混ぜ合わせる。
⑤このまま放置すると、液体が出て、発酵が始まる。3か月ほどで、発酵がおさまる。
⑥ステンレス容器の蛇口から20ℓのポリ容器に移して静置し、熟成させる。
⑦仕込みから完成まで6か月程度かかる。

たく見なくなる。

「五日に一回くらい、しょっちゅうかけているが、どの虫でも成虫や卵は死なないけど、孵化したばかりの幼虫はどんどん死ぬ。アブラムシは黒くなってポロポロと落ちるよ」

どうして酢が「効く」かわからないと小山田さんはいうが、殺虫剤を使わないことで、寄生蜂などの天敵がどんどん殖えて、害虫を抑えているようだ。シンクイムシだけが減らないのは、卵から孵化してすぐに果実に入り込み、天敵からうまく逃れているからだ。

病気については、リンゴ酢はブドウの晩腐病やモモのせん孔細菌病、縮葉病などの病気には効くが、すべてのリンゴの病気は防ぎきれないという。

いずれにせよ、リンゴ酢のおかげで農薬代は一般栽培の半分以下ですんでいる。

酢酸発酵させる

原料のリンゴは、病気のついたもの、虫や鳥に突かれたものなど、ジュース用にもならないようなものだ。

傷のあるリンゴは、畑に置いておくと病気のもとになる。昔はどこでも農耕用の家畜を飼っていたので、家畜のエサにしていたが、

柿酢の作り方（参考に）

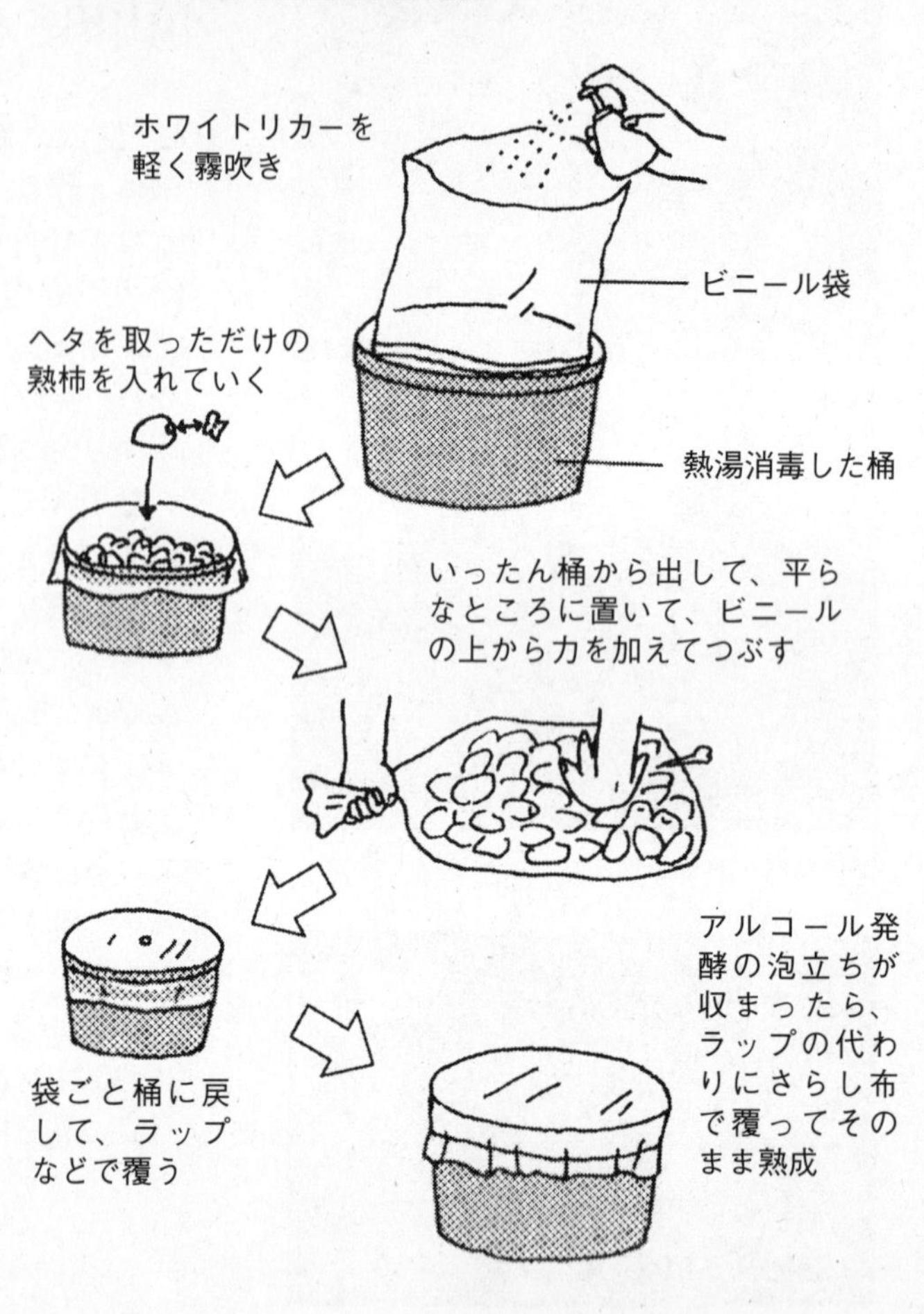
ホワイトリカーを
軽く霧吹き
ビニール袋
ヘタを取っただけの
熟柿を入れていく
熱湯消毒した桶
いったん桶から出して、平らなところに置いて、ビニールの上から力を加えてつぶす
袋ごと桶に戻して、ラップなどで覆う
アルコール発酵の泡立ちが収まったら、ラップの代わりにさらし布で覆ってそのまま熟成

長野県阿智村・寺田信夫さん（『農家が教える　発酵食の知恵』）

今ではゴミ扱いだ。それを酢にしてしまえば、病害虫の防除に利用できる。ネズミのエサにもならずにすむ。

作り方も簡単。ステンレスの容器は酪農家からもらったバルククーラー（搾った牛乳を冷やしておくタンク）。これを庭先に置いている。

リンゴ酢は、完全に酢酸発酵させる。小山田さんからリンゴ酢を分けてもらっている花農家によると、糖分の残っている状態だとかえって虫や病気がふえることがあるという。岩手県の気候だと、アルコール発酵はだいたい三か月で落ち着くが、さらに三か月ほど酢酸発酵させ、合計六か月置くのがいいようだ。

熟成すると、コーヒーのような色に変わる。においも、ツンとした酢のにおいに変わる。

リンゴには濃く、野菜には薄く

小山田さんの場合は、手強いリンゴの病害虫には五〇～一〇〇倍と濃くかけ、それ以外の果樹では一五〇～二〇〇倍、野菜には二〇〇～三〇〇倍を基準にかけている。

モモやウメ、ナシなどの果実は濃くかけると生育が抑えられるのか、葉色が薄くなる。一方、リンゴはリンゴ酢を薄めずにそのままかけても大丈夫だった。

ただし、リンゴ酢の仕上がりによって倍率を変えたほうがよさそう。糖度の高いリンゴを使えば、アルコール濃度も高く、酢の濃度も高くなる。なめると酸っぱくて香りもいい。こういうものなら基準の倍率でいい。しかし糖度の低いリンゴを使ったり、酢酸発酵がうまく進まなかったときは、酸味が少なかったり、舌にジリッとするものを感じたりする。こういうものは基準より濃くしてかけるか、土壌灌注すればいいという。

「今は誰もが農薬を少しでも減らしたいと思っている時代。手作り酢による減農薬栽培をみんなに広めたい」と、視察に来た人にリンゴ酢をどんどん分けている。

二〇〇八年十一月号　リンゴ酢で減農薬

学校給食野菜

手作りの発酵液で無農薬

香川県丸亀市　古川ケイ子

間引き菜を食べられない

丸亀市は年間を通して雨量少なく、気候も温暖で野菜もよく育つ。今から五年ほど前、当時の教育長から「学校給食に安心安全な野菜を作り、子どもたちに食べさせたい」というお願いを受けた。私たち生活研究グループ（以下グループ員）は、これに賛同、何とか応えるべく、一人一人が自家菜園を少しだけ広げることにした。

野菜を元気に育てるために牛糞や稲わらなどを畑や田んぼに入れたり、風が通るように株間を広めにとったり、虫がついた葉は摘み取り、虫は手で拾うなど、試行錯誤。しかし、無農薬で野菜を作るのは難しかった。心に重さを感じながら、種を播くときにだけ有機リン系の粒剤（作物の根から殺虫成分を吸収させる殺虫剤）を散らしていた。間引き菜は食べなかった。柔らかくて美味しいはずだが、殺虫剤が茎や葉にしみ込んでいると思ったからだ。無農薬で育てるよい方法はないものかと、苦闘は続いていた。

「えひめＡＩ」を野菜に使えないか

そして三年目の五月、偶然「えひめＡＩ－２」（以下「えひめＡＩ」）を知った。丸亀市の消費者モニターの集いで、曽我部義明さん（財団法人えひめ産業振興財団）の講義ビデオを見る機会があった。目を覆いたくなるような市街地のどぶ川。その川が、地区住民が「えひめＡＩ」をトイレや流し、洗濯などに二年間ほど使っただけで、美しく変わっていた。川の中には水草がゆらぎ、メダカが泳ぐ。子どもたちは楽しそうに川遊びをしていた。この映像が心にしみた。

地元の川でも同じようにできないかと思って、グループ員に呼びかけた。もう一度、ホタル舞う、シジミのいる、ドジョウの住む川にしたいと思った。

その年の夏、グループ員の有志二五人で善通寺市へ視察に行った。そこでは生ゴミの消臭剤として、「えひめＡＩ」を作っていた。二〇〇ℓのドラム缶に材料を入れ、一週間発酵させる。シルバーボランティアの方々が作り、それを住民に分け与えていた。

住民に使い方を聞いてみると、コンポスト容器（生ゴミ入れ）の消臭だけでなく、虫が来るのも防げるのだと教えてくれた。それを聞いて、帰りのバスの中で、虫を寄せつけない効き目があるのであれば、私たちは野菜栽培に使ってみようと思った。

帰るとすぐに、その日いただいた「えひめＡＩ」を道端のカラスノエンドウにいるアブラムシにかけてみた。説明書には五〇〇倍と書いてあったけど、試しに二倍くらいの濃い液をじょうろでかけた。あくる朝見てみると、アブラムシの姿はまったくなく、かといって死骸も少ししかない。不思議だった。でも、これで野菜にも利用できるぞと元気が出た。

使い頃はpH三～四

善通寺市でおみやげにいただいた五〇〇cc

地区のコミュニティー会館で「えひめＡＩ—2」を作っているところ

二本は夏野菜の虫よけに散布し、すぐになくなった。そこで自分たちで納豆とヨーグルトとドライイーストで「えひめAI」を作り始めた。夏だったので、もたもたしていると発酵がすすみ、ペットボトルが膨張して転がったり、プシューッと蓋が飛んだり、作業は楽しい。グループ員で集まって、春夏秋と年に三回、それぞれが自宅用に二ℓ二本、近所への配布用に五〇〇cc二本を作った。

要領がわかってきたころに、四斗桶に仕込んで、蓋をして一週間くらい日当たりのよいところに置いた。すると発酵が進みpHが三〜四になった。教えてもらった、ちょうど使い頃のpHになったのだ。甘酒のような匂いがして、なめたら酸っぱい味がした。

夏に多めに作っておいて涼しい場所に置けば一年間はもつこともわかった。仲間での合言葉は、「どんどん作ってどんどん使おう」。本当に気に入った。

土壌灌注で粒剤いらず

私は野菜作りに力を入れて、「えひめAI」を利用することにした。

土壌灌注　九月七日、白菜、大根、にんじん、小松菜などは、鍬で線をつけた溝に、二〇倍液をたっぷり灌注してから種播きした。もう粒剤を使わなくてもよかった。間引き菜を食べると、美味しい。一五cmに育った頃、二回目は五〇倍液をじょうろでかけた。時々一〇〇倍液もかけ、虫がつかないうちに散布することを心がけた。やはり濃いめにかけるほうが、効果があるようだ。

サツマイモ　八月十五日にカメムシの白い幼虫がいっぱいついていた。原液二ℓを、サツマイモのつるの挿し口にかけていった。九月末日、芋掘りをしたら、全然虫に食われていなかった。

黒大豆、小豆　九月末の黒大豆、小豆には遅かった。すでに花がすみ、莢が三cmくらい育ったところへ原液をかけたが、虫にやられた。今思えば、花が咲いたころに一回、莢が出てからは頻繁に二〜三回かければよかったと反省している。散布しなかった黒大豆は、虫だらけで豆はとれなかった。

アスパラ　若いアスパラに、一〇〇倍の液を作り散布した。スリップスにはよかったようだがナメクジにはあまり効き目がないようだった。

十九年度からは、学校給食に出荷する野菜には、農薬を一滴もかけずに育てることが可能となった。

グループ員は思い思いに自分のやりたいように使っている。ある人は、食器洗い、食器戸棚拭き、ガラス拭き、タイルの目地そうじ、レンジ拭き、床拭き、風呂場そうじ、野菜の汁で汚れた手洗いなど、洗剤はしばらく使っていない。シャンプーのすすぎや油汚れもよく落ちるそうだ。

あちらこちらの自治会から、「えひめAI」を作りたいので来てほしい、という声が聞かれるようになった。今はグループ員みんなで無理をせず応えている。

二〇〇八年十月号　学校給食野菜　念願の無農薬でできた！

えひめAI―2の作り方

■材料
10ℓの発酵液を作る場合
砂糖……………………………… 500g
ヨーグルト……………………… 500g
ドライイースト………………… 40g
納豆……………………………… 20粒
水道水…………………………… 約9ℓ

②納豆は網に入れて加える。

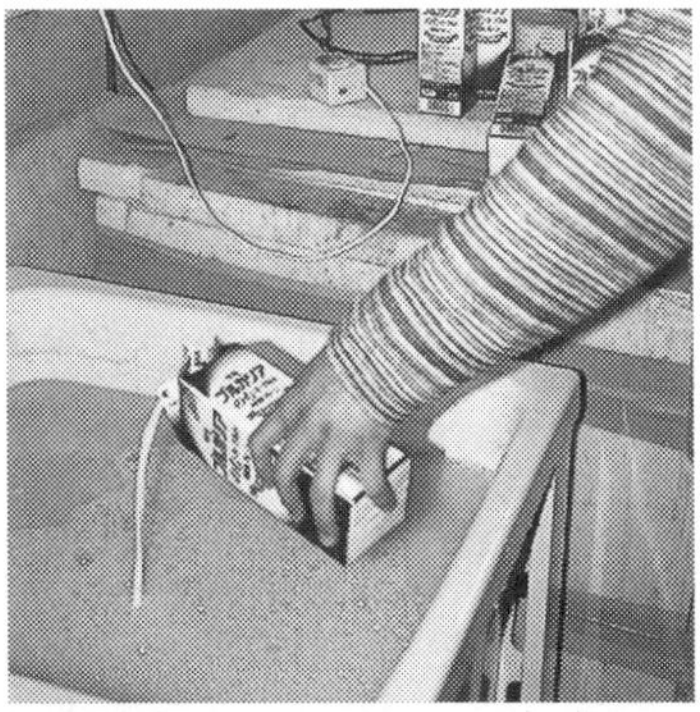

①材料を全て加えて、よく混ぜる。少量のときはミキサーで混ぜてもよい。

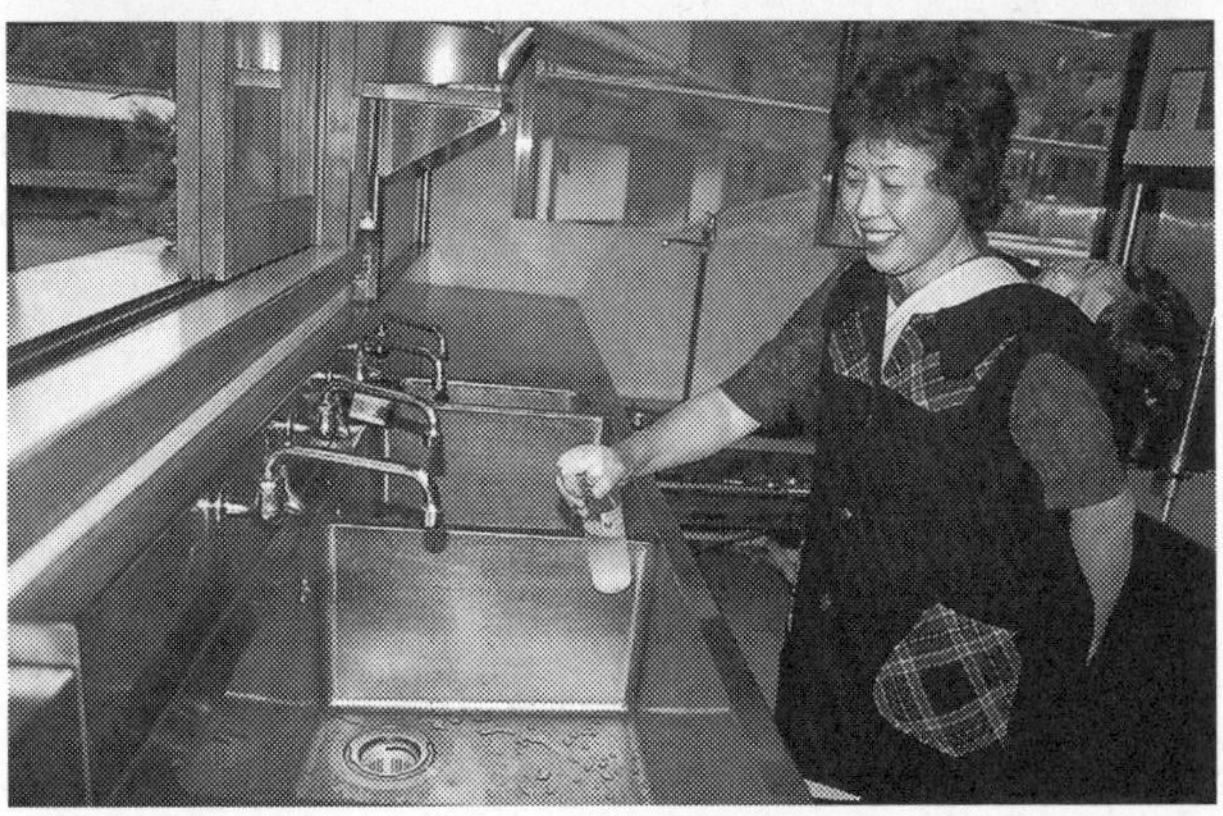

③熱帯魚用のヒーターで、35℃の温度を保つ。ビニールを被せ、蓋やマットで保温する。夏なら暖かいところに置いてもよい。そのまま1週間ほどで出来あがり。培養液のpHが3～4になり、パンのような発酵臭がしてくれば成功。

家庭での使い方の例

▶流し台に、スプレーするとぬめりや臭いが少なくなる。
▶入浴後の浴槽に、50mℓ程度を入れると、汚れが取れやすい。
▶生ゴミやコンポストにスプレーすれば、消臭と発酵促進効果がある。
▶便器にスプレーして消臭。

写真協力：山梨県小菅村の吉沼正広さん、酒井由美子さん

注意①　食品ではないので、飲用や塗布など人体への使用は行なわない。
注意②　愛媛県が「えひめAI―1」で商標を取得しているので類似商品名での販売はできない。個人で作ったり使ったりするのは問題ない。

フェロモン利用で天敵を活かす

小川欽也　信越化学工業（株）

殺虫剤よりも大きい天敵の力

農業生産に対する農薬の役割、とくに殺虫剤の役割が大きいことについては議論の余地はない。しかし殺虫剤の使用が増加するのにともなって農業生産も増加しているかといえば、そうでもない。

たとえば面積当たりの殺虫剤の使用量の多い綿を例にとれば、その間の事情は明らかである。とくに最近三〜四年は、綿の生産地であるインド・中国・パキスタンにおいて、殺虫剤の散布回数増加にもかかわらず、最大害虫のワタアカミムシ（ピンクボールワーム、PBW）だけでなく、生育後半にホワイトフライとアメリカンボールワーム（ABW）の被害が増え、収量が低下している。そのうえ、ホワイトフライの分泌する物質（ハニー）がウイルスの発生原因となり、リーフ・カーリング・バイラス病も発生し、収量と品質を低下させている。こうした被害の生育後半の激増に対して、これらの国ではABWのフェロモン防除に強い関心を持ち、ABW用フェロモン剤の供給を強く望んでいる。

しかし、筆者らが詳細に綿畑を観察してみると、実際に綿の収量を低下させているのは、ABWではなく、PBWであることがわかった。また、ABWの防除には土着天敵が重要な役割を果していることも知られていたので、この土着天敵を殺す剤を散布しなくてもよいように、PBWをフェロモンによって防除する方法を実施した。

図1のA・Bは、インドのパンジャブ地方での例である。図1Aのように、ABWの成虫数は、とくに後半にはPBWの二〜三倍にもなる。これだけ見れば確かに、「ABWの被害が大きい」という政府や大学の研究者の話は納得できる。しかし図1Bの被害でみると、シーズン初期はむしろPBWの被害のほうが大きく、後半でもPBWとABWの被害はほぼ同程度である。

ABWは虫が大型である。そのうえ、綿のボール（果実）に侵入したり出たりするので目立ちやすい。いっぽうPBWは、ボールに侵入すれば、最後まで内部で綿を食害するので目立たない。そのために、ABWの被害が大きいと思われているのである。

図1Bであきらかなように、PBWを、殺虫剤ではなくフェロモンを使って防除した結果、明らかにPBWの被害がなくなった。そのうえ興味深いことは、殺虫剤を散布しないことによってABWの被害もほとんどなくなったことである。この事実は、天敵の寄与がいかに大きいかを示している。

中国での実施例も同じ結果を示している（図2）。もちろん殺虫剤のピレスロイド剤はまだPBWに有効であり、ABWに対してもある程度の効果があるが、それよりも自然界の天敵の力のほうが大きいのである。

同様の結果は果樹でも得られている。

コドリンガは世界最大の果樹害虫である。この虫は、リンゴ、ナシ、アーモンドなどに被害を与える。とくにアメリカのナシでは、コドリンガとともにキジラミが発生している。コドリンガの防除には有機リン剤が利用されているが、キジラミには有機リン剤は効かないので、ピレスロイド剤の使用が一般に行なわれている。そのためリサージェンス（殺虫剤散布で逆に害虫が増える現象）が起

図1　綿栽培で確かめられたフェロモン防除の効果（インド・パンジャブ地方、1996年）

(A) ワタアカミムシ（PBW）用フェロモンを施用した場合、施用しなかった場合のワタアカミムシとアメリカンボールワーム（ABW）の成虫数の変化

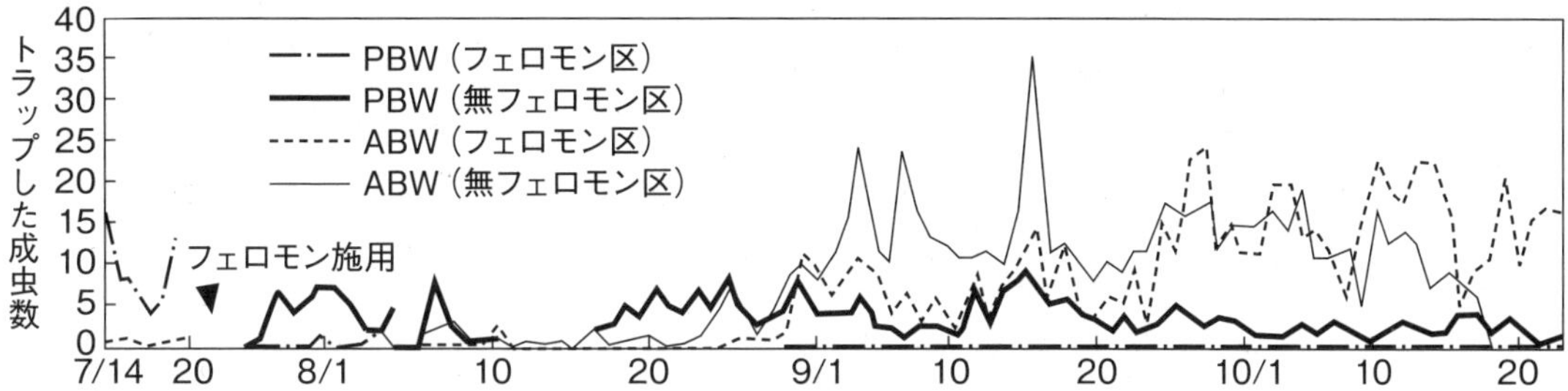

(B) ワタアカミムシ（PBW）用フェロモンを使うとワタアカミムシだけでなくアメリカンボールワーム（ABW）の被害も減る

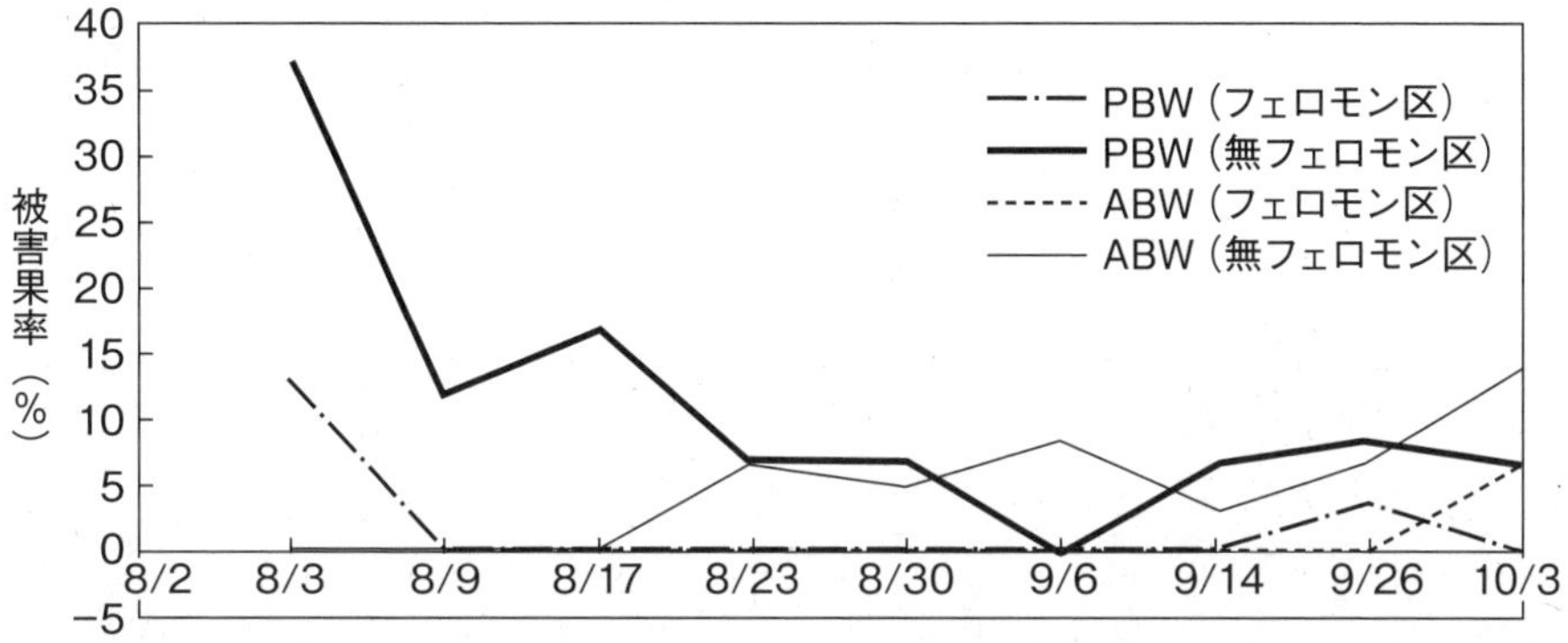

図3　コドリンガをフェロモン防除すると、キジラミとダニは天敵で防除される

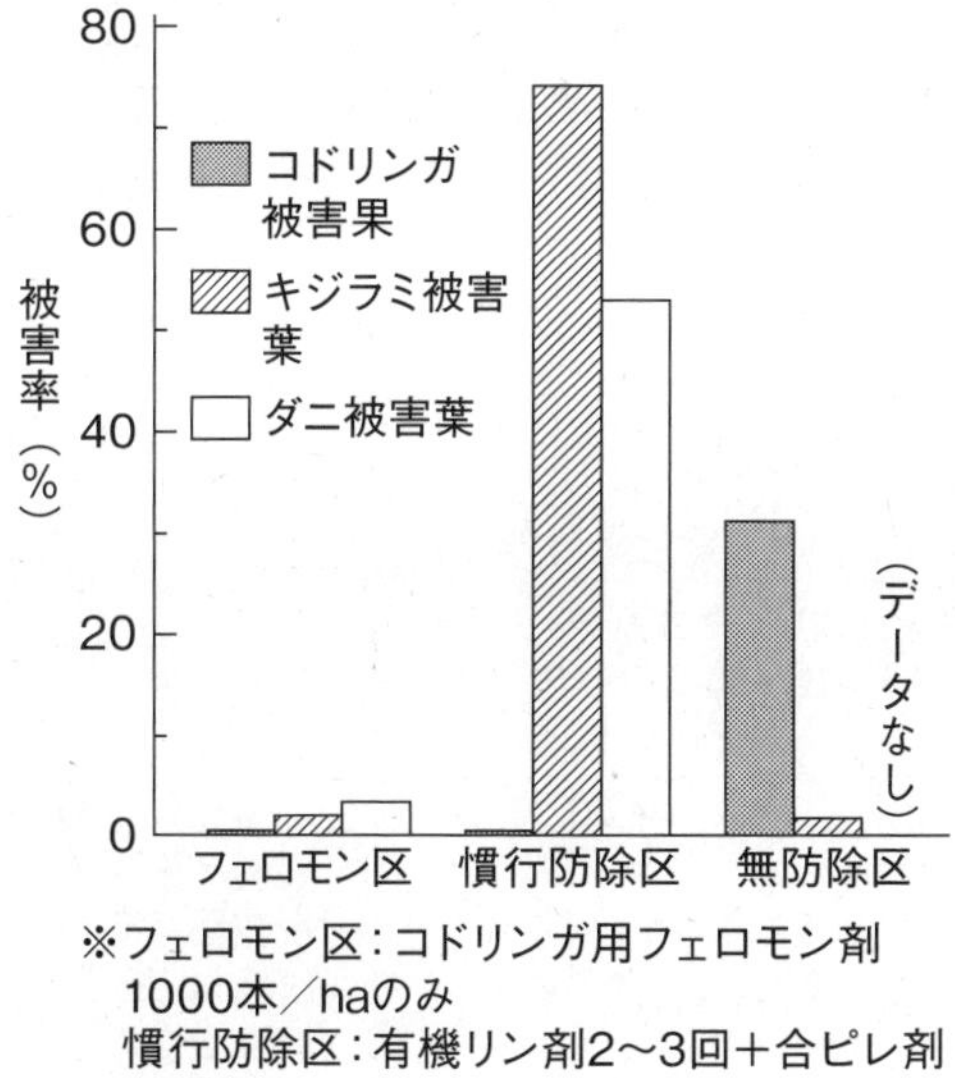

※フェロモン区：コドリンガ用フェロモン剤1000本／haのみ
慣行防除区：有機リン剤2〜3回＋合ピレ剤1〜2回

図2　ワタアカミムシ（PBW）のフェロモン防除でPBWとABWの両方の被害が激減

（中国湖北省、500haの面積でのデータ）

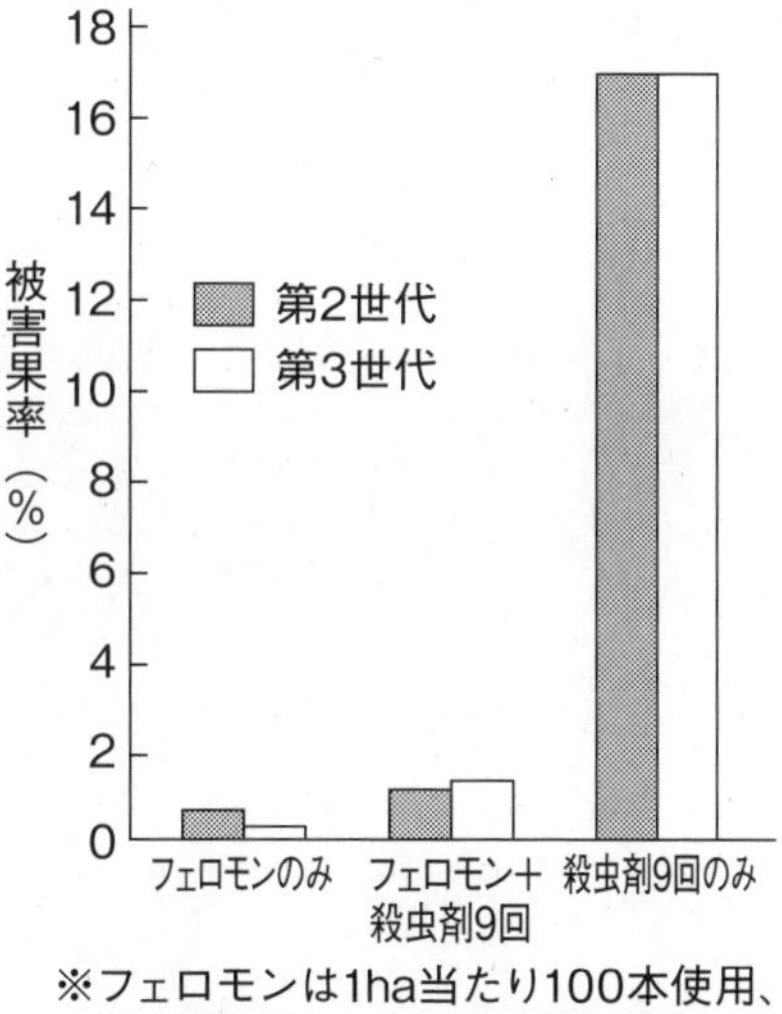

※フェロモンは1ha当たり100本使用、殺虫剤はピレスロイド剤も使用、第2世代、第3世代ともABWとPBWと合わせた被害

こりダニも発生する。

それに対して、コドリンガ対策にフェロモン製剤を利用して殺虫剤の使用を中止した結果、キジラミもダニも天敵によって防除できることがわかったのである（図３）。

有効な天敵がいない害虫を見極める

有機殺虫剤が使用されていなかった戦前でも、綿もリンゴも穫れていた。ところが現在で

は、もし殺虫剤の使用を急に中止すれば、リンゴなどは害虫の加害で著しく収量が低下するといわれている。しかし、本当にそうだろうか。

殺虫剤の散布をやめた場合、天敵による防除力の強さは、天敵の回復程度によって変わる。そしてその回復程度というのは、①ピレスロイド剤などの使用頻度、②周囲の条件、③作物の種類等によって異なる（表1）。

前述のワタアカミムシ（PBW）とアメリカンボールワーム（ABW）を例にとって考えてみよう。PBWとABWの両害虫のうち、PBWは天敵の防除力だけでは十分ではない。しかしABWは、極端に高い密度で発生していない限り、綿の場合は天敵の防除力だけで十分である。このような差はいったい何によるのか、それを示すデータは不足しているが、次の理由が考えられる。

①PBWは孵化後数時間でボール（果実）に侵入するので、捕食天敵にさらされにくいし、病原菌にも接触する機会がない。

②PBWは卵も幼虫もごく小さく、大型の寄生蜂が産卵するには小さすぎる。

③いっぽうABWの幼虫は、作物の外部でも生活する。

ナシ・リンゴ、キャベツ、綿で、実際に殺虫剤を減らしてフェロモン防除した際に、増加する害虫と減少する害虫を調べてみると、表2のとおりである。殺虫剤を削減したほうが、かえって減る害虫もいるのだということがわかる。

一般には、シンクイムシ、ハマキ、ズイムシなどは、天敵の寄与が十分でないのでフェロモン防除の対象になる。それに対して、ダニ、ハモグリ、スリップスなど作物の外部で生活する虫は、天敵の力に依存しやすいといえる。

表1　天敵の回復に要する時間

	有機農法	有機リン剤主体の防除	ピレスロイド剤多用の防除
茶	0年	1～2年	2～4年
リンゴ	0年	0～1年	2～3年
綿	0年	0～1年	1～2年

今、殺虫剤の散布をやめるとリンゴの被害率は九〇％に及ぶといわれる。しかし、有機殺虫剤が無かった戦前では、リンゴ被害は一〇～一五％だった。それは現在難防除といわれるキンモンホソガ、ダニ、カイガラムシ、ハマキによるものではなく、モモシンクイガによるものだ。幼虫が果実内部にいて天敵にやられにくい「難防除害虫」のモモシンクイガを薬剤で防除したために、天敵が絶滅してしまった。そして、ハチ、カブリダニ、クモなど多くの天敵で防除されていたキンモンホソガ、ダニ、カイガラムシ、ハマキガ、アザミウマなどが主要害虫になってしまった。

表2　フェロモン防除による対象外害虫の変化

作物	フェロモン防除対象害虫	防除対象外の害虫：殺虫剤削減により減る害虫（天敵による防除）	防除対象外の害虫：殺虫剤削減により増える害虫（天敵では不十分）	対策
ナシ・リンゴ	コドリンガ	ハモグリガ ダニ・アブラムシ キジラミ	ハマキムシ類	○同時防除剤の開発と適用 ○脱皮阻害剤・BT剤など天敵に安全な殺虫剤との併用
キャベツ	コナガ	コナジラミ ダニ	ウワバ	
綿	ワタアカミムシ	ワタコナジラミ ダニ オオタバコガ	エジプシャンコットンリーフワーム	

消費者、流通業者の大きな役割

また、天敵の利用が有効かどうかを決める

要因としては防除水準も重要である。表3に各国のリンゴの主要害虫と防除水準を示した。

表3　各国の要防除水準と防除費用（リンゴ）——日本は防除水準が厳しく、防除コストが高い

国	日　本	南アフリカ	イタリア	フランス	米国西部	米国東部
害虫	モモシンクイガ ナシヒメシンクイガ ハマキ ハモグリ ダニ	コドリンガ ハマキ ダニ	コドリンガ ハマキ	コドリンガ ハマキ	コドリンガ ハマキ	コドリンガ アップルマゴット （ハエの一種） ハマキダニ ハモグリ
要防除水準（%）	0.1	0.1	1	2	1	1
使用薬剤	脱皮阻害 有機リン フェロモン ピレスロイド ダニ剤	脱皮阻害 有機リン フェロモン ダニ剤	脱皮阻害 フェロモン	脱皮阻害 有機リン フェロモン	有機リン フェロモン	有機リン （フェロモン） ピレスロイド ダニ剤
散布回数（回）	8～12	5～8	1～2	1～3	1～3	5～7
コスト（ドル／ha・年）	1,800	900	300	350	350	600（1,500）

ヨーロッパでは要防除水準は一～二％であるのに対し、ニュージーランド・南アフリカ・日本ではわずか〇・一％程度である。〇・一％とは、一〇〇〇個に一個の被害果が出るのは認めるという目標水準である。このように厳しい要防除水準は、天敵にとってはエサがないような状況をつくり出すので、天敵の活動は期待できない。それに、この防除水準を維持するために多くの農薬を使用するので、ダニやハモグリなどの二次害虫を発生させてしまう。そのために防除圧をさらに高めなければならないという悪循環を生じているのである。

害虫といえども自然界では重要な機能を果している。これらと共生しながら、天敵（病気・捕食性天敵・寄生虫）の力を最大限に発揮させ、できる限り少ない防除剤の使用で農業生産を効率的に行なうよう努力すべきである。防除水準を厳しく設定して過剰に防除すれば、自然界の防除の力、すなわち天敵による防除は期待できない。難防除害虫の多発をもたらし、さらに高価な薬剤の使用が必要となってしまう。

ダニ、ハモグリ、スリップス、ホワイトフライ、アブラムシなどは、まず天敵による防除を考える。

ヨーロッパでは、新薬の登録時に天敵に対する影響度を示すデータを要求するなど、IPMを実施するための現実的な基準が設けられ、しだいに減農薬が可能になるよう指導している。そのための補助金も支給されている。

一九九七年六月号　土着天敵を味方にするフェロモン防除

フェロモン剤による交信撹乱

ガの多くはメス成虫が性フェロモンを放出し、オス成虫がその匂いに反応してメスの居場所を発見する。性フェロモンは、種によって構成成分や成分比率が異なるので、オスは正確に自分と同じ種のメスを見つけることができる。交信撹乱の方法は、性フェロモンを化学的に合成し、それを圃場全体に充満させる。オス成虫はメス成虫の位置の特定が不可能となり、交尾ができない。

- **設置時期**　越冬世代の発生前から使う。
- **施用量**　風、密度、面積に応じて適切な施用量がある。
- **施用面積**　できるだけ広い面積で使用したほうが効果が上がる。面積が大きいほど施用量も少なくてすむ。面積が10倍になれば施用量は約半分でいい。
- **施用位置**　施用する面積・作物の高さに応じて決める。
- **天敵の保護**　ピレスロイドなど天敵に影響がある薬剤は併用しない。
- **二次害虫の判断**　殺虫剤を減らしてフェロモンを生かす防除によって問題となるのはどんな害虫か。その防除法を検討。反対に、フェロモン利用防除によって、天敵の働きで被害がなくなる害虫もいる。

植物がもつ防御物質

手林慎一　高知大学農学部生理活性物質化学研究室

アブラナ科がもつカラシ油成分

春になると、モンシロチョウが菜の花の上を飛び交っている光景をよく見かけます。モンシロチョウは蜜を吸いに来るだけではなく、卵を産み自身の子孫を残すためにも集まっているのです。

じつはアオムシは、カラシ油配糖体と呼ばれる物質（ワサビのツーンとする成分の一種）が含まれている植物しか食べることができません。このカラシ油配糖体はキャベツやダイコンなど多くのアブラナ科植物には含まれていますが、アブラナ科以外の植物に含まれていることはほとんどなく、そのせいで菜の花畑やキャベツ畑で見かけるアオムシを、トマトやピーマンの畑で見かけることはないのです。

このようにアオムシは、カラシ油配糖体の有無で自分が食べる植物を決めています。しかしキャベツはなにも、食べられるためにカラシ油配糖体を作っているわけではありません。ワサビのような成分であることから想像できるように、カラシ油は抗菌作用を示します。そのほかにも昆虫に対して生育抑制や摂食阻害、忌避などの効果があることが知られています。つまりキャベツは自分自身を護る防御物質としてカラシ油配糖体という化学物質を作っているのです。

植物はすべて防御物質（毒）をもつ

さて、このような化学物質は他の植物にもあるのでしょうか？　答えはイエス。それもすべての植物が何らかの防御物質を持っていると言っても過言ではありません。

昔から毒殺の毒に使うことで有名なトリカブトの根にはアコニチンと言われるアルカロイドが含まれていて、その毒性は非常に高く、マウスに対する経口毒性がＬＤ５０で一㎎／kgと報告されています。ＬＤ５０というのは「50% Lethal Dose」の略で「半数致死量」とも言われます。たとえば、アコニチンの場合は一kgのマウスに一㎎のアコニチンを与えた場合五〇％が死に至ることを示します。実際のマウスの体重は三〇g程度ですので、〇・〇三㎎のアコニチンを一頭のマウスに与えると五〇％の確率で致死することになります。

法律上は、経口毒性でＬＤ５０が五〇㎎／kg以下だと「毒物」、ＬＤ５０が五〇～三〇〇㎎／kgだと「劇物」と分類され、数値が小さければ小さいほど強い毒であることを意味します。

トリカブトのような毒草だけではなく、身のまわりの食用植物にも多くの植物毒があります。たとえば、トウガラシに含まれるカプサイシンのマウスに対する経口毒性はＬＤ５０が四七㎎／kgです。また、コーヒーや紅茶に含まれるカフェインのマウスに対する経口毒性はＬＤ５０が一二七㎎／kg、最初にお話ししたキャベツやワサビに含まれるカラシ油のラットに対する経口毒性はＬＤ５０が一一二㎎／kgと、トリカブトのアコニチンに較べれば弱いものの、法律上の劇物に相当する毒性を示します。しかし薬味や香辛料として摂取する量は少量ですので、我々は平気で食べているのです。

たとえばトウガラシの場合、体重五〇kgの人では二・三五gのカプサイシンを摂取すると五〇％の確率で致死することになるわけですが、一般的な辛さのトウガラシには約〇・五％のカプサイシンが含まれているので、四七〇gのトウガラシを食べないと、この確率に相当しません。近年はやりのハバネロ（トウガラシの近縁種）だとカプサイシンが五％近くも含まれているので、四七gということになりますが、ちょっと食べられる量ではありませんね。

先人たちが利用していた植物農薬

本誌にある「植物エキス」とは、今までお話ししたような、植物が作り体内に蓄えていた化学物質を水や油に溶かしだしたものです。ようするに植物の防御物質の抽出液ですから、これはまさに自然を利用した農薬に相当します。

これらを利用した害虫防除は今に始まったことではなく、先人達も様々な植物のエキスを病害虫の防除に用いてきたようです。たとえば、江戸時代の農書である『富貴宝蔵記』には「正月三が日に川の水を汲み置き、仙人草・石菖《せきしょう》・くらら・馬酔木《あせび》・たばこ・よもぎ・おりと草・大黄などをこまめに入れて出し水をつくり、幼苗の頃からしばしばかけて、虫や不正の気を除く」とあります。タバコやアセビにはニコチン（LD50：ラット経口五〇mg／kg、ラット腹腔内一四・六mg／kg）やアセボトキシン（LD50：マウス腹腔内一・三mg／kg）など極めて強い植物毒が含まれており、害虫防除の役割を果たしうることが容易に想像できます。その他に書かれている植物も和漢薬として利用されているものがほとんどですので、殺菌や殺虫などの効果があるかもしれません。

我々の研究室では、その真偽について化学的な検証を行なったところ、『富貴宝蔵記』のこの部分にある植物には、防除活性のあるものとないものとがあることがわかってきました。この理由は、単に記述が間違っていたとも考えられますが、記述されている植物と我々が用いた植物とが一致していないことも考えられます。たとえば「仙人草」にはいろいろな近縁種がありますし、漢方薬でいう「仙人草」はまったく異なる属の植物ですので、定かではありません。ですから「どのような植物」の「どのような化学物質」が「どのような病害虫」に対して「どのような効果」があるのかを正しく知ることは、防除効果の点でも、ヒトへの安全性の点でも重要になります。

植物がもつ防御物質と対象害虫　（高知大学農学部生理活性物質化学研究室）

植物名	部位	対象害虫	作用の種類	活性化合物
トマト	葉	ミナミキイロアザミウマ	摂食阻害	ステロイドアルカロイド（トマチン）
セイタカアワダチソウ	葉	ミナミキイロアザミウマ	摂食阻害	フラボノイド配糖体＋トリテルペン配糖体
ユキヤナギ	葉	ミナミキイロアザミウマ	殺虫	チューリパリン
ピーマン	葉	マメハモグリバエ	産卵阻害	フラボノイド配糖体
ニガウリ	葉	マメハモグリバエ	産卵阻害	トリテルペン配糖体
スギ	心材	トノサマバッタ	摂食阻害	セスキテルペン類
		ウスカワマイマイ	摂食阻害	セスキテルペン類
		ダンゴムシ	忌避	セスキテルペン類

「苦い」「まずい」も身を守る方法

このように植物体にはいろいろな毒が含まれています。しかし、じつは植物が食害者を死に至らせるほど強い毒を作ることは比較的少なく、よりマイルドな作用である渋みや苦みなど、食べて「まずい」と感じるような化学物質を作ることが多々あります。植物にとっては自分を食べる相手を殺してしまう必要はなく、食べるのを止めさせられればいいのですから、これでも十分に自己防御の役割を果たします。

たとえば、渋柿の渋みの主成分であるシブオールにはとくに毒性は報告されていませんが、渋いわけですから当然我々は食べませんし、サルやカラスも食べずに渋柿は冬まで木に残されると言われます。渋みをあたえるシブオールも、猛毒であるアコニチンも化学物質ですから、作用が異なるだけで、化学物質を作るという作業自体は植物にとっては同じです。つまり毒も苦みも植物にとっては同じく身を守る方法なのです。

トマトやピーマンも防御物質をもっている

このような観点から植物と昆虫の関係を見てゆくと興味深い事象がみえてきます。たとえば我々の研究室ではミナミキイロアザミウマがトマトを加害しないことに着目し、研究を続けてきました。その結果、トマトの葉にはミナミキイロアザミウマを致死させるような化学物質が存在しているわけではなく、トマチンと呼ばれる化学物質（LD50：マウス経口五〇〇mg／kg）が含まれていて、ミナミキイロアザミウマの摂食行動を阻害しているためにトマトはミナミキイロアザミウマに対して抵抗性を示すことが判明しました。このトマチンは、トマトの葉に三〇〇～九〇〇ppmも含まれている（生育時期や品種、植物部位によって異なる）ことから、トマト葉の抽出物を病害虫の防除に利用できるのではないかと考えていますが、近年開発されている市販の農薬より毒性が強いのが悩みの種です。

我々の研究室ではいろいろな植物の害虫に対する抵抗性の化学因子を調べており、今までのところ表のような結果が得られています。中には毒性が低いと考えられる化合物が抵抗性を示しているケースもあり、ピーマンの葉に含まれているフラボノイド配糖体はハモグリバエ類に産卵阻害活性を示します。現在までこれら活性物質そのものの毒性は確かめられてはいないようです。ピーマンの葉に含まれるフラボノイド配糖体の構造の中心はルテオリンと呼ばれるもので、これの毒性は極めて低く（マウス腹腔内一三〇mg／kg）、ピーマンの葉の中に多量に含まれていますから、うまく取り出して利用すればよい防除資材になるかもしれません。

「敵を知り己を知れば百戦危うからず」とは孫子の言葉です。病害虫対策は「人と病害虫の戦い」と考えがちですが、直接的には「植物と病害虫の戦い」ですから、敵である病害虫とともに植物についてもよく知る必要があります。いろいろな植物がいろいろな病害虫に対して抵抗性を示しますので、今後も精力的に研究を進め、機会があれば皆様に紹介させていただきたいと考えております。

※拙稿は当研究室の長年の研究成果の一部をまとめたもので、研究室教授・金哲史博士の監修のもとに執筆したものです。

植物エキスの毒性とは?

手林先生、ありがとうございました。少し質問させていただいてよろしいでしょうか?

Q　トマト葉抽出物が農薬より毒性が強いと伺うとびっくりしてしまうのですが?

A　昔使われていた有機リン剤などの中にはトマト葉抽出物の「トマチン」より毒性がはるかに強いものもあったのですが、最近開発されている農薬は、哺乳動物に対する毒性は極めて弱いか、あるいは無くなっています。これを基準にするとトマト葉抽出物の毒性は高いと言わざるを得ません。

Q　「トマトのわき芽を天ぷらにするととても美味しい」といって、トマトの葉を食べる人もいるのですが。これはどうなのでしょう?

A　トマチンに毒性があると言っても、少々食べたからといってすぐに健康を害することはないと思います。

品種によってトマトの葉に含まれるトマチンの量はかなり違いますが、仮に五〇〇ppm程度含まれているとしましょう。すると一kgの葉を食べると五〇〇mg摂取することになります。トマチンはマウス経口毒性でLD50が五〇〇mg/kgですので、体重が六〇kgの人だと、六〇kgの葉を一度に食べると五〇%の確率で致死することになります。しかし葉物を六〇kgどころか一kg食べるのは至難の業なので、基本的に問題はないと思います。しかし、一度に大量に食べたり、毎日毎日食べつづけたりするのは控えたほうがよいでしょう。人が昔から食べてこなかったものにはそれなりの理由があるものと考えていただければと思うのです。

Q　たとえ弱くても、少量でも毒を食べるというのは嫌な感じがするのですが?

A　その感覚はなんとなくわかりますが、本文にも書いたようにスパイスや薬味の中にはかなりの毒が含まれています。野菜やお茶も植物ですから様々な防御物質を作っています。食事からこれらを除くことはできるでしょうか? ほとんど不可能ですね。「食事することは緩慢な自殺である」と表現する疫学者もいるほどです。ですから少々のことは気にする必要はないと思います。百歳まで生きる時には生きられるはずです。

Q　植物の毒性についてはわかりました。ところで、最近も農薬の散布によりミツバチが死んだりしている例があり、やはり市販の農薬の毒性は強いような気がするのですが?

A　人に対する毒性と昆虫に対する毒性は分けて考える必要があります。人(哺乳類)に対して毒性は無くても、昆虫に対して毒性を示すからこそ農薬として市販されているのです。益虫と害虫という区別は人間の都合でしていることなので、殺虫活性にまでこの区分けを持ち込むのはなかなか難しいのです。ハチ類に影響のない農薬も開発されてはいますが、すべての農薬がそうではありません。使用するときには十分に気をつける必要があるでしょう。

Q　するとミツバチのような益虫や天敵など周囲の生態系のことを考えると、植物エキスのほうが良いのでしょうか?

A　植物エキスにもいろいろあるので一概にはいえません。たとえばタバコのニコチン液などを散布すれば多くの昆虫に効果を示すでしょうが、周囲の生態系にもある程度は影響を与えてしまうでしょう。

一方ピーマンの抽出物のフラボノイドはハモグリバエなど一部の昆虫に効果を示しますが、他の昆虫にはあまり影響が無く、生態系に与える影響は限定的です。ミツバチを殺すこともないのでしょうが、逆に他の害虫が発生しても防除効果は期待できません。

Q　それでは植物エキスも化学合成農薬も同じということでしょうか?

A　同じということはありません。市販の殺虫剤のほとんどは、その名のとおり虫を殺します。しかし、植物の持つ防御物質が直接昆虫を殺すことはむしろ稀で、多くの場合は「食べることをやめさせる」とか「産卵をやめさせる」などの作用を示すにとどまります。

つまり虫は、植物エキスをかけられて死ぬというより、虫の味覚や嗅覚にエキスが作用して「嫌だ」と感じて作物を食べなくなるのです。作物を食べられないことで害虫の多くは致死するのですが、他の植物に移動し増殖することもあり、生態系に与える影響は比較的小さいと考えられます。

ただ、こうして増殖した害虫がまた作物を加害しうるので効果が決定的ではないのです。

Q 先生の研究室ではトマトのミナミキイロアザミウマ摂食阻害物質や、ピーマンのハモグリバエ産卵阻害物質について調べておられますが、トマトにミナミキイロってつかないのでしょうか? トマトの防除暦に「アザミウマ防除」と書いてあるものもあるようですが?

A アザミウマにもいろいろな種類がいます。トマトを加害するのはダイズウスイロアザミウマやヒラズハナアザミウマなどで、ミナミキイロアザミウマが加害することはないはずです。

これが昆虫に「まずい」と思わせる物質の弱点で、昆虫の種によって感じ方が随分と違うのです。ただ、我々もすべての品種のトマトを調べたわけではありませんので、ミナミキイロアザミウマがつく品種もあるのかもしれません。

じつは植物のもつ防御物質は品種によってかなり違います。もっている物質自体が違うこともありますし、量が異なることも多々あります。

同じように、ピーマンのマメハモグリバエについても農薬登録があります。いっぽうで我々の研究成果としてピーマンはマメハモグリバエに抵抗性を示すことを明らかにしています。ところが一〇〇%ではありませんし、品種や部位によって差もあります。自然のままのことですので、どうしてもあいまいさが残されてしまうのです。

二〇〇八年六月号　植物エキスが病気や虫に効く理由

二十一世紀に求められるのは「植物源農薬」

大澤貫寿　東京農業大学

環境への悪影響のない農薬が求められる

世界に約三〇~四〇万種あるといわれる植物の多くは、熱帯から亜熱帯にかけて分布している。そのうち、食料や薬品素材原料など有用資源として利用されているものは、ごく一部しかない。そして、現在活用されている植物も、多くは食料品や保健薬の素材としてである。

だが、植物を起源とした農薬的作用をもつ活性物質も、植物ホルモンや殺虫・殺菌性物質などが古くから知られている。植物ホルモンとしては、アブシジン酸、ジベレリン、サイトカイニンやブラシノライドなど多くの化合物群が利用されている。殺虫剤としては、古くから使われてきた除虫菊の乾燥花に始まり、デリス属植物デリスの根の抽出物ロテノン、タバコの葉のニコチン関連化合物などの殺虫成分が、代表的な「植物源農薬」として利用されてきた。除虫菊の殺虫成分はピレトリン関連化合物であり、その構造から関連化合物が合成されピレスロイド剤として利用されている。タバコの殺虫成分ニコチンも、その構造関連化合物が合成され、強力なネオニコチノイド剤(アドマイヤー・ダントツ・スタークルなど)として開発・使用されている。

近年では、化学合成農薬の環境への負のインパクトや健康への影響を考慮して、新規の植物源農薬の探索と開発が強く求められている。化学農薬による生物と生態環境への悪影響が絶えず危惧されているなかで、自然・農業生態系で容易に分解し環境への悪影響のない植物源農薬が求められている。

ここでは、近年生理活性が見いだされた植物源農薬となり得る潜在的植物と生理活性成分の一部について解説する。

センダン科植物―アザディラクチン

「ニーム」の名前でも知られるセンダン科の植物・インドセンダン(*Azadirachchi indicumm*)は、インドのデカン高原からミャンマーにかけて、さらにアフリカにも分布している。南アジアでは古くから、保健薬として、あるいは衣類の害虫防除、作物の病害虫防除とくに貯蔵害虫の防除に利用されてきている。インドでは、その葉は寄生虫や皮膚病の治療薬に、樹皮は駆虫薬に、また種子は嘔吐剤や駆虫剤としてなどと、古くから生活に溶け込んだ保健薬であった。石鹸として皮膚病の予防に使われたり、歯磨きにも使用されてきた。中国やタイ国などでも、センダン科の *Melia azedarach* などの抽出物が農業用害虫防除に利用され始めている。

表1　アザディラクチンの各種昆虫に対する生物活性

供試昆虫	生物活性
Epilachna varivestis（テントウムシの一種）	摂食阻害 成育阻害
Helicoverpa zea（タバコガの一種）	成育阻害
Heliothis virescens（タバコガの一種）	成育阻害 殺卵
Melanoplus sanguinipes（バッタの一種）	成育阻害
Oncopeltus fasciatus（カメムシの一種）	成育阻害
Pectinophora gossypiella（ワタアカミムシ）	成育阻害
Peridroma saucia（夜蛾の一種）	摂食阻害 成育阻害
Popillia japonica（マメコガネ）	摂食阻害
Schistocerca gregaria（サバクトビバッタ）	摂食阻害
Spodoptera frugiperda（ハスモンヨトウ近縁種）	摂食阻害 成育阻害
Spodoptera litotralis	摂食阻害 成育阻害
Tenebrio molitor（チャイロコメノゴミムシダマシ）	成育阻害

ニームの害虫防除効果が世界中に知れわたったのは、一九五九年、東アフリカ大陸スーダン国における砂漠バッタの被害がきっかけだった。バッタの大群の発生と移動で作物がほとんど全滅したとき、ニームだけがまったく被害にあわなかったことによる。これを機に、種子や樹皮の有効成分の探索が始まり、アザディラクチンとそのほか多くの関連化合物が見いだされた。

アザディラクチンの各種昆虫に対する活性の特徴は、食害昆虫に対する摂食やキチン合成の阻害作用が強く成育を阻害することと、昆虫の正常な蛹化や脱皮を狂わせる脱皮変態阻害活性などをも示すことである（表1）。

アザディラクチンを含む植物源農薬は、米国で商品化（「Marugosan-OTM」）されたのを初めとして、ドイツやオーストラリア、インド、タイ国でも順次商品化されている。

タイでは、タイニーム（*Azadira-chtica siamensis* と *A.excelsa*）を原料に、アザディラクチンを〇・五％あるいは〇・一％含有する植物源農薬が商品化され、野菜農家に普及している。対象害虫は、キャベツ、レタス、オクラなどのスリップスやアブラムシ、コナガである。タイ国から輸出されるアスパラやオクラなどが、タイニーム抽出物製品とBT剤（バチルス・チューリンゲンシスという菌を利用した殺虫剤）の組み合わせにより減合成農薬栽培されている。

また、東南アジアに自生するセンダン科植物 *Aglaria odorata* の樹枝抽出物からは、ベンゾフラン誘導体ロカグアミドが単離されている。本化合物は、ハスモンヨトウ類に対して強い摂食阻害および殺虫活性を示す。ハスモンヨトウ類に対する成育阻害活性としては、インドセンダンの活性成分であるアザディラクチンの約四倍の阻害活性を示す。

インドネシア産のセンダン科 *Aglaia hermsiana* とカンラン科 *Dysoxylum acutangulum* などにも、コナガやケブカノメイガなどに対して殺虫効果があることが示されている。

このようにセンダン科植物の多くが、鱗翅目《りんしもく》昆虫に対して殺虫性や摂食阻害活性を示すことが明らかにされている。

バンレイシ科植物―アセトゲニン

バンレイシ科の植物は、一二〇属二〇〇種からなり中南米や東南アジアに広く分布している。そのうちのチェリモヤなどの数種類は、果樹として栽培され食用として利用されてきた。釈迦頭《しゃかとう》（*Annona squamosa*）やトゲバンレイシ（*A.muricata*）もそうで、熱帯において広く栽培され食用とされている。釈迦頭の果肉は糖分やビタミンCに富み、アイスクリームやフレッシュジュースの素材になる。

東南アジア、中南米、南米では、これらの植物の種子や葉を粉末にして、人や動物につくシラミやダニの駆除にも広く利用してきた。葉や根は腫瘍を膿ませるのにも用いられている。

一方で、バンレイシ科植物の多くの種類の種子や樹皮には、農業の病害虫に対する殺虫・殺菌作用を示す成分が存在していることが古くから知られていた。近年、釈迦頭の種子から殺虫成分としてアセトゲニン系の化合物などが単離され注目されている。そのほかにトゲバンレイシ、ギュウシンリ *A.reticulata*、イケリンゴ *A.glabra*、*Rollinia papilionella* などからもアセトゲニン関連化合物が見いだされ、各種害虫に強い殺虫性や成育阻害活性を示すことが確認された（表2）。

これらバンレイシ科植物の種子や葉の抽出物は、野菜の害虫であるコナガやケブカノメイガなどに対する有効性が圃場での試験からも見いだされている。インドネシアでは、これらバンレイシ科とセンダン科植物の抽出物を製剤化し、キャベツ圃場でコナガやケブカノメイガに対する防除に使っている。とくに釈迦頭とセンダン科植物（*Aglaia odorata*）を同量ずつ混合した〇・二％液は、コナガに対して共力的に働き、強い防除効果を示した。処理七日後でも効果が持続していることが確認された。バンレイシ科の種子に含まれるアセトゲニン関連化合物は、毒性が強いことからその取り扱いには十分注意する必要がある。

ショウガ科植物―アセトキシチャビコールアセテート

熱帯や温帯に分布するショウガ科に属する植物は、古くからおもに生薬として利用されてきている。

東南アジアに広く分布するナンキョウ（*Alpinia galanga*、タイ料理のトムヤムクンに使われる）は、インドネシアではその精油が抗菌剤として利用されてきている。その塊茎抽出物から殺虫性成分としてアセトキシチャビコールアセテートが見いだされた。本化合物は、貯蔵害虫アズキゾウムシやコナガ幼虫に対して殺虫性を示す。またラットを用いた試験では、強い抗腫瘍活性も観察されている興味深い化合物である。

ナンキョウ塊茎とキンマ（*Piper betle*）の種子のメタノール抽出物から作った製剤は、バナナの育苗時に処理することによってフザリウム菌などに抑制効果が認められ、インドネシア国バリ島では植物源農薬として登録されている。

またクスリウコン（*Curcuma xanthorrhiza*）などの根茎は、薬用として古くから利用されてきている。抽出物に含まれるクルクミンなどの成分には抗菌活性が認められている。

その他の植物の利用

イネ科のベチバー（*Vetiveria zizanoides*）の根の精油は、東南アジアや中南米で古くから香料として利用されているが、インドネシア中部のジョクジャカルタでは、これらを衣類害虫防除に利用している。この精油成分には、蚊の忌避物質も確認された。とくにベチバー特有のセスキテルペン系化合物に強い忌避活性が観察され、その利用が期待される。

コショウ科のコショウ（*Piper nigrum*）果実からは、殺虫活性をもつ多くの不飽和アミド類化合物が見つかっている。アズキゾウムシに殺虫活性を認められた成分や、蚊の幼虫に殺虫活性を示した成分などがある。

植物中には、我々の想像を超える殺虫や殺菌などの農薬的生理活性を示す化合物が見いだされている。植物相の豊富な熱帯地域では、そうした植物素材をそのまま植物源農薬として利用することが伝統的に行なわれてきた。しかし、それらの植物の大部分は有効成分が明らかにされていない。病害虫に対する有効成分を明らかにすることは、その生理作用の解明にとって必要なうえ、植物や土壌中などの環境における安全性、安定性などの問題を解決するためにも大切である。

とくにアジアの小規模農業においては、植物源農薬の利用が有効だろう。筆者らはこれまで、東南アジアや南米で植物調査を続けてきた。さらに、医薬品の開発など多くの潜在的な生理活性探索の観点からは、いっそうの調査・探索が求められる。

二〇〇七年六月号　二十一世紀に求められるのは「植物源農薬」

表2　バンレイシ科の活性成分 asimicinの各種昆虫に対する生物活性

供試昆虫		生物活性
ハスモンヨトウ	*Mamestera brassicae*	成育阻害
コナガ	*Plutella xylostella*	成育阻害 殺虫
ケブカノメイガ	*Crocidolomia binotalis*	成育阻害
テントウムシ	*Henosepilachna vigintioctopunctata*	殺虫
アズキゾウムシ	*Callosobruchus chinensis*	殺虫
ニカメイチュウ	*Nephotettix cincticeps*	殺虫

釈迦頭（上）とトゲバンレイシ（下）

植物の病害抵抗性誘導

静岡県農業試験場　病害抵抗性誘導プロジェクト

植物が身を守る仕組み

植物がもっている抵抗性というのは、ろう城戦にたとえるとわかりやすいかもしれない。植物が城、病原体が攻めてくる敵である。城へ侵入するのはただでさえむずかしい。城壁が不審者の侵入を阻むが、植物でいえばワックス層、表皮などの表面構造がそれに当たる。表皮細胞のケイ酸含量の多いイネがいもち病に罹りにくいのは、強固な城壁が侵入者を防ぐのに似ている。また、水をたたえる堀は、植物がふだんから蓄えている抗菌物質（たとえば、辛みや渋みの成分）だと考えればよい。

このように、侵入者の有無にかかわらず存在する防御システムを「静的抵抗性」と呼ぶ。植物においてほとんどの侵入者は、このシステムによって弾かれてしまう。

一方で、静的抵抗性では防ぎきれない強力な侵入者が病原菌の候補となる。城壁を破った侵入者にたいしては、城内の兵士を動員して応戦するが、植物においてこれに相当するのが「動的抵抗性」である。侵入者があると、活性酸素や抗菌物質をつくり、侵入部位周辺の細胞壁や細胞膜を補強し、ときには、侵入を受けた細胞が自殺することによって病原菌を封じ込めて侵入を阻止しようとする。

これらの強固な防御システムにもかかわらず体内奥深くまで侵入するのが病原菌である。病原菌が植物の動的抵抗性に対してとる戦法は、正面突破を図るというよりは、侵入監視システムをかいくぐって内部に潜入し、寝込みを襲うものが大部分である。このタイプは、抵抗反応の立ち上がりを遅らせたり、防御レベルの高まりを抑制したりすることで、つねに植物の先手を取り、増殖し、養分を奪取する。

病害抵抗性誘導

「病害抵抗性誘導」とは、これら病原菌のたくらみを未然に防ぐために有効な方法であり、植物がもともともっている仕組みでもある。

植物が侵入者を発見して動的抵抗性を発揮するさいは、侵入部位からまだ侵入を受けていない部位に警報を鳴らして、「抵抗性」を発揮するために臨戦態勢をとるよう「誘導」する。この誘導を受けた部位が「抵抗性」を「獲得」したように見えるので、侵入部位から離れた部位に認められる抵抗性を「獲得抵抗性」と呼ぶ。つまり「病害抵抗性誘導」とは、植物に「獲得抵抗性」をもたらす作用のことである。誘導が比較的狭い範囲、たとえば同じ葉の中だけに限られる場合は「局部的獲得抵抗性」、それが全身に及ぶ場合は「全身的獲得抵抗性」と呼ばれる。ある病気に罹って斑点などの症状が現われている植物において、後から出てきた葉に同じ病気が出にくかったり、他の病気も抑制されたりする現象から、この獲得抵抗性は発見された。

病害抵抗性を誘導する物質

植物体中にある物質　植物体中で合成され抵抗性誘導に関与する物質はいくつか明らかになっている。代表的なものにはサリチル酸やジャスモン酸、エチレンなどがある。これらを植物体外から与えても抵抗性を誘導することが知られている。

農薬業界では、これらの物質の働きを参考に、直接的な抗菌力ではなく、植物の抵抗性を誘導することで、病害を防ぐ農薬の開発を行なっている。これまでに日本では二種類の抵抗性誘導農薬（表）が販売されているが、いずれもサリチル酸に類似した構造をもっている。

これらの物質によって

現在日本で登録されている抵抗性誘導農薬

（主要適用病害はイネいもち病）

薬剤名	商品名	農薬登録年
プロベナゾール	オリゼメート	1974年
チアジニル	ブイゲット	2003年

誘導される抵抗性は、病原菌によって誘導されるものに比べて、効果の発現が早く、強力で、持続期間も長い。これらの物質は、植物の根から吸収されて全身に移行することが知られており、全身的に抵抗性を誘導する一方で、各所で局地的な抵抗性も誘導することで高い効果を発揮していると考えられている。

病原菌と同種の菌類　病原菌による抵抗性の誘導を真似た方法も研究されている。病原菌の代用品を用いることで、病気を起こさないで抵抗性を誘導する方法である。サツマイモのつる割病（フザリウム）を、病原性がきわめて弱い同種の菌を用いて予防する方法が有名である。病原菌の死菌を使う方法でも同様の効果が得られている。

細菌、菌類　一方、植物生育促進根圏細菌（PGPR）および植物生育促進菌類（PGPF）は、当初その生育促進作用が注目されていたが、一部の種類で抵抗性の誘導が生育促進の一要因であることも確認されている。

キチン　また、キチンを土壌に添加すると、病原菌分解酵素をもつ微生物を活性化させることが知られているが、同時に、多くの病原菌の主要構成成分でもあるキチン自体が、病原体として認識され、植物の抵抗性を誘導する。キチンは、適切な大きさに分解することで効果が増すことも明らかになっている。

病害抵抗性を光で観測する

ところで、植物が示すこうした病害抵抗性反応は、極微弱な発光現象の観察から確認できることがわかっている。

生物が極微弱な光を発していることは、ロシアの科学者が一九二〇年代に発見した。この光は「バイオフォトン」と呼ばれている。バイオフォトンは、ホタルが発する光の量の一億分の一程度しかなく、肉眼では見ることができない。

一九五〇年代になると、光電子増倍管などの高感度な光検出器が出現し、小麦、レンズマメなどの幼苗からのバイオフォトンが検出できるようになった。それ以降、多くの研究者により、細菌から哺乳類までさまざまな生物の個体、組織、細胞などでバイオフォトンの発生が報告されている。

バイオフォトンが観察される光の波長域は幅広く、紫外域～近赤外域である。バイオフォトンは、あらゆる生物からつねに発生しているが、一定の強さで発生しているのではなく、外部からの刺激に応答して発生量が変化する。植物では、温度の急激な変化、ホルモン処理、付傷、塩ストレス、そして虫害や病害抵抗性などの刺激がバイオフォトンを強く発生させる。

発光を引き起こす原因は、細胞内で起きる活性酸素種によるラジカル連鎖反応であると考えられている。しかしながら発光強度が弱いことから、詳細な発光メカニズムの解析は遅れている。特定の発光分子種あるいは酵素反応との関係が明確にされている例はごくわずかである。発光に関与する酵素は、リポキシゲナーゼ等の酸化酵素であると推測されている。

バイオフォトンは、しばしば生体の酸化的ストレス状態の指標として用いられるほか、脳活動のモニタリング、腎不全やガンの診断などへの適用も試みられるなど、生体の生理変化を示す指標としての応用研究も盛んに行なわれている。

光の増強現象から抵抗性誘導物質を探す

サツマイモやタバコ等の植物体が病害抵抗性反応を示すときに、バイオフォトンの発生が高まるが、この現象は植物に普遍的に存在すると推察される。イネでは培養細胞でもこの現象が観察される。「エリシター」（植物の生体防御反応を誘導する物質の総称）によりイネ培養細胞に病害抵抗性反応を引き起こすと、処理直後からバイオフォトンの発生が徐々に高まり、処理の二～三時間後にピークとなる一山型の発光パターンが観察される。われわれはこれをエリシター応答発光と呼んでいる。

アシベンゾラルSメチル（ASM）はイネに強い病害抵抗性を誘導できる抵抗性誘導農薬であるが、この物質をあらかじめイネ培養細胞に作用させたのちにエリシターを処理すると、作用させていない場合と比べてエリシター応答発光が高まる現象が観察された。ただし、現在、この薬剤は日本では登録されていない。

同様のエリシター応答発光の増強現象は、アシベンゾラルSメチル以外の抵抗性誘導物質でも観察され、抵抗性誘導時に普遍的な現象であると私たちは考えている。この抵抗性誘導時のエリシター応答発光の増強現象を利用して、新しい抵抗性誘導農薬を探索、および開発することができる。

（静岡県農業試験場病害抵抗性誘導プロジェクト　加藤公彦、伊代住浩幸、影山智津子、稲垣栄洋、山口　亮）

二〇〇五年六月号　光でとらえる植物の病害抵抗性誘導より

昭和二十年代の農法

捨てた技術に宝があった

愛知県豊橋市　水口文夫

麦わら、稲わらの利用

昔は病気がでなかった

昭和二十年代は、スイカもカボチャも病気で大きな被害を受けることはなかった。スイカのつるは、八月末になっても青々としており、やろうと思えば三番果までも収穫できた。それでも、後作の都合などで多くの場合八月中旬に収穫を切り上げていた。そのころ、スイカの価格は盆を過ぎると急に安値になるために、盆を境にスイカの収穫を打ち切るような指導が行なわれていた。

当時、スイカの病害虫といえば、ウリバエ、タネバエ、炭疽病くらいである。疫病や菌核病、べと病などは発生しなかった。またアブラムシやダニも問題にはならなかった。炭疽病を防ぐために自分で生石灰と硫酸銅を調合してボルドー液を作る。これを二回もかければ防ぐことができた。カボチャにいたっては、病気も虫もほとんど発生することはない。薬かけなど必要としなかった。

それがどうだろう。現在ではスイカにアブラムシ、ダニがつく。疫病や菌核病も多発する。七月上旬というのにスイカのつるは枯れ上がり、一番果を収穫するのがやっとという状態である。

なぜ、このように病害虫の発生が多くなったのだろうか。なぜ、昔は病害虫の被害が少なかったのか（ここでいう昔とは昭和二十年代の前半を主としてさすことにする）。ある人は病気や虫が強くなったというし、ある人は作物が弱くなったというが、はたしてどうなのか。

昔、スイカやカボチャに発生しなかった疫病が、なぜ猛威をふるうのか。疫病が大発生して、全滅に近い被害を受けた年でも、畑によっては発病をほとんどみない畑がある。そうかと思えば薬かけの少ない人でも被害がみられない畑もある。これを見て、「土が悪くなったのだ。だから土作りをしなければ」と、土壌改良資材なるものが畑にまかれる。しかし、土壌改良資材をまいた畑は病気が減ったのか？　どうも減ったようすもみられない。

麦わらのマルチ、溝施用

昔は、どこの家でも麦が多く作られていた。熟すると麦稈とともに地際から刈り取られ、脱穀された麦わらは「いなむら」を作ったり、麦わら小屋に入れたりして、一年も二年も大切に保管され腐らせるようなことはなかった。こうして大切に保管された麦わらは、スイカやカボチャの植え床の下に溝施用されたり、敷わらとして利用するほか、牛の寝敷きに使用されていた。スイカやカボチャの植え床作りは、カルチベーターの培土板でうね割りして溝を作る。その溝の中に麦わらや落葉を厚さ五～八cm、幅三〇cmに敷き、木灰を施用してその上に犁《すき》で土を被覆する。その上を均平にすると幅九〇～一〇〇cm、高さ一五～二〇cmのベッドができあがる。

麦わらを入れない人は、堆肥を厚さ一〇cm、幅二〇～三〇cmくらい入れていた。その堆肥は、今のものとはちがっていた。今の堆肥は、牛糞や豚糞にオガコなどが混ざったものを乾燥させた細かいものが多い。雨にあえばべとつき、空気の通りの悪い状態になってしまうものが多い。しかし、昔の堆肥は落葉や刈り草、農作物の残さいなどの粗大有機物が主体であった。

多くの農家で役牛が飼われ、牛舎には乾燥した稲わらや麦わらがたっぷり敷かれているために、牛糞といっても、糞の量は少なく、大部分は粗大有機物であり、これも大きな堆肥の給源であった。

こうした粗大有機物を堆積発酵腐熟させて植え床の下に溝施用しているので、雨が降っても過湿にならない。逆に乾燥してもその影響は軽減される――排水と保水の役割をしている。また土中の酸素の供給をよくするために根張りがよかった。収穫が終わって、つるを片づけるときに、今のスイカやカボチャは根が簡単に抜けて切れやすいが、昔は根を抜くと根が長くつき、切れにくい。しかも根を抜くのにかなりの力を必要とした。

昭和二十一～二十二年の若い頃、家からわずかな面積の畑を借りて、近くの農家のトマト作りをまねてトマトを作ったことがあった。品種は、ポンテローザ。七、八段果房まで収穫したが、その農家も薬かけしないので、一回も薬かけしなかったが、病気は発生しないし、虫もつかなかった。

そのときは、深さ三〇cmの溝を掘り、その中に麦わらを一〇cmほどの厚さに入れる。覆土して一〇cm程度の深さに堆肥を七～八cmの厚さに溝施用してトマトを定植したこと、木灰を麦稈のうえに施用したこと、下肥と青草を溜に入れ水を加えて腐熟させた液を再三施用したと記憶している。その結果は、各果房に三～五果、大きな玉がつき自分ながらにみごとなできであったと覚えている。

稲わらのベッドでアールスメロン

昔は、ガラス室で栽培されるファーストトマトもアールスメロンも、高級品作りは稲わらをたっぷり敷き、その上に土を乗せて植え床を作っていた。このようなベッドの作り方をする狙いは、地温を高めることと、土壌水分を調節しやすくするためで、ベッドを乾燥状態に保つことが容易であった。

アールスメロンの場合、夏作は一〇cm程度の厚さであるが冬作は二〇cmと厚く稲わらを敷く。とくに十一月、十二月に収穫するメロンは稲わらを厚く敷いたものが、成績がよかった。稲わらを敷いた上に厚さ九cm程度に床土をのせる。そして、着果した玉を叩いてカンカンというような高い音がするときは、玉が硬く、玉の太りやネットの発生が悪くなるために、しおれるくらい水をしぼると玉がゆるんで玉の肥大も、ネットの発生もよくなった。また収穫が近づくと、水切りといって灌水をひかえ床土を乾燥させることにより糖度が上がってゆく。

収穫が終わり敷わらを見ると、床土に近い上面の三分の一の敷わらに水が浸透した形跡があり黒褐色に変色している。しかし、敷わらの下部は白く乾き、新わらはそのままの状態である。こういう状態が、灌水量が適量であったことを示す目安とされていた。このように乾きぎみで栽培されたアールスメロンはネットの盛りがよく、糖度が高く、風味があり大変おいしいメロンである。

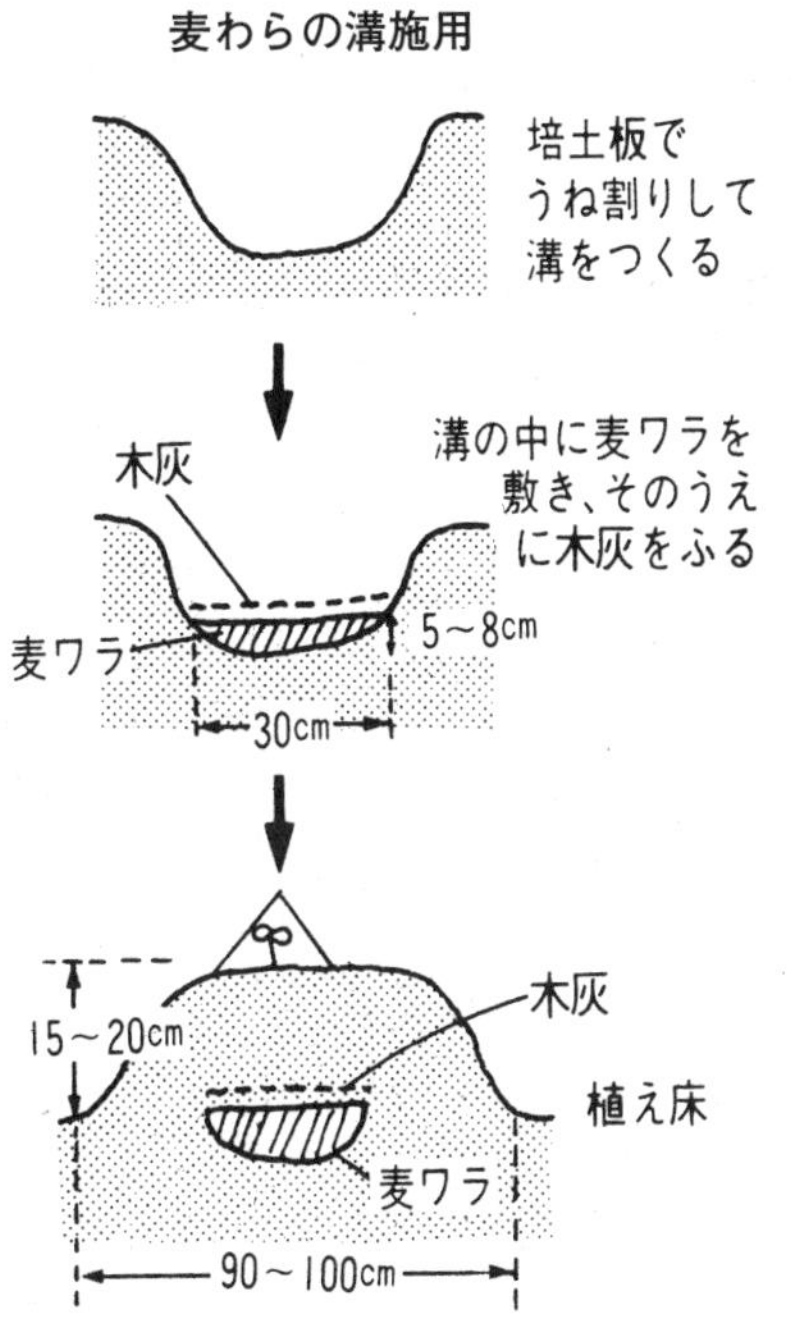

不耕起ベッド

練られた土では生育不良

苗の根付け時期に雨が多く畑の準備ができない。苗はどんどん伸びる。このままでは苗はだめになってしまう。そうかといって畑は多湿のために耕転さえできない。毎日空を眺めてため息ばかりする――。露地野菜作りでは、だれしも持っている経験である。

カボチャ、スイカ、トマト、キャベツなどを定植する場合、トラクターや耕耘機で畑全体を耕転整地する。施肥溝を切り、元肥を施用し、うね立てする。一～二日の晴れ間を見て、あわてて耕起し施肥溝切り―施肥―うね立てをすれば、赤土の畑では、壁土のように練りかためられてしまう。そこへ苗を植えても、葉は黄変して苗のときより小さくなることさえある。活着が悪く、その後の生育もきわめて不良になる。

その後乾燥が続くと、壁土のように練られた土はカチンカチンに固結。中耕しようとしても歯が立たず、たいへん困ることになる。土が練られるから壁土のようになる。耕起のみに一回だけ耕耘機を通したところよりも、耕起―施肥溝切りと二回耕耘機を通すことにより、土はより多く練られることになる。また、浅耕よりも深耕するほど、施肥溝も浅く切るより深く切るほど、うね立ても低いうね作りよりも高うねにするほど、土の練りはきつくなる。

不耕起式ベッド作り

昭和二十年代、人力と畜力で耕作していた頃のことである。雨の多い年にうまくカボチャやトマト、キャベツ作りをしている人がいた。そのころは今とちがって、カボチャなどビニールトンネル内に植えるのではない。一株、一株に三角の小さな紙テントをかけている。また、今のように畑の全面を耕耘しない。もっとも、麦のうね間に植え床を作るので全面耕耘はできなかった。その麦のうねはうね落としといわれ、下図のように、カボチャのうね幅を二・四mにする場合なら、うね幅六〇cmで麦を二うねまくと二うねは麦をまかない。次にまた二うねまくというやり方である。こうして麦のまかれていないところへカボチャを植える。

そしてカボチャ用のうね作りは、二うね分の麦間を不耕起のまま、片側に堆肥を早目に施用しておく。堆肥の上に元肥を施用。その上に土を被覆して幅七〇～八〇cmの植え床を作るという簡単な方法である。畑が麦も生えていなくて裸地の場合は、全体を軽く削って除草をする。カボチャのうね幅を二・四mとすれば、二・四mごとに堆肥を条施し、元肥を施用。その上に幅七〇～八〇cmに土を被覆して植え床を作る。

このようなやり方を「有心耕栽培」ともいう。この方法で露地栽培のカボチャを四本仕立てにして、一株で五～六個も収穫している。また露地栽培のトマトでは、四段果房までで一〇a当たり六t以上の収量を上げ、しかも病気知らずである。

それに対し現在はどうか。カボチャで一株二個どり程度である。もっとも株間が三五cmと狭く、親づる一本に仕立ててあるので比較はできにくいが……。またトマトでは、一六回も薬かけしてやっと六tの収量を維持する程度である。

現在、ガラス室で金網ベンチの上にわずかな土を入れたものや、隔離ベッドなどで少量の土で味のよいトマトが生産されている。味がよくなったり悪くなったり、病気のまん延が早かったり遅かったり、病気が多発しやすかったりしにくかったりする。これらは土壌水分に影響されるところがきわめて大きい。とくに生育初期の土壌水分の多少は根群の形成に大きく影響する。水分が多いと活着が良いような錯覚に陥りやすいが、細根の発生が著しく悪い。少ない数の太根が伸びるようになる。そしてこの生育初期の根の張り方は「根の再生力」に大きく影響する。細根の発生が少ないものは再生力に乏しいのである。

四月定植の露地栽培のスイカやトマトに病害の被害が激しいのは、生育初期と梅雨期の両方に雨が多い年である。生育初期に乾燥する年では、梅雨期に雨が多い場合でも、それほど被害が激しくならない。それくらい生育初期の土壌水分は育ち方に影響する。

麦のうね落し

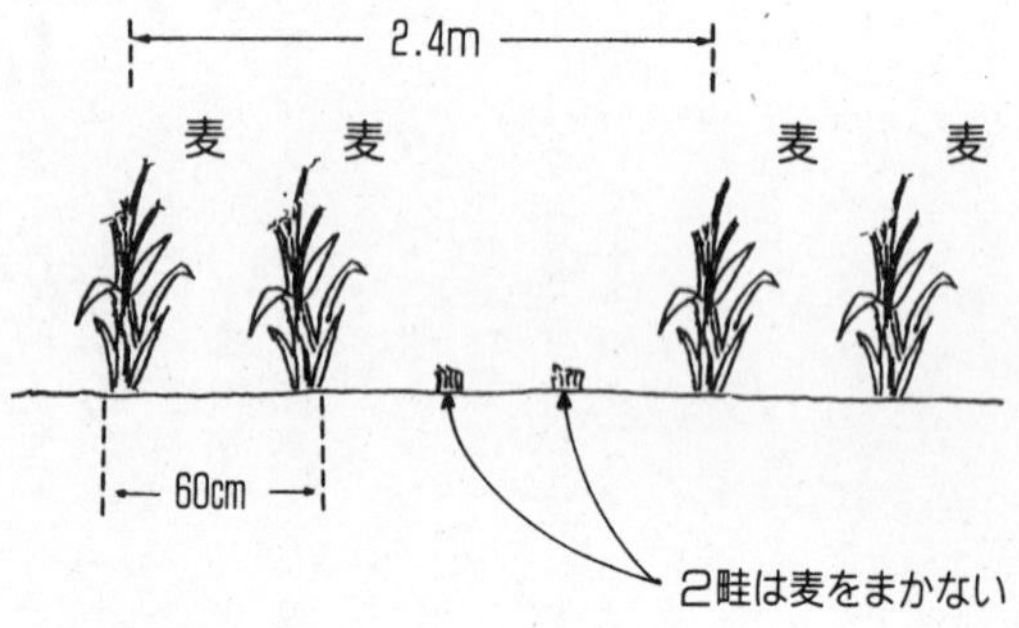

不耕起式ベッド

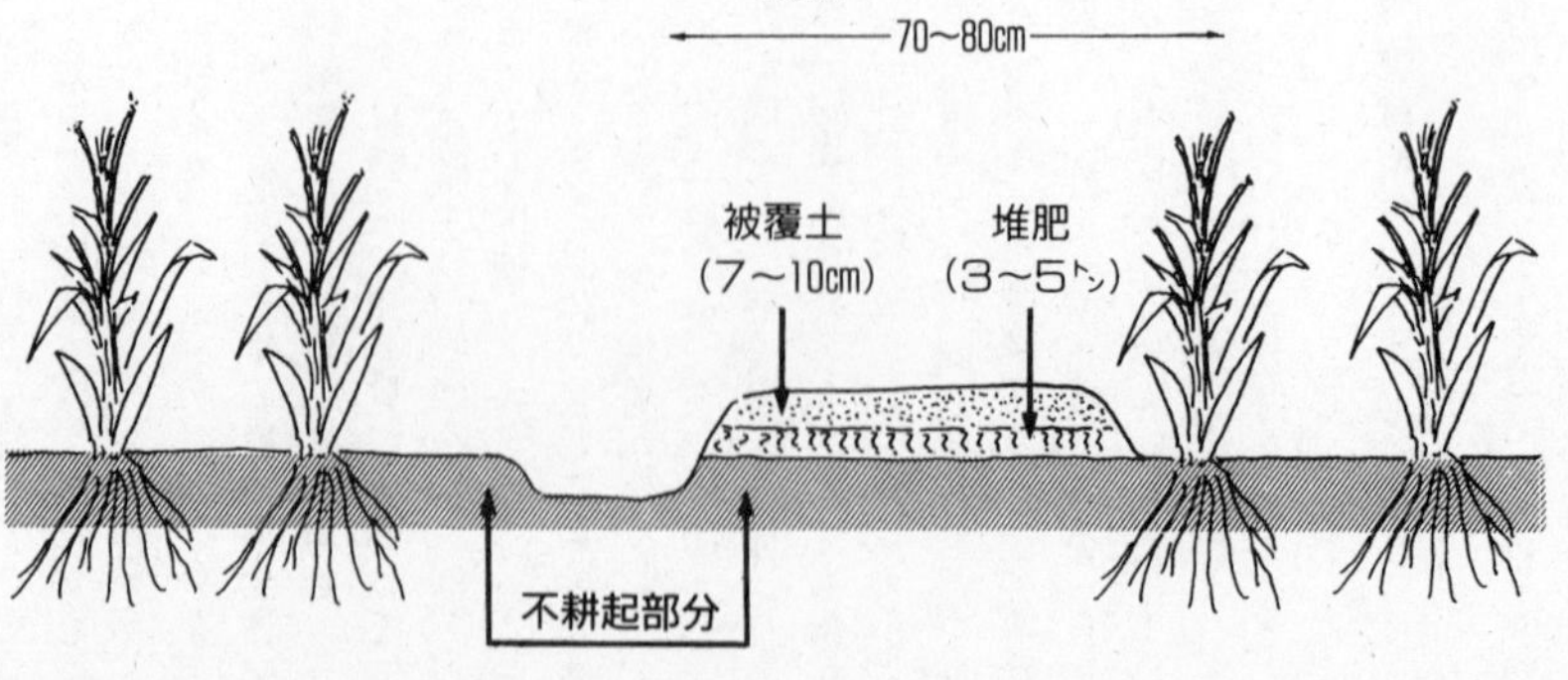

不耕起式ベッド作りの特徴

耕起されていない土の上に堆肥・元肥が施用され、その上に土が被覆されているので、堆肥を境に下層は不耕起、上層は耕起されていることになる。二重構造のベッドになっている。赤土を耕起してふかふかにした畑と、何回も雨に叩かれ、土が固結しているように見える不耕起の畑にたっぷり雨が降ったとする。前者のふかふか畑は、土にたっぷり水を含みなかなか乾かない。降雨直後など、過剰な水分を含むためにドボドボになる。なかなか作業にも入れない。しかし不耕起のところは、畑の乾きが早く、早く作業に入れる（左図）。

　つまりベッドが二重構造の場合は、生育初期に雨が降り続いた場合でも比較的乾きやすいということである。反対に乾燥が続いても、この二重構造の畑では、下層の毛管水は断ち切られていない。次々と水分が上がってきて乾燥の被害が少なくて終わる。このように、不耕起ベッドが生育初期の土壌水分の過多になるのを防ぐことによって根の張り方に変化を与え、それが作物の体質に影響するものと思われる。

　またとくに、不耕起の土の上に施された堆肥にも注目する必要がある。それは今のようなオガコや家畜糞のような細かな材料ではない。落葉などの粗大有機物を主原料とした堆肥である。したがって、うねの排水をよくする機能も十分あると思われる（土中マルチと同じ）。しかも一〇a当たりの施用量がカボチャで三t、トマトで五tであったというからきわめて多い。この堆肥の上に七〜一〇cm程度の耕された土がのせてあり、そこに苗が植えられている。

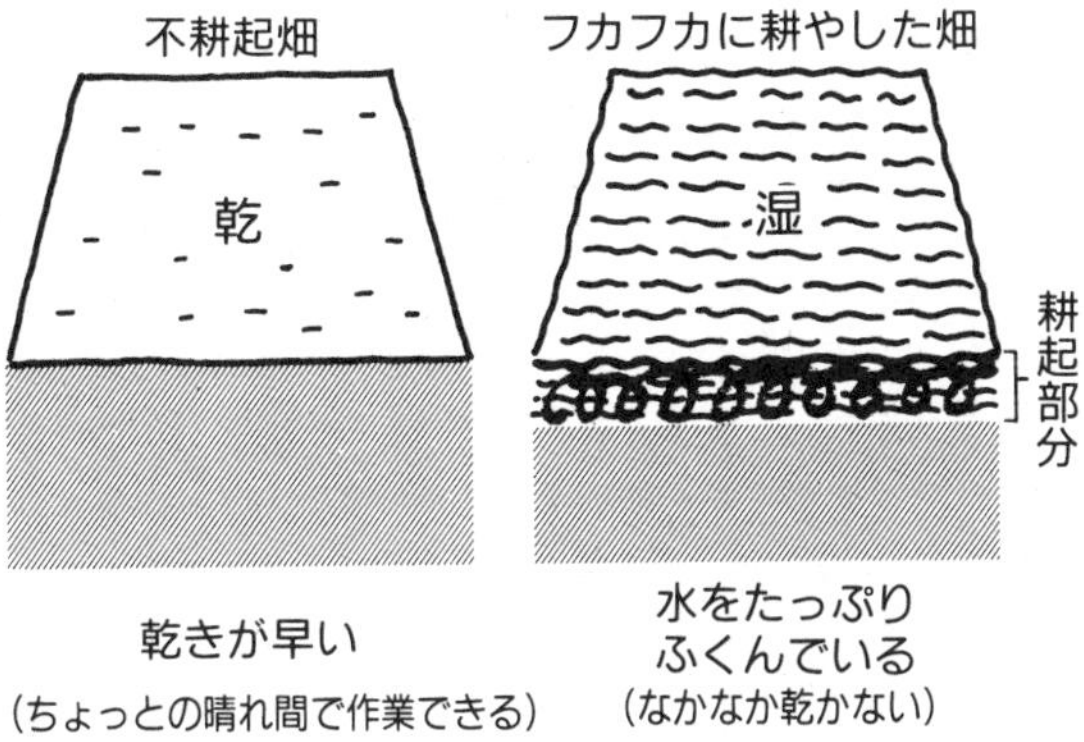

雨年でも土が練られない

　耕起も施肥溝切りもやらない。堆肥の施用は、麦の最後の土寄せが終了次第に開始するのだから、元気の状態を見てやれる。畑をこねることはない。

　元肥とうね間の土を植付け予定地にのせる作業だけである。だから作業工程が少ない。二日も晴れ間のある時期を見て作業をすれば土を練ることもなく、多雨の年でも植付けができる。もちろん、耕起・施肥溝切りなどの作業工程が省略されるのは能率的でもある。

　庭の踏みかためられた一隅に、自然に生えたトマトやカボチャに、焚き火したあとの灰や鶏糞などを施用し、庭掃除したゴミを寄せておく。すると、これが花を咲かせ、立派な実がつく。耕耘されないところでも根はびっしり張り、しかも丈夫に育つのを見ると、教えられるところが非常に大きい。

くりつけ作業で害虫防除

ある老人との会話

　昭和二十五年五月九日のことである。自転車で農道の草の生えたでこぼこ道を走っていると、一人の老人が、トマト畑でなにやら作業をしている。立ち止まって、「ご精がでますね。なにをやっているのですか」と問いかけたところ、「くりつけといってのう、うねの片側半分の土を削って、反対側に土を寄せるのじゃ」と土をクワで削ってみせながら、「ほら出てきただろう、ヨトウムシが」と言いながら、土の中からでてきたばかりのヨトウムシの老熟幼虫を拾い上げて、手のひらに乗せた。続けて、「今はデーデーなんとかちう農薬（DDT）ができて、それをかければ虫なんかはいちころだそうだ。えらい時代が来たものよ。どんなよい薬かは知らないが、薬だけに頼るようになってはだめじゃ、必ず行き詰るもんじゃ」

「それ、あっちをみんせ（見なさい）。もう鳥がご馳走を食べに来ておるわい。自然はうまくできている。ありがたいことじゃ」と老人の指さす方向を見ると、最初に、くりつけしたところに、鳥が来て盛んになにやら食べている。

　この老人の畑は、前作がキャベツ。その後作に、

四月下旬に露地栽培のトマトを定植したものである。そして、疲れたから腰でもおろすかと言って、草の生えた農道に腰をおろし、タバコを吸いはじめた。

「畑の土の中にはのう、いろいろな害虫がひそんでおる。いつ作物を襲撃するか、たえず狙っているのじゃ。虫は決して深いところにはいない。土の表面から一寸くらいの深さまでかなー。その虫を、土を削ってさらけ出しておけば鳥たちがやってきて、喜んで退治してくれる。人間と鳥の共同生活じゃ。だからこうして土を浅く削る作業を何回となくやるのじゃ」と話してくれた。

「繰《く》り土《つち》」

このころ、くりつけ作業はなんのために行なうのか、多くの人たちに聞いてみたが、除草と最後の土寄せ作業と思っている人が多かった。それは、当時は麦が多く作られており、麦の倒伏を防ぐなどの目的で最後の土寄せ作業が三月下旬から四月上旬頃に行なわれ、この作業のことを「くりつけ」といっていた。

そのような中にあって、こんな話を聞いた。「くりつけ」作業ではなく、「繰り土」作業というのが本当で、繰り土作業がなまって、くりつけ作業になったというものである。繰り土とは、土を繰りまわすことである。

うねの片側を削って寄せる。反対側の削ってない固い土の上にのせる。土壌中にひそむ、ヨトウムシをはじめいろいろの害虫の卵や蛹、幼虫などが土を削ることによってさらけ出され、削ってない側の固い土の上に乗せられるのだから、虫は逃げ場を失うことになる。そうしているうちに、この削り出された土の中の虫をめがけて鳥などが退治してくれる。その後、雨が降ったりして、削られた側の土が固くなったころに反対側の土を削って、土の中に潜伏している虫をさらけ出す。

なるほど、削った土をあっちにやったり、こっちにやったりして、繰り回すことになる――あるいは繰り土作業が正しいのかも知れない。

トマトのくりつけ作業

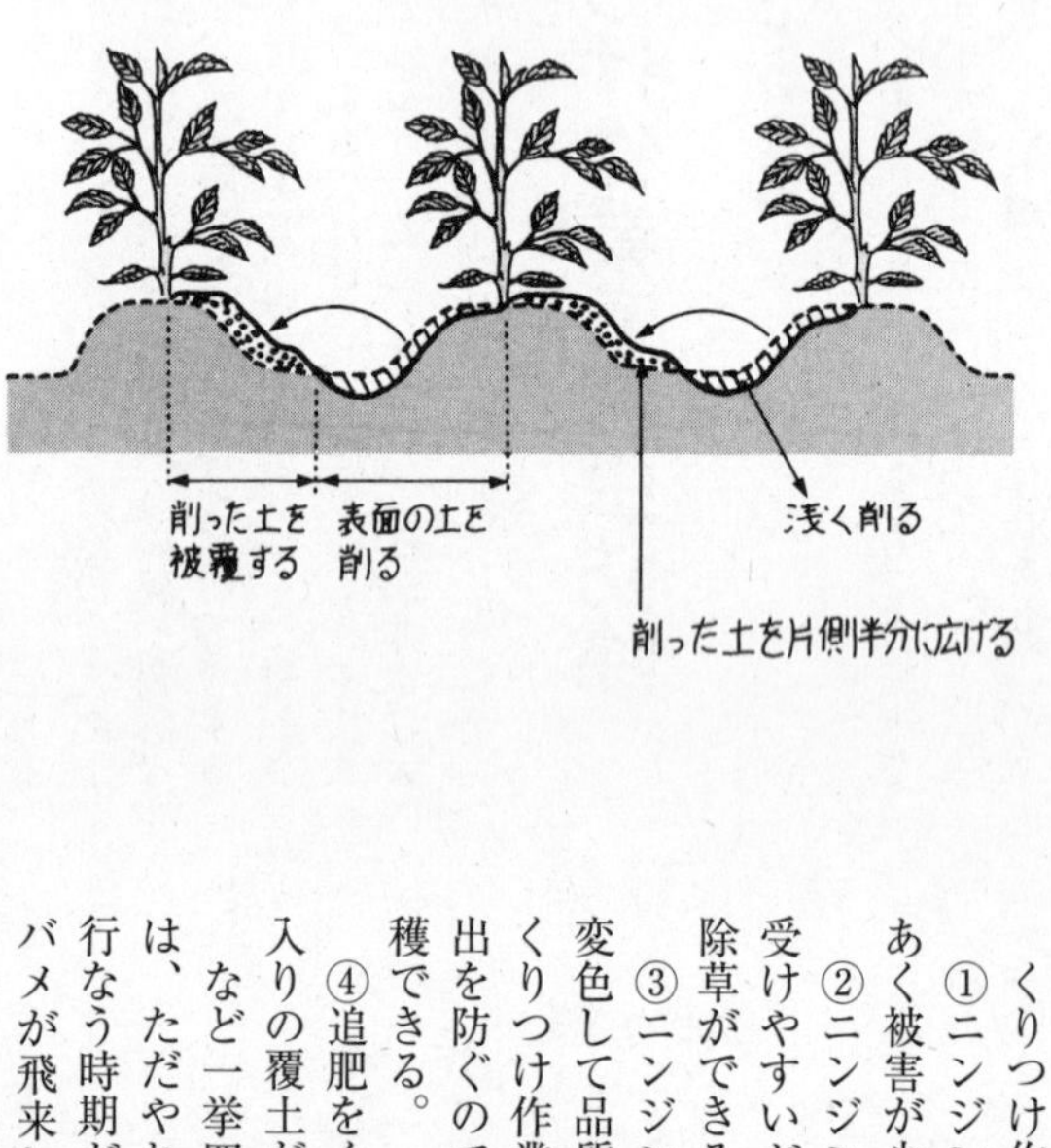

くりつけ作業には時期がある

春播きニンジンのくりつけ作業を行なっている人から、こんな話を聞いた。前作のキャベツの収穫が二月上旬に終わり、その後作として、三月上旬に春播きニンジンを播種する。そして、ニンジンの生育初期である三月下旬から五月上旬にかけて、四回のくりつけ作業を行なうという。

くりつけ作業を行なうことは、

①ニンジンの頭部の部分が虫に食害されて穴のあく被害が少なくなる。

②ニンジンは初期生育が悪いので雑草の被害を受けやすいが、くりつけ作業で土を動かすために除草ができる。

③ニンジンの頭部が直射光線に当たると紫色に変色して品質を悪くするが、後半に行なう二回のくりつけ作業で根元まで土寄せすれば、頭部の露出を防ぐので鮮紅色の外皮の美しいニンジンが収穫できる。

④追肥をくりつけ作業前にやっておくから追肥入りの覆土ができる。

など一挙四得だという。しかし、くりつけ作業は、ただやればよいというものではない。作業を行なう時期があるという。三月上旬になれば、ツバメが飛来し、ヒバリも盛んに鳴くようになる。小鳥たちの繁殖期で盛んにエサを求めて飛び回るようになる。このころがくりつけ作業のもっともよい時期である。

また、前作のキャベツの収穫が三月下旬に終わる畑に、後作として、みの早生大根を六月に種播きするので、前作のキャベツの収穫が終わると直ちに耕耘する。だがこの耕耘のやり方が問題である。昔から大根作り十耕といわれ、大根畑は回数を多く耕すことによって、ひげ根が少なくなり、形のよい大根がとれるといわれる。

だが、ただ耕せばよいというものではない。三月下旬に前作のキャベツの残渣を片づけて第一回の浅耕をする。四月下旬ころに第二回の浅耕をやる。そして五月になってから第三回の耕耘。このときはなるべく深く耕す。深いといっても犂《すき》で耕起するのだから、四寸五分がせいいっぱい。第四回の耕耘は四寸くらいの深さにする。これで耕耘作業は終わりとなるから、あとはうねを作り、元肥を施して種播きすれば立派な大根がとれるということであった。

くりつけ作業が姿を消して虫が多くなった

ところが現在はどうだろうか。春播きニンジンは、種播き直後に除草剤を散布する。除草剤は土壌処理剤で、土の表面に薬の被膜を作って、雑草の生えるのを防ぐ。したがって、処理した薬の層を破っては除草効果はなくなる。だから、中耕もやらない。ましてや昔のようなくりつけ作業は行なわれない。

そのかわりに、ニンジンにヨトウムシなどによって食害された穴のあく被害が多く出るようになる。当然、その後作のキャベツにはヨトウムシなどの発生が多くなっている。また、病害虫が増え作物が作りづらくなっているのは、土壌が老朽化したことによる。土壌の若返り対策として深耕が行なわれたり、土壌改良剤と称するものがいろいろと畑に投入される。

昔、農家の庭先で拾った「農法」のメモを見ていると、今日の病害虫の多発の原因の一つが、親から子へ、子から孫へと伝えられてきた伝承的農法が失われたことも大きく影響していると思われる。昔の人達が自然と共に生きてきた知恵のすばらしさに改めて感心させられる。

ため池の泥と山の土

栽培地の移動が激しかったマクワウリ作り

昭和二十年代のマクワウリ作りは、次から次へと栽培者が変わった時代である。栽培を始めた一～二年はうまくできるが、三～四年目ごろからつるの枯れる株がでるようになり、数年を経ずして栽培ができなくなる。けっして連作しているのではないが、つる割病の被害が激しくなるためである。

マクワウリ（黄爪）のつる割病は多くの場合、着果して果実が肥大するころから発病がはじまる。最初一～二本のつるの伸びが悪くなり黄味をもつようになる。やがて一～二本のつるが日中しおれる。そのつるを調べると、つるの一側面のところどころに水浸状の部分が現われ、やがて、そこがややへこみ、赤褐色のヤニを分泌する。発病後期になると、白色から赤紫色のカビが現われる。葉がしおれた茎を切断して断面をみると、導管が褐色に変色している。

株全体に病気がすすむと、数本ある子づるの全部が枯死する。多くの場合、収穫までにあと一歩というところで枯れるので、栽培者は泣くにも泣けない状態で恐ろしい病気であった。一度発病した畑では、五～六年後に作付けしても発病するために、マクワウリの栽培をあきらめる以外になかった。

マクワウリを長年作り続けた㊙の技術

このような状況の中にあって、長年マクワウリを作り続けている人達がいた。この人達は、大正の中ごろからマクワウリを栽培しているというから、三十年位作り続けたことになる。数年でだめになる作物を、なぜ三十年も作り続けることができるのか。付近の農家の人達は、あの人達にはわれわれのまねのできない秘伝があるとあきらめ顔で見ていた。

このマクワウリ作りが長く続いている秘密を知りたいと思ったが、栽培の秘密は固く守られており、聞き出すことはできなかった。そんなある日、ふとしたことで相談を受ける機会にめぐまれ、その後、この人達との交際が続けられるうちに、絶対に口外しないということで、そっと教えてくれた。

この原稿を執筆するにあたり、了解を得たいと考えてたずねたが、すでに他界され子や孫の時代となり、農業をやめる人もいるし、栽培作物を変えた人もいるなど、この技術は伝承されていないことがわかった。

ため池の泥、山の土、米ぬか

秘密の技術というのは、「ため池の泥」と「山の土」と「米ぬか」を施用するというものである。池の泥を引き上げてただ使えばよいというのではない。一般的に池の水が空になるのは、水田に水がいらなくなる十一月ごろである。この時期になって池の泥を畑に施用してもだめだという。九月下旬に泥が上げられる池であること、そして上げた土は、ただちに畑に施用すること、この二つがまず必要条件である。

九月下旬といえば、畑にキャベツや大根などが作付けされているので、このうね間に泥を施用して米ぬかをふり、カルチベーターの中耕爪で畑の土と混合する。池の泥は施用量が少ないと効果が上がらないので、牛車で一〇a当たり五～六回は運ぶという。

山の土は、湿気の多いところはよくない。乾燥するところで落葉の腐ったものを含んだところがよく、乾いた壁土のような臭気がある土でないとだめだという。この山の土は少しあればよい。池の泥を施用したところへパラパラとふる。施用後は土とよく混ぜ、混合にはカルチベーターの中耕爪を二回位かけ、その後、培土板でうね間を軽く割っておく。

この作業をマクワウリ作付け直後の四月に再度行なう。ただし、このときの池の泥はあらかじめ引き上げ、湿ったところに貯蔵しておく。施用量はわずかでよいが問題は貯蔵方法で、乾燥させれば失敗である。いずれも、山の土を施用してから数日後に畑の土を採取して陰干しにすると乾いた壁土のような臭気がでるようになる。この臭気がでるようになれば成功だという。

その当時の私の知識では、この話だけでは納得できなかった。しかし、実際に畑のマクワウリを観察していると、つる割病が発生しない。これは事実である。何かつる割病を抑制する複雑な仕組みがあるのではないかと考えられる。

この地方の灌漑用水は、ため池利用から豊川用水利用に切り変わった。昭和四十三年に豊川用水が全面通水となり、二万二〇〇haの田畑に灌漑している。この用水ができる以前は、農業用水の多くをため池などに頼っており、貯水量一〇〇〇t以上のため池が三二五か所あり、一〇〇〇t以下の小さいものも、かなりの数にのぼった。

ため池の大きさ、貯水量が空になる時期、上流からの土砂などの流入もいろいろでそれぞれ特徴があった。今は残念ながら、これらの多くのため池は埋められてしまった。もちろんこの人達が利用した池も埋められて今はない。

鶏で害虫退治

猛威をふるったコオロギの害

九〇年秋のコオロギによる被害は、近年まれにみる激しさであった。白菜の心葉や子葉が食害される。キャベツ、ブロッコリー、カリフラワーなど苗床で若い葉や茎がかじられたり、幼苗を植えた畑では再三の補植をしなければならなかった。植え付け直後の苗の葉柄が切られて葉がなくなったり、地表面一～三cmくらいのところから茎がかじられて切断されたり倒れたりした。

このような異常なコオロギの被害はなぜ発生したのか。五～六月のころ、とくに梅雨期の雨の多少と九月のコオロギの被害程度とは関係がきわめて深い。梅雨期に雨の少ない年は、コオロギの被害は多くなり、反対に雨の多い年はコオロギの被害が少なくなる。九〇年は、五月下旬から六月にかけて降雨量が平年の三割にも達しないほどで著しく少なかった。このことがコオロギの被害を大きくしたものと思う。

おもに畑にすむコオロギは、エンマコオロギ、オカメコオロギ、ミツカドコオロギなどがある。これらは、土中に産卵して卵で越冬し、五～六月ころに孵化する。孵化した幼虫は脱皮をくり返して成長し、八～十一月に成虫になる。梅雨期に雨が多い年は、九月の成虫数は少なく被害も小さいが、梅雨期に雨が少ない年は、九月の成虫数は多くなり被害が増大する。きっと孵化したばかりの幼虫の生存が、降雨量によって左右されるためだと思う。

喜んでコオロギを食う鶏

現在、コオロギの駆除には、殺虫剤を発芽または定植直後に畑の周囲や三～五うねごとにうねに散布するか、米ぬかを炒って、これに殺虫剤を混合して畑に散布するかしている。いずれも誘引物質で害虫を引きよせて食べさせ殺虫する方法である。

これに対し昔は、長さ一～一・五mくらいの竹の先を少し割り、これに古い草履をはさみ、針金などでしっかりゆわえて、これでコオロギを叩き殺す方法をとっていた。夕食が終わると、ガス灯をともして家族揃って畑に出かける。ガス灯に照らし出され飛びでてくるコオロギをゾウリの裏で一匹一匹叩く。だから白菜の発芽期ころになれば、あちこちの白菜畑にガス灯の火がともり、ペタン、ペタンとコオロギを叩く音が聞こえてきた。この作業は、雨降りを除き一週間くらい毎晩続けられるのだから大変な作業であった。

ところが、このような光景の中にあって、コオロギ叩きを行なわないで白菜を栽培している人達がいた。その人達は、「コオロギは一年一回のみの発生であるから、作付け前に、畑や畑の周辺のコオロギを退治しておけばよい」という考えにもとづいていた。この人達のほとんどが、白菜畑やキャベツなどの苗床が家の周囲にあるという好条件もあった。

その方法は、前作のスイカやカボチャなどの収穫の終わる八月中旬から、白菜作付け直前の九月上旬ころの間に、畑に数羽から十数羽の鶏を放し飼いにするのである。人によっては前作のスイカの収穫が終了しない八月上旬から放し飼いしていた。屋敷および屋敷に接続している畑に放し飼いにされた鶏は、最初は近くをうろついているが、どんどん行動半径を拡大する。そして敷わらの下からコオロギを追い出し、喜々として食べている。

　前作が片づけられるころには、草むらを足でかき分けたり、土をかいてコオロギの成虫やヨトウムシなどの幼虫を見つけてどんどん食べる。蛾を追い回し捕える。一日中、畑の中を飛びまわって、コオロギやヨトウムシなどをあさり、雑草を食べ、夕方には鶏の胃袋は大きく膨れている。

鶏の放し方

　畑に放し飼いにする場合、とくに注意しなければならない点がある。

　①成鶏を放すよりも、五月中下旬に孵化した八〇～九〇日ヒナを放し飼いにするのがよい。成鶏よりも大雛が動きが敏しょうで、行動半径が大きい。しかも産卵箱の設置がいらない。また、このころ放し飼いにしたものは成鶏となっても丈夫で産卵期間が長くなる。

　②孵化後三週間くらいから畑に放す準備をする。庭先に放し飼いする。ただし、一mくらいの高さの止まり木を設置しておく。給水、給餌は最初から位置を決め途中で変更しない。

　③野犬や猫などの被害から鶏を守るために、畑に止まり木の三セットを設置する。

　三セットとは、高さ一・五mの止まり木二組と一・八mの止まり木一組で、一m間隔に作っておく。一番高い一・八mの止まり木の支柱には、トタンなどで傘型の猫のぼり防止器をつける。

　昨年、私の家の孫達が夜店で三羽の雌雛を買ってきた。夜間は大きな木箱に入れ、昼間は庭先に放し飼いにしていたが、ある日、このヒナたちを猫が襲い二羽を失った。残った一羽も命からがら逃げたが、その時に足の指をやられ今でもその指は曲っている。だが残った一羽が、庭先から屋敷畑をかけまわっている。

　堆肥置場や土中にかくれているコオロギを追い出すのが実に上手である。見ていて痛快である。コオロギだけではない。モンシロチョウやガも追いかける。ダンゴムシも食う。害虫駆除の働きはめざましい。この一羽の鶏の働きで庭先で育苗しているカリフラワーやブロッコリーの苗の、根ぎわを切られたり食害されたりする被害が大きく軽減された。

　その後も猫に追われたが、その時は物干しザオめがけて飛び上がる。高さ一・六mの物干しザオの上を次から次へと飛び移る。猫はあきらめて引き上げていく。走り回ったあとは、犬の近くで砂あびをしたりしている。猫から身を守ることが上手になった。

犬猫から鶏を守る止まり木

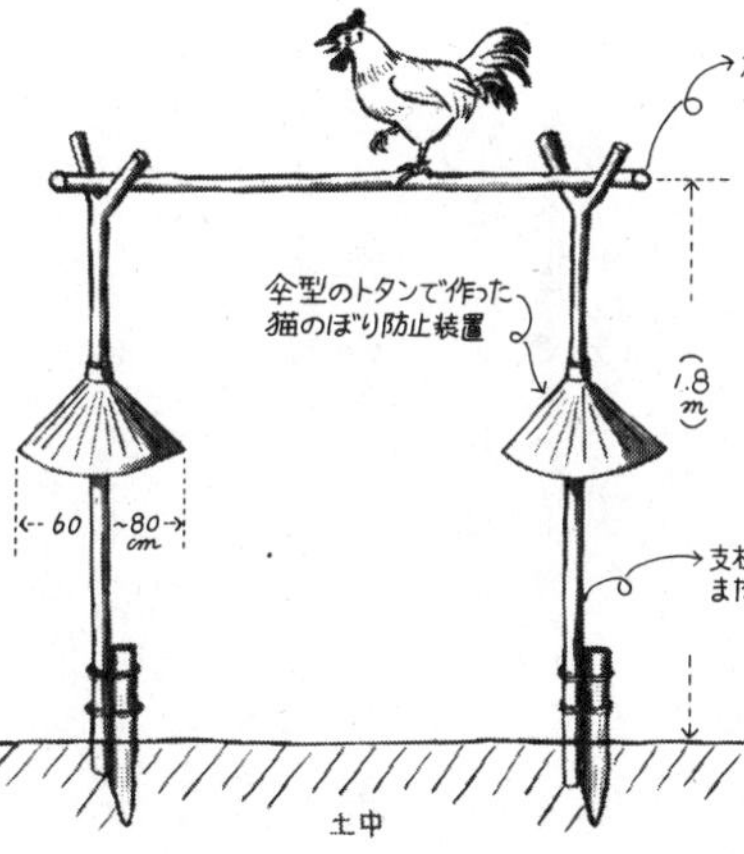

　昭和二十五年ころは、鶏の大雛を害虫駆除のために畑に放し飼いしていたのを見て、当時は面白いことをしていると思った程度であった。しかし昨年実際に放し飼いした一羽の鶏の行動を見ていて、昔、農薬が乏しかった時代の、自分のおかれているそれぞれの環境にあった色々な工夫がされているのを思いだした。

　農薬に頼る時代となり「生活の知恵」が失われている。今日、安全な食糧を生産するために、農民の健康を守るために減農薬が叫ばれているが、それには地域に合った方法でこのようなことを積み重ねてゆくことが重要だと思った。

蛾のときに駆除する

農薬が効くのは若齢幼虫だけ

　現在、キャベツ、白菜などのヨトウムシ防除に使われている農薬の数は、約六〇種類の多きに達している。それでもヨトウムシの被害はかなり多く、薬をかける時期が少し遅れただけで、キャベツや白菜の葉を、球の中まで穴だらけになることがよくある。

　成虫（蛾）は葉裏に卵を産みつける。やがて孵化幼虫として現われ、葉裏に群がり、表皮を残して葉肉を食害するので、葉はカスリ状になる。孵化直後の幼虫は淡い緑色でほぼ透明であるが、二齢、三齢と齢を重ねるにしたがって濃い色となり、葉裏から表皮を残して葉肉を食うので、被害葉は、白色に枯れた部分がしだいに拡大する。三齢になるころから、表皮を残すことなく、網目状に不規則な穴をあけて葉を食害するようになる。

　五齢までは、キャベツ、白菜などの葉の上で食害しているが、六齢になると、昼間は、地際の土中や枯れ葉の下、結球内部に潜入して姿を見せず、夜間現われて食害する。被害やその周辺に糞がたくさん落ちているので、このような株の周辺を掘ると、大きな虫が出てくる。また、孵化直後の幼虫は、葉裏に集団でいるが、三齢期になると分散を始める。孵化直後二齢くらいまでの若齢幼虫は、葉をゆすると糸を引いて落下するので、目につきやすい。

　コナガも糸を引いて落下したり、葉裏から食害して表皮だけを白くカスリ状に残すので混同しやすいが、コナガのばあいは、必ず幼虫が一頭ずつ食害しているので簡単に区別できる。この若齢幼虫期が、農薬散布による防除効果がもっとも高く、多くの農薬がよく効く時期である。

　三齢期を過ぎるころから農薬をかけても死ぬものが少なくなり、齢を重ねるにしたがって、どんな農薬をかけても虫を殺すのは困難になる。つまり、農薬散布によりヨトウムシを防除できる期間は、孵化直後から三齢期までの短期間に限られてしまう。

　ヨトウムシは、暖地で四月上旬から五月下旬に成虫が発生する。四月下旬と五月中旬の二回、産卵が多くなる。四月下旬に産卵したものは二週間くらい、五月中旬に産卵したものは一週間くらいで孵化するので、五月上旬から五月下旬にかけて、孵化幼虫が多く現われる。約一か月で蛹になる。九月上旬から十月下旬に第二回目の成虫が発生する。成虫の寿命は九日くらいとあまり長くはない。卵はかためて産みつけられ、一つの成虫は数か所に産卵する。産卵後数日して孵化、幼虫となる。幼虫は、老熟すると地中の浅いところに、土のマユを作り、蛹となって冬を越す。

昔の駆除は成虫を狙った

　昔のヨトウムシの防除は、成虫の駆除を主体においていた。多く行なわれた方法は二つある。糖蜜誘殺法と枯葉誘殺法である。

　糖蜜誘殺法は、黒砂糖六四〇g、清酒二〇〇ccに水を少々加えて、三〇分くらい煮沸する。煮沸液が水飴状となった頃に、直径二五cm、深さ一五cm前後の陶器または亜鉛製の容器に深さ一cmくらい入れる。この糖蜜の入った容器を地上八〇～一〇〇cmの高さに吊す。雨が入らないように、容器の上一〇～一五cmのところには雨よけをつけておく。

　糖蜜は一週間に一回の割合で攪拌すると、およそ一か月は使用できる。つまりヨトウムシの一回の発生期間に対して、ただ一回糖蜜液を作ればよい。ヨトウムシの成虫は、夜間、この糖蜜に集まり、糖蜜の中に落ちて死ぬ。毎朝、糖蜜の入った容器を見廻り、糖蜜のなかに落ちている成虫を除去した。

　枯葉誘殺法は、ナラ、クヌギ、カシなどの葉の多くついている小枝で束を作る。そして、キャベツや白菜などのうねのところどころに長さ七〇～一〇〇cmの竹を立て、この竹の先端にこの束を吊しておく。夜間、産卵のために畑に飛来した成虫は、昼間は、この枯葉の束の中に潜んでいる。毎朝、布袋を持って、枯葉の束の下方へ袋の口を開け、枯葉を叩く。成虫は下方に飛び出して袋の中に入るので、これを殺すのである。

ヨトウムシの枯葉誘殺法

　その他、幼虫は、孵化当時は葉裏に集団しているし、被害葉はカスリ状になっているので、発見次第摘採した。卵も発見次第摘みとり、集めて焼却した。このように、昔のヨトウムシの防除は、成虫（蛾）や卵の駆除が主体をなしていた。現在の農薬防除が若齢幼虫を狙っているのとは大きな違いがある。

　こうして成虫（蛾）の飛来数を毎日見ているから、いつごろから蛾が飛来を始めたのか、蛾の飛来が多いのか、少ないのかがよくわかる。蛾の飛来状況を見て、多ければ畑の見回り警戒を強化するために、孵化直後の幼虫や卵の採取も行ないやすくなる。昔の人達は、虫に対する知識が、今よりはるかに深かったようである。

一九八九年五月号　病気・虫がつかなかった昭和二十年代の知恵／一九九〇年七月号～一九九一年九月号　捨てた技術に宝があった

ＩＰＭからＩＢＭへ

生物多様性と病害虫防除

桐谷圭治

日本におけるＩＰＭの始まり

これまでの日本の水田生態系での研究は、米の増産をいかに効率的かつ安定的に達成するかにその目標があった。生物多様性の保全の必要性は強調されても、それは作物を栽培する農業生態系では「生産」と肩を並べる位置にはなかった。

そんな中、日本でのＩＰＭ（Integrated Pest Management＝総合的病害虫管理）は、一九六九年に高知県でのＢＨＣなどの有機塩素系殺虫剤の使用禁止に始まり、減農薬を目標に水田で私たちが実施したのが最初の試みである（桐谷ら、一九七二）。しかし世間で広く受け入れられるまでには、二十年もの歳月が必要であった。

ＩＰＭは、提案されたころは「総合防除」といわれていた。一九七二年の「婦人の友」二月号に「農業・虫と人との平和共存」と題して書いた文章を紹介しよう。「総合防除とは、害虫を、人間との存在関係において『ただの昆虫』にしようというわけである。（中略）天敵が自然に増殖し、その抑止力を発揮できるような環境を作ること、すなわち新しい農業生態系の創造が総合防除の目的である」（一部改）

「ただの虫」の重要性に気づく

だが、水田には、「ただの虫」にすべき害虫以外にも、トンボ、ホタル、ゲンゴロウなどの本来の「ただの虫」もいる。「ただの虫」は米の生産にはかかわりがない（ように見える）ので、無視され多くは激減し、絶滅の危機にさらされるに至った。だが本来、水田の生物たちはお互いに持ちつ持たれつで生活しているのである。

たとえば、水田ではコモリグモのエサの約八〇％をウンカ、ヨコバイ類が占めている。それにもかかわらず、クモはヨコバイだけでは成体にまで発育しない。ヨコバイ以外にユスリカなどの混じったエサを与えると、産卵数も飛躍的に多くなる。コモリグモ一種を取り上げてみても、多様なエサ種の存在が、生存には必須条件である。

ユスリカやトビムシは、害虫でも天敵でもない。しかしこれらの「ただの虫」は各種の捕食性昆虫には必要な存在なのである。また、今では一頭数千円もするタガメは、戦前は養魚場の大害虫であった。タガメはカエルを主食にしている。エサのカエルが豊富にいるためには、カエルのエサになる「ただの虫」がたくさんいる必要がある。

水田に水が入ると、一時的にアゼに避難していたクモや、畑地やアゼにいたコサラグモたちも水田に戻ってくる。移植して日がたたないうちに農薬散布すると、一か月後にウンカやヨコバイの異常発生に見舞われるが、その理由は、クモやそのエサのユスリカを同時に殺してしまうためと言われている（小林、一九六一）。熱帯アジアでは、このため田植え後四〇日までは農薬散布を控えるという指導がＦＡＯや国際稲研究所（ＩＲＲＩ）によって行なわれている。

アゼは、畑作害虫の天敵たちの生息場所にもなっている。水田でもっとも普通に見られるコサラグモは、五月末にアゼからバルーニングで畑地にも散らばって、サトイモ畑では、最大の害虫・ハスモンヨトウの孵化幼虫集団を攻撃する。だがコサラグモは乾燥を嫌うので、梅雨が明けると一斉に水田に戻る。このためクモの捕食から逃れることができたハスモンヨトウは、秋口に多発生することになる。空梅雨だとクモの水田への移動が早まるため、そういう年はハスモンヨトウの大発生が起こりやすい。

また、水田にはツヤヒメハナカメムシ、アゼに生える白クローバにはナミヒメハナカメムシが見られるが、この二種とも最大の侵入野菜害虫・ミナミキイロアザミウマの有力な捕食性天敵であり、六月はじめに露地ナス畑に移動してくる。

ＩＢＭ―生物多様性を保全する

ＩＢＭとは、Integrated Biodiversity Management（総合的生物多様性管理）の頭文字をとったもので、「ＩＰＭ」と「多様性の保全・保護」を統一する理論として提案されたものである（桐谷、一九九八）。（図1）

ＩＰＭは、害虫を「ただの虫」にすることである。したがってＩＰＭでは害虫の密度をその種の

図1　IBMはIPMと保全生態学を統一する概念

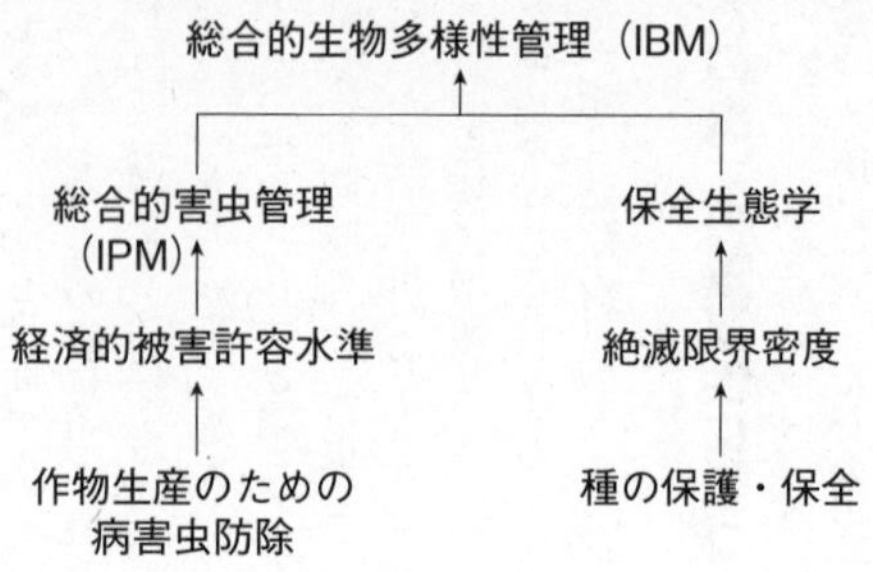

図2　時間を軸にした場合のIBMとIPMおよび保護・保全との関係

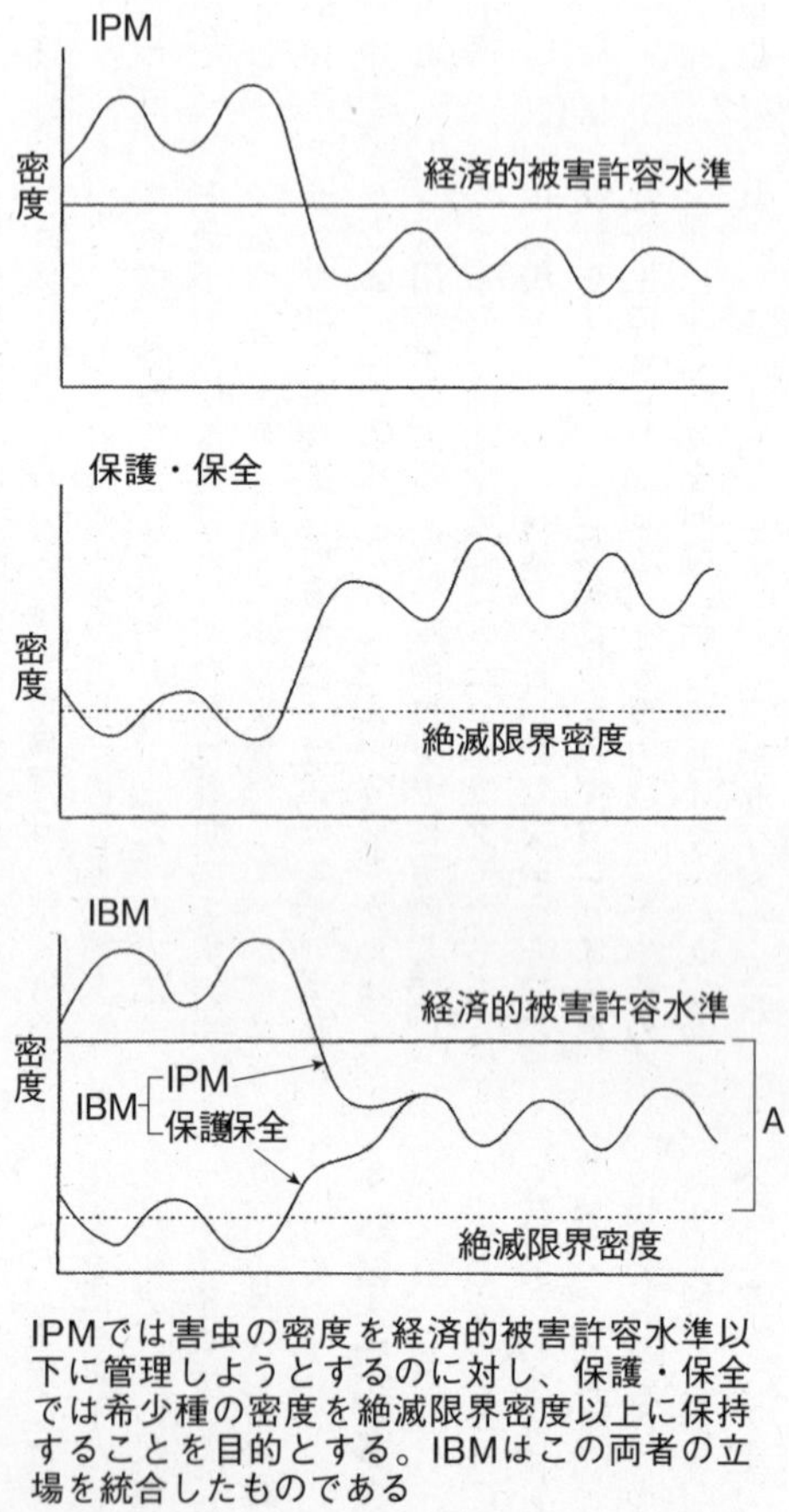

IPMでは害虫の密度を経済的被害許容水準以下に管理しようとするのに対し、保護・保全では希少種の密度を絶滅限界密度以上に保持することを目的とする。IBMはこの両者の立場を統合したものである

経済的被害許容水準（ＥＩＬ：Economic Injury Level）を上回らないように管理することが要求される（図２）。害虫を見つけたら防除しようという消毒主義とは異なり、防除によってもたらされる増収額が、農薬代や散布労賃などの防除費用を上回ると判断された時にのみ防除するという経済的ベースに基づいた考え方である。だが、害虫密度がＥＩＬに達してからでは防除も手遅れなので、それ以前に防除を実施することになる。このときの密度を要防除密度という。水稲害虫では五％の減収（損害）をもたらす害虫の密度をＥＩＬとし、害虫の加害ステージ、イネの生育段階などによって害虫の種類ごとに防除目安の株当たりの頭数が各県で示されている。

いっぽう「自然保護・保全」の考え方では、絶滅危惧種の密度を絶滅限界密度を下回らないように管理することが要求される（図２）。かつての養魚場の大害虫タガメも、いまでは村おこしにも使われるほどの稀少な虫になってしまった。また、戦前は九州や四国の暖地で猛威をふるっていたサンカメイガは、今では日本から絶滅したと考えられる。幼虫が穂の根元を食い切るので、穂に実が入らず、被害のひどい水田では一面真っ白い穂が突っ立ち凄惨な様相となる大変な害虫であった。一九六〇年代までは、和歌山南部や淡路島を北限として広く西日本で発生していたが、ＢＨＣがイネ害虫の防除に使われだしてから急速に姿を消し、一九七五年ごろには南西諸島からも発生が報告されなくなった。農薬で地域的に絶滅した、世界的にも数少ない害虫の例となっている。

ＩＰＭでも「ただの虫」の重要性は否定しない。ただＩＰＭでは、利益を最大にしようという経済性がその基本にあるため、サンカメイガがいなくなっても、それが過去に大害虫であったがために特段の注意を払わない。だが、タガメもサンカメイガもともに「ただの虫」になれば、その経済的付加価値はともかく、それらを絶滅に追い込むのは、明らかに行き過ぎである。同じような運命を多くの水田に依存している水生昆虫やカエルやメダカが共有している。見て見ぬふりをするのではなく、害虫防除と同じぐらいの努力を、これらの生物の保全に傾けようというのがＩＢＭの考えである（図３）。

したがってＩＰＭにおけるＥＩＬのＥは経済的（economic）であったが、ＩＢＭでのＥは、環境的（environmental）、もしくは生態学的（ecological）に置き換えたＥＩＬでなくてはならない。ＩＰＭでは、無防除は「防除費ゼロ」という意味しかもたないが、ＩＢＭでは絶滅限界密度に追いやらないための「保全・保護」のプラスの付加価値を見出す点に大きな違いがある。

農業生態系の管理手法

水田、畦畔、水路、ため池、二次林と、水田からその周辺へ向かうにつれて、「ＩＰＭ」と「保護・保全」の相対的管理強度は異なってくるであろう。水田から周辺の環境へ移るにつれて、ＩＰＭの管理強度が弱まり、保全・保護が優先してくる。水田生態系はこのような地域全体として、時間・空間的に適切な「総合的生物多様性管理（ＩＢＭ）」が行なわれることが期待される。

技術はしばしば「両刃の剣」の性質を持っている。農薬や化学肥料の使用は、米をはじめ農産物の安定した増収をもたらしたことは周知のことである。だがそれらへの過剰な依存は、害虫の薬剤抵抗性の発達という問題、天敵やそのエサ昆虫を殺すことにより、それまで天敵に抑えられていた潜在的害虫の「害虫化」、トンボやホタルなどの「ただの虫」の激減、そして農作物への農薬の残留などの問題をもたらした。

　水田の用排水路は、潰《つぶ》れ地《ち》を最小にして限られた断面で多量の水を流すために、パイプライン化、コンクリート三面張りなどがすすめられてきた。水路の三面コンクリート化は、ホタルなどの水生昆虫の保護保全には好ましくないが、日本住血吸虫の中間宿主である貝類やカ類の防除には有効な手法である。また農家にとっては、潰れ地を少なくし、草刈りなどの維持管理の省力化につながった。しかし生物多様性を保持するためには、水路は土またはその類似構造として、直線化をさけ、屈曲や水深、幅の異なる部分を作るなどの工夫が必要である。さらに、フナ、ドジョウ、ナマズなどの魚類の水田への侵入を容易にするためには、水路と田面の水位の落差は少なくしなければならない。だがこれは、スクミリンゴガイの水路から水田への侵入を助けることになる。

　このように、個々の技術の評価はそれぞれの地域の条件によって異なってくるので、これらをいかに合理的に総合化するかがＩＢＭの任務である。農業生態系の管理手法には、その場所の条件と管理の対象に応じた柔軟な対応が必要になるのである。いずれにしろ、管理の目標をできるだけ明確にしておくことが必要である。

図3　IBMの昆虫管理

保護・保全の目的では → 増加させる

減少させる ↕ IPMの目的では ↕ 増加させる

種類＼発生量	多	普通	稀
害虫	ツマグロヨコバイ	ニカメイガ	サンカメイガ
ただの虫	トビムシ	アカトンボ	タガメ
益虫	サラグモ	コモリグモ	ウンカシヘンチュウ

IPMと保護・保全とでは昆虫管理の目的が異なり、とくに右端の稀少種についてが問題になる。サンカメイガやタガメを絶滅させるのは行きすぎであるが、かといって経済的被害許容水準以上に増加させていいものではない。IBMとは両者の要望を満たし、その間の「適正な密度」に管理するための考え方である

ＩＢＭの基本的な考え方

　水田を中心とした農業生態系でのＩＢＭの基本的な考え方と今後の追究課題は以下のようである。

　①水田は食料生産の場であるとともに、自然湿地の代替地である。水田生態系の持続性を重視し、収量第一主義をとらない。また「水田生態系」とは水田だけに限られた閉鎖的なものではなく、個々の水田生物の行動を通して畦畔、水路、ため池、休閑田、周辺農地、雑木林、遠隔地の越冬場所まで及ぶ。したがって水田の内外に、種の生存に必要な生息場所のセットと、池さらえのような人為的撹乱によって一時的に消滅した個体群を補充、復活するための補給源を移動可能範囲内に確保する。

　②適度の人為的撹乱が水田生態系の生物多様性を高めることから、系内の時間・空間的異質性を高めるように管理する。そのために湿田や休耕田の生産水田とのローテーション配置も考慮に入れる。また年間を通して浸水状態であることの生態学的意義を明らかにする。

　③その地点・地域における保護・保全の対象生物種を絞り、経済的被害許容水準と絶滅限界密度との密度差を大きくするような管理法を探る（図2のA部分）。無防除も保全のための積極的な手段として位置付けられなければならない。

　④「経済的被害許容水準」も、「ただの虫」を含む環境への影響も取り込んだ新たな「環境（生態学的）被害許容水準」に置き換える努力が必要になる。水田生態系における「害虫なしには天敵なし」「ただの虫のただならぬ役割」の再評価をするとともに、各種の水生生物の生息・産卵場所としての水田雑草の役割を評価する必要がある。

　⑤外来種の侵入はその防除にあらたな農薬防除が必要になるため、最大限阻止する体制を作る。また外来種が定着しにくい生物群集の構造とはどんなものであるべきかを明らかにする必要がある。

　⑥農薬の影響を受けやすい標的以外の生物種への配慮はとくに必要である。水系では陸系よりも生物濃縮がおこりやすいので、灌漑水などの汚染をさけるために、畦畔から徒歩で侵入するイネミズゾウムシには「額縁防除」など、害虫の行動を逆手に取った減農薬の一層の工夫が必要になる。

　最後に、極端に高くも低くもない普通の密度に各種が保持されるための生物間の相互関係とは、どのような要因がどんなメカニズムが働いているかを科学的に明らかにすることが、ＩＢＭの技術化に最も望まれていることである。すなわち「基礎的なことが最も応用的なのである」。

　ＩＢＭはいまだその緒についたばかりで、最適な管理をめざした試行錯誤の段階である。これは二十一世紀のわれわれの課題といえるだろう。研究者のみならず農家、消費者、行政の積極的な参加が必要である。

二〇〇五年六月号　ＩＰＭからＩＢＭへ

あっちの話こっちの話

柿酢でキュウリも病気知らず

川崎大地

愛知県豊橋市で柿を栽培する松本昭代さんは、『現代農業』を読んだのをきっかけに毎年柿酢を作るようにしています。

あるとき、昭代さんは知人からトマトの定植の際に、柿酢を土に施すといいという話を聞き、すぐに実行に移すことに決めました。しかし、二番煎じではつまらない、自分はキュウリで試してみようと、実験してみました。

定植の際に、水の代わりに柿酢と水を半々で割った液体をひしゃく一杯穴に注ぎ入れたのですが、それ以後キュウリの生長は順調、順調。ぐんぐん伸びますし、べと病などの病気が出にくくなり、消毒の回数も減らすことができました。

今度はほかの野菜でも試してみようと思っているそうです。

二〇〇六年四月号　あっちの話こっちの話

モロヘイヤのアブラムシ除けに自家製柿酢

渡邉星児

秋田市の加藤真一郎さんは、自分で作った柿酢をモロヘイヤにかけて、アブラムシを追い払っています。希釈は一〇〇〇倍。濃すぎるとモロヘイヤが枯れてしまうことがあるので、慎重に使っています。アブラムシがベットリとついてしまってからでも、柿酢をかけるといっぺんでどこかに消えてしまい、二度と防除の必要はないそうです。

柿酢は、ポトポト落ち始めたカキを三斗樽にたっぷり仕込んだとのこと。以前は缶コーヒーばかり飲んでいたそうですが、今は五〇〇mlのペットボトルに半分柿酢（蜂蜜を加えて一度沸かしたもの）を入れて、水と氷で割ったものばかり飲んでいるそうです。おかげでいつも気分すっきり。八三歳になる真一郎さん、肌つやもよくなり一〇歳くらい若返ったと言っていました。

二〇〇八年十一月号　あっちの話こっちの話

シロモンヒラタヒメバチ　*Pimpla alboannulata* Uchida
バラ科果樹の難敵害虫であるモモシンクイガの天敵とされている。
（写真提供　北大総合博物館データベース）

アザミウマ目

アザミウマ

アザミウマは、節足動物門昆虫綱アザミウマ目に分類される。アザミウマ目に属する昆虫は、数千種が知られている。スリップス（英名、Thrips）とも呼ぶ。

ミカンキイロアザミウマ　雌成虫は体長一・五～一・七㎜、体色は淡黄色～褐色と変異が大きい。雄成虫は体長一・〇～一・二㎜、体色は淡黄色である。幼虫は黄白色である。

越冬はおもに施設内で行なわれるが、露地栽培作物や雑草においても可能である。越冬世代成虫は四月下旬ごろより各種作物、雑草に移動する。施設栽培ナス（一～二月定植）では三月ごろより、露地栽培ナス（五月定植）では定植直後より発生が認められ、六～七月にもっとも寄生密度が高くなり、夏季にはやや減少するが、秋季にまた増加する。年間の発生回数は一〇回以上である。

発育ステージの推移は成虫→卵→一齢幼虫→二齢幼虫→一齢蛹→二齢蛹→成虫の順である。卵は葉、花弁、子房などに一卵ずつ産みつけられるため、肉眼では見えない。蛹化は土中、植物の地ぎわ、落葉下などで行なわれる。

各ステージの発育期間は二〇℃では卵五日、幼虫九日、蛹六日で、卵から成虫まで約二〇日であり、二五℃では卵三日、幼虫五日、蛹四日で、卵から成虫まで約一二日である。二五℃での雌成虫の生存期間は約四五日、雌当たり産卵数は二一〇～二五〇卵である。

成虫は花に集まる性質があり、花粉を食べることで産卵数を増加させる。一齢幼虫はトマト黄化えそ病の原因となるトマト黄化えそウイルス（ＴＳＷＶ）を保毒することができ、保毒した幼虫が成虫になるとウイルスを永続伝搬する。

参考　病害虫診断防除編　柴尾学

ミナミキイロアザミウマ　成虫は雑草やホウレンソウなどで一月ごろまで生存するが、以後死滅し越冬できない。一部が施設内に侵入して越冬する。年間を通しての発生は、夏～秋は露地植物で生息→晩夏～秋は施設内に侵入→冬～春は施設内で越冬、増殖→春～夏は野外に飛び出すという経過をたどる。

増殖パターンは卵が植物の組織内に産み込まれ→一、二齢幼虫は葉上で加害→二齢末期地表に落下、土中で蛹化→羽化した成虫は葉上で加害、産卵という発生生態である。

南方系の害虫で冬期に休眠せず、低温に弱い。二五～三〇℃が生育適温のようで、三〇℃での発育日数は卵五日、幼虫五日、蛹三日で、卵から成虫までほぼ二週間で発育する。交尾しない雌成虫は雄だけを産する。

参考　病害虫防除資材編　牧野晋、黒木修一

アザミウマの種類と加害作物

害虫名	主な加害作物
イネアザミウマ	イネ
キイロハナアザミウマ	イチジク
グラジオラスアザミウマ	グラジオラス
クリバネアザミウマ	カトレア
クロゲハナアザミウマ	キク
ダイズウスイロアザミウマ	キュウリ、サルビア、ナス
チャノキイロアザミウマ	イチゴ、カキ、カンキツ、チャ、ブドウ
ネギアザミウマ	カンキツ、シュンギク、タマネギ、ニラ、ネギ、ワケギ
ハナアザミウマ	イチジク、カーネーション
ヒラズハナアザミウマ	イチジク、カーネーション、キク、グラジオラス、トマト、ピーマン、トウガラシ類
ミカンキイロアザミウマ	イチゴ、カキ、カンキツ、キク、キュウリ、シクラメン、トマト、バラ、ピーマン、トウガラシ類、ブドウ、モモ
ミナミキイロアザミウマ	オクラ、キク、キュウリ、スイカ、ナス、ピーマン、トウガラシ類、ホウレンソウ、メロン

光反射シートでアザミウマが飛べなくなる

土屋雅利　静岡県東部農林事務所

光反射シート（タイベック）マルチは、その高い反射率と地面に雨水をしみこませない機能によって、温州ミカンの高品質化（着色と糖度向上）の手段として注目されてきた。また、反射シートには、害虫に対する忌避効果があると考えられていた。

害虫の反射シートに対する反応を解明するため、様々な設定で成虫を放飼して、その行動を見ることにした（図）。実験から、光反射シートマルチを行なうと、虫は、樹上からシート面上に次々と移動する可能性が考えられた。実際に、温州ミカン園に四月下旬から収穫までの全期間にマルチを行なった結果、果実上の寄生数、寄生果率が低下した。収穫された果実の被害の程度は、無選別のままでもっとも上位の格付けの「秀」レベル（被害度一〇以下）に達した。この結果から、光反射シートマルチには化学農薬に劣らない防除効果があることが確認された。

このような高い防除効果がなぜ得られたのか。それは、地面方向からの反射光があるため、アザミウマの視覚が太陽の方向を、本来の上空ではなく飛翔方向である前方と誤認識したためである。

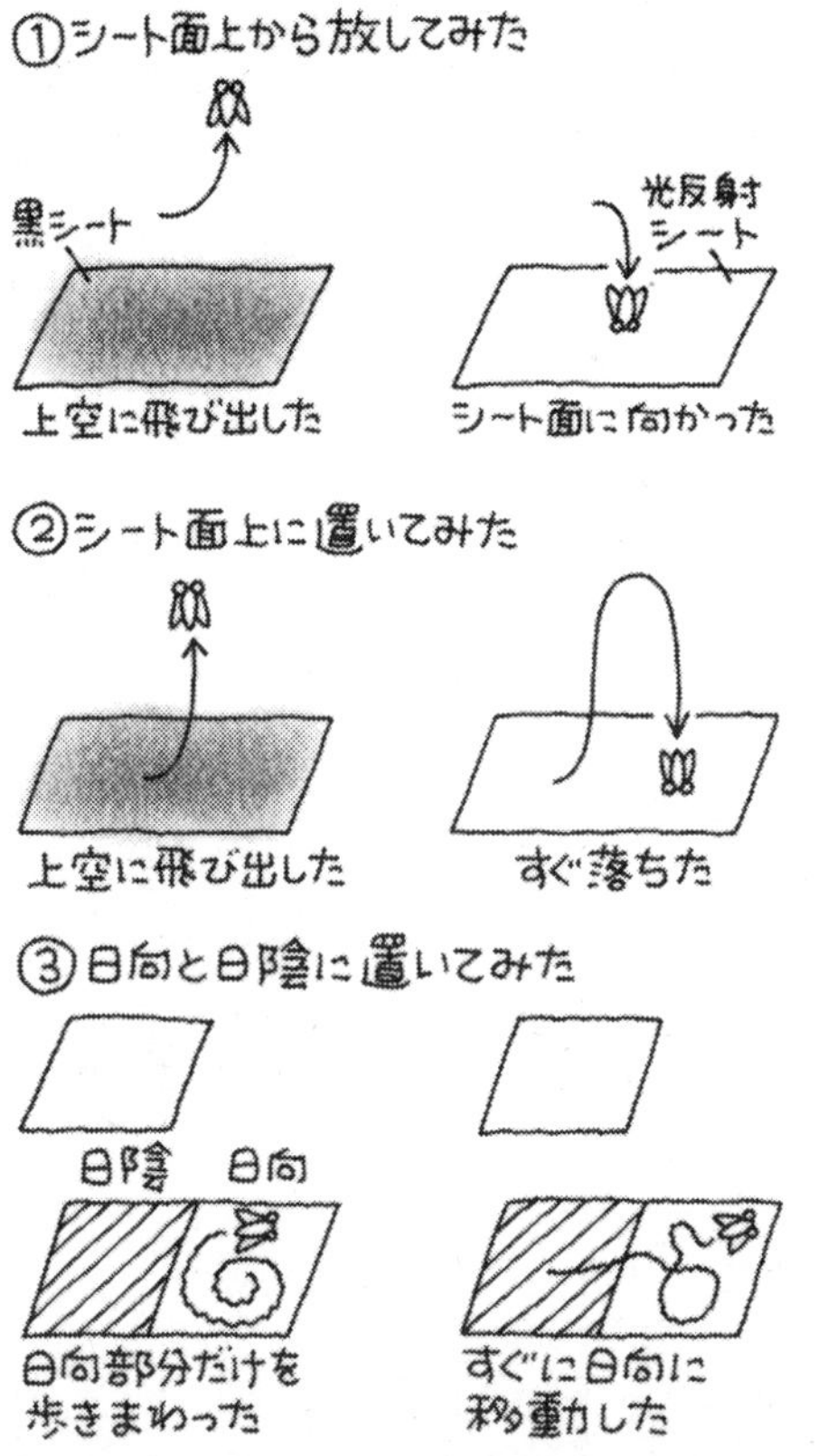

アザミウマは、太陽光と反射光とを区別できず、シート面上に落ちてしまう

チャノキイロアザミウマには二つの複眼と三つの背単眼があり、水平に飛翔する場合、背単眼に太陽光を受けた状態、すなわち背面が明るい状態を維持しようとする。光反射シートマルチの環境は、虫の可視波長帯の全体に約九〇％の反射率がある状態で、チャノキイロアザミウマが太陽光と反射光とを区別できないようである。シート面方向を上空方向と判断して背面を前方に向けるとシート面上に落ちてしまう。

シート面上から飛び立つときには、シート面方向（虫の前方）を上空方向と見なすため、上空に向かって高く飛び立つことができない。

防除対象となるチャノキイロアザミウマの視覚に、太陽光とシート面からの反射光が同時に認識される必要があるため、園内の光環境が重要である。この技術は樹冠占有面積率六〇％までの温州ミカン園で十分な防除効果が得られている。また、樹上の虫によく効果が及ぶよう反射光が樹内を通る開心自然形などに整枝する必要がある。（二〇〇七年六月号より抜粋）

アザミウマの天敵をバーベナで惹き寄せる

西田　聡　JA広島中央営農経済部

平成十八年五月にポジティブリスト制度が施行され、「この制度に危機感を抱くのではなく、逆に安全性をPRし、販売機会を広げていこう」という意見が出た。さいわいにも広島県西部農業指導所では、減農薬への研究が進んでいた。全国各地で「土着天敵を利用しよう」という動きが盛んになっていたこともあって、資料は十分に集めることができた。まず、管内の圃場周辺に、どれだけ天敵となる生物がいるか、探してみることから始めた。

ナスの害虫の代表はアブラムシ類である。アブラムシの天敵はテントウムシがよく知られている。しかし、テントウムシには数種類いる。さらに、ヒラタアブやクサカゲロウの幼虫などもアブラムシを捕食することがわかった。果実に被害をもたらすアザミウマやハダニ類を捕食するハナカメムシも見つけ出した。

ソルゴー（もろこし）は、アブラムシ類の大好物である。丈が一mを超えるくらいになると、葉裏にビッシリとアブラムシがつく。このアブラムシは、ナスには取りつかない。しかし、このアブラムシを求めて土着天敵がやってくる。この天敵はソルゴーを好むアブラムシだけでなく、ナスを好むアブラムシも捕食する。その結果、ナスの圃場にいるアブラムシの密度も天敵によって低くなるわけである。

また、バーベナ（美女桜）の花の独特の香りはアザミウマ類を惹きつける。アザミウマを捕食するヒメハナカメムシは、ハダニの天敵でもある。バーベナはナスの作期を通して開花し、景観の向上にもなる。ソルゴーの囲い込み栽培に、バーベナの混植を組み合わせたことで、殺虫剤の散布回数を半減することができた。（二〇〇七年六月号より抜粋）

アブラムシ

カメムシ目（半翅《はんし》目）

アブラムシは、カメムシ目アブラムシ上科に属する昆虫の総称である。

モモアカアブラムシ　冬期の気温が低い地方では、サクラ、モモなどの樹木上での卵越冬するものが多いため、四～五月の気温によって、発生時期とその後の密度上昇が左右される。

関東以西の地方では、ホウレンソウ、キャベツなどの越年作物やホトケノザなど雑草上で成・幼虫態で越冬するものが多いので、冬期の低温は越冬密度を減少させるため春期の初期の発生量は少なくなる。しかし、この低温は本種を攻撃する天敵類にも影響を及ぼすためか、通常、冬期の異常低温年は、発生時期は遅れるが発生量は異常に多くなる傾向がある。施設栽培下では、どこの地方でも十分に越冬可能である。

虫の発生量は春期と秋期に増加し、夏期と冬期に減少するが、夏期が冷涼な地方では夏期に発生ピークが見られる。増殖パターンは、通常、雌成虫→孵化幼虫→二、三、四齢幼虫→雌成虫のくり返しで、温度条件がよい（二〇～二五℃）と、七～一〇日間で一サイクルを完了するため、三～五月の施設栽培は好適な生活環境となる。

参考　病害虫防除資材編　木村裕、森下正彦

ワタアブラムシ　冬期の寒さが厳しい地方ではムクゲの芽の基部で卵越冬し、翌春ムクゲ上で二～三世代経過したのち、五月中旬～六月上旬に有翅成虫が出現して移動分散する。

関東以西では、ムクゲ上での卵越冬のほか雑草のオオイヌノフグリ、ホトケノザ葉上での成・幼虫越冬が多い。冬期温暖な地方ほどこの比率は高く、四月下旬ごろから移動分散を始めるが、オオバコやナズナの花軸へ移って繁殖を続けたのち、五月中旬～六月中旬に露地栽培ナスなどへ飛来するパターンが多い。

植物への寄生性ではいろいろな系統が存在し、ナスに寄生する系統はキュウリに寄生せず、逆に、キュウリにつく系統はナスを加害

しない。

越冬形態のちがいの限界は十一月の平均気温（七℃）によるといわれているが、七℃以上の地方でも冬期積雪地帯では成虫や幼虫の越冬は不可能である。雌成虫は無翅型が多いが、春と秋の移動分散時期と寄生密度が高まったときにはほとんどの虫が有翅型になる。

生育適温はモモアカアブラムシよりもやや高めで、春のピークは五月下旬～七月上旬である。生育速度は高温時ほど早く、夏期では約七～一〇日間で一サイクルを完了する。

参考　病害虫防除資材編　木村裕、森下正彦

アブラムシの種類と加害作物

害虫名	主な加害作物
イバラヒゲナガアブラムシ、バラミドリアブラムシ	バラ
ウドフタオアブラムシ、ハゼアブラムシ	ウド
エゴマアブラムシ、シソヒゲナガアブラムシ	シソ
ウメコブアブラムシ、ハスクビレアブラムシ	ウメ
エンドウヒゲナガアブラムシ	エンドウ、ソラマメ
オカボノアカアブラムシ	イネ、ウメ、オクラ、ピーマン、トウガラシ類
オカボノキバラアブラムシ、オカボノクロアブラムシ	イネ
カワリコブアブラムシ	モモ
キククギケアブラムシ、キクヒメヒゲナガアブラムシ	キク
クリイガアブラムシ、クリオオアブラムシ、クリヒゲマダラアブラムシ	クリ
クワイクビレアブラムシ	レンコン
ゴボウクギケアブラムシ、ゴボウヒゲナガアブラムシ	ゴボウ
コミカンアブラムシ	チャ
ジャガイモヒゲナガアブラムシ	インゲン、インゲンマメ、ジャガイモ、ソラマメ、ダイズ、チューリップ、トマト、ナガイモ、ピーマン、トウガラシ類、ミツバ、レタス
セイタカアワダチソウヒゲナガアブラムシ	シュンギク
ソラマメヒゲナガアブラムシ	ソラマメ
ダイコンアブラムシ	カブ、カリフラワー、ブロッコリー、キャベツ、ダイコン、チンゲンサイ、パクチョイ、タアサイ、ハクサイ
ダイズアブラムシ	ダイズ
タイワンヒゲナガアブラムシ	レタス
チューリップヒゲナガアブラムシ	ジャガイモ、チューリップ、トマト、レタス
トウモロコシアブラムシ	トウモロコシ
ナシノアブラムシ、ナシミドリオオアブラムシ	ナシ
ニセダイコンアブラムシ	カブ、カリフラワー、ブロッコリー、キャベツ、コマツナ、ダイコン、チンゲンサイ、パクチョイ、タアサイ、ナバナ、ハクサイ、ワサビ
ニワトコフクレアブラムシ	ナガイモ
ニンジンアブラムシ	セルリー、ミツバ
ネギアブラムシ	ニラ、ネギ、ラッキョウ
フキアブラムシ	フキ
ブドウネアブラムシ	ブドウ
マメアブラムシ	インゲン、エンドウ、シンビジウム、ソラマメ、ダイズ
ミカンクロアブラムシ	カンキツ
ミカンミドリアブラムシ	コスモス、ユキヤナギ
ムギウスイロアブラムシ、ムギヒゲナガアブラムシ	ムギ
ムギクビレアブラムシ	トウモロコシ、ムギ
ムギワラギクオマルアブラムシ	ウメ、キンセンカ、シュンギク、マーガレット
モモアカアブラムシ	アイスランドポピー、アンズ、ウメ、エンドウ、カーネーション、カブ、カリフラワー、ブロッコリー、キャベツ、キンセンカ、ゴボウ、コマツナ、ジャガイモ、シュンギク、スモモ、セルリー、ダイコン、タバコ、チューリップ、チンゲンサイ、パクチョイ、タアサイ、トマト、トルコギキョウ、ナス、ナバナ、ハクサイ、バラ、ピーマン、トウガラシ類、フキ、ホウレンソウ、マーガレット、メロン、モモ、レタス、ワサビ
モモコフキアブラムシ	ウメ、スモモ、モモ
ユキヤナギアブラムシ	カンキツ、ナシ、ビワ、ミツバ、リンゴ
リンゴクビレアブラムシ、リンゴコブアブラムシ、リンゴミドリアブラムシ、リンゴワタムシ	リンゴ
ワタアブラムシ	イチゴ、オクラ、カーネーション、カボチャ、カンキツ、キク、キュウリ、コスモス、サトイモ、サルビア、シソ、ジャガイモ、シュンギク、シロウリ、シンビジウム、スイカ、ストック、セルリー、チューリップ、トマト、トルコギキョウ、ナガイモ、ナシ、ナス、ピーマン、トウガラシ類、ビワ、フキ、メロン、ユリ、リンゴ、メロン

ヨモギでメロンのアブラムシを防ぐ

小川　光

パイプハウス野菜栽培をしている方は、たいていハウスはきれいに除草されています。私は一九八六年より標高四〇〇mの山間地にハウスメロンを連作していますが、八aでも非常に労力がかかりました。手が回らなくなり、背の低い草は手抜きして放置しておいたところ、メロンに害がないばかりか、背の高い、ヒメジョオン、メヒシバといった悪質雑草が少なくなりました。残った草は、カキドオシ、ゲンノショウコのように地表を這うものが多く、この他、春はアサツキ、初夏からはワラビやヨモギがハウス周辺を覆います。これらにはメロンの大敵であるワタアブラムシはほとんどつきません。

ヨモギには大型のアブラムシがつくので、初めは困ったアブラムシの発生源だと思っていました。ところがこのアブラムシは「アオヒメヒゲナガアブラムシ」といい、メロンなどにはつかない、キク科の専門家です。これにナミテントウ、ヒメカメノコテントウが集まり、卵を産んで増えています。ここで増えたテントウムシなどの天敵が、今度はメロンに飛んできます。おかげでメロンにはアブラムシがごく少なく、作付初年度には多発しますが、毎年減少し、連作五年目あたりからは防除の必要はまったくありません。

注意しなければならないのは、地面を這う草でも、根絶すべきものがあることです。それは、ワタアブラムシの越冬寄主となるオオイヌノフグリ、春の二次増殖源となるアブラナ科雑草（ナズナ、イヌガラシなど）や、オオイヌノフグリに近縁なトキワハゼなどゴマノハグサ科雑草です。

背が高くなる夏雑草でも、アカザ（シロザ）やイヌビユ等は土中深くから養分を吸い上げ通気性も改善するので抜かないで刈り倒します。ワタアブラムシがつくイチビやエノキグサ、ヒメジョオンなどは抜きます。

昨年は、苗床から持ち込んだワタアブラムシがメロンに増殖してしまいました。被害がまだ小さい段階で、まわりのヨモギにはナミテントウ、ヒメカメノコテントウが非常に多かったので、六月二十四日にヨモギを刈り倒し、これをハウス内に敷いて、テントウムシがメロンへ移ることを期待しましたが、成虫はほとんどハウス外へ飛び去り、幼虫もどこかへ行ってしまって、メロンのワタアブラムシは急激に増加し、葉が縮れました。しまいにはナミテントウなどが増えてきてアブラムシを退治してくれましたが、開花・収穫が三週間も遅れてしまいました。このことから、ヨモギは、通風を多少犠牲にしても残すべきだったと思います。（一九九七年六月号）

アブラムシの天敵を増やすマメ科植物

木嶋利男

クリムソンクローバ　十～十一月にタマネギを定植し、活着したら、タマネギのうね間や畑の周囲にクリムソンクローバを播種します。クリムソンクローバの花梗は栄養豊富であるため、スリップスやアブラムシが好んで繁殖し、そこへアブラムシの天敵が集まり、タマネギの虫害が防げます。

カラスノエンドウ　越冬していたカラスノエンドウの花梗が伸長するころになると、アブラムシが飛来して産卵します。アブラムシがカラスノエンドウで増殖すると、これを待っていたかのようにアブラムシの天敵が飛来して産卵します。また、カラスノエンドウにはハダニも好んで寄生し、ハダニの天敵もふえます。そこで、畑の周辺に生えているカラスノエンドウは除草せず、バンカープランツとして利用します。

ソラマメ　ソラマメを栽培した人は経験していると思いますが、早春にソラマメが花を咲かせると、アブラムシが好んで飛来し、生長点部分で真っ黒になるほどふえます。ソラマメ栽培には困りますが、この性質を使ってソラマメをバンカープランツとして利用します。秋にハウスの入り口や野菜畑の周囲、野菜が植えられたうねのところどころにソラマメを播種します。こうすると春先、ソラマメで増殖したアブラムシを求めて天敵が集まり繁殖します。（二〇〇九年五月号）

カメムシ目
ウンカ

ウンカは、昆虫綱カメムシ目ヨコバイ亜目に分類されている。古来よりイネの害虫である。

セジロウンカ　成虫が梅雨期に本田へ飛来する。飛来源はおもに中国の二期作地帯とされる。飛来虫から産まれた幼虫の発生期（七月下旬～八月上旬）に発生密度がピークとなる。晩夏から初秋にかけて、本田から成虫が移出し、本田で通常二世代を経過する。

増殖パターンは、成虫の産卵前期間（約四日）→卵（約六日）→幼虫（約一二日、四回の脱皮）→成虫のくり返しで、二五℃の定温条件であれば約二二日で一サイクルが完了する。成虫の生存期間は約七～一〇日である。長翅型成虫と短翅型成虫がある。

参考　病害虫防除資材編　那波邦彦

トビイロウンカ　飛来源はセジロウンカと同じく、おもに中国南部とされている。通常三世代を経過し、八～九月の登熟盛期ごろに発生密度がピークとなる。

増殖パターンは、成虫の産卵前期間（約三日）→卵（約九日）→幼虫（約一四日、四回の脱皮）→成虫、のくり返しで、二五℃であれば約二六日で一サイクルが完了する。成虫の生存期間は約七～一〇日である。成虫には短翅型と長翅型がある。

参考　病害虫防除資材編　那波邦彦

ヒメトビウンカ　四齢幼虫（一部三齢）で畦畔などの雑草地で越冬し、三月下旬～四月にかけて羽化して成虫となる。成虫は麦畑などへ移動し、茎内に産卵する。

麦畑では五月中旬ごろから幼虫が見られ始め、ムギの黄熟する六月上中旬には幼虫・成虫の密度は高くなり、成虫は盛んに飛び立ち分散して水田に飛来する。この時期に移植または活着したイネでは飛来数が多く、縞葉枯病の感染も多くなる。牧草や各種イネ科雑草の中でも増殖するものがある。水田に飛来した成虫は吸汁によってウイルス病を伝播し、茎内に産卵する。

ヒメトビウンカの寄主範囲は広く、オオムギ、コムギ、イタリアンライグラスのほか、ヒエ、スズメノテッポウ、メヒシバなどイネ科雑草で生息し、トウモロコシに飛来して黒すじ萎縮病も媒介する。

九月中旬以降に孵化した幼虫は畦畔や土手などの雑草地に移動し越冬する。この時期の幼虫は、短日と低温の影響によって四齢虫で休眠に入る。

参考　病害虫防除資材編　稲生稔

疎植、かけ流しでウンカが寄らない

編集部

大分県宇佐市　井福　儀さん

昨年、井福儀《はかる》さんの住む地区では、収穫を目前に控えた九月下旬、トビイロウンカが大発生した。坪枯れがちらほら見え始めたと思ったら、四～五日のうちに広がって、田んぼ一枚ベッタリと倒れる場所も出た。ところが井福さんの田んぼは何ともない。それどころかこ何十年、まったくといっていいほどウンカ被害とは無縁だ。

井福さんの稲作の特徴は中干しをしないこと。そして、田植えから収穫二週間前の九月中旬まで、ずっと水をかけ流しにすること。用水は常に来ているので、水深を三～五㎝に維持している。場所によって水の便が悪い田んぼがあり、そういう田んぼでウンカの被害が出るのだそうだ。

周りの農家は八月十日ころから中干しをする。中干し後は間断かん水する農家とかけ流しにする農家と半々だが、井福さんの観察では、間断かん水の田にウンカの被害が多く出る。

苗箱は一三箱／一〇aと少なく、疎植であるのも特徴だ。ウンカの防除は田植えの時の箱施薬のみ。九月に入ってから、ラジコンヘリ防除も二回ほど行なわれるが、井福さんは頼んでいない。

井福さんが子供のころ、「みずた」と呼ばれる天水田があった。「みずた」には一年中水があって、水に浸かりながら手刈りするほどだったが、できた米はとにかく美味しかった。その時の感覚があるから、井福さんにとって「水稲は水の中で育てるもの」。三年前からは、周辺農家にも、ウンカ対策として中干し後から九月中旬までのかけ流しを薦めている。試した農家も効果を実感しているようだ。

しかし田んぼに水が常にあると、なぜウンカ対策になるのだろうか。水を張りっぱなしの井福さんの田んぼで、ウンカが少ないのは確かな事実。専門家も「なぜだろう？」と首をひねる。疎植や常時湛水にすることで、イネのケイ酸吸収に差が出るのであろうか？ 本当のところはよくわからない。（二〇〇八年九月号）

カメムシ目

カメムシ

カメムシは、昆虫綱カメムシ目カメムシ亜目に属する昆虫の総称で、多くの科がある。

アオクサカメムシ 成虫は日当たりのよい常緑樹の茂みの葉間などで越冬し、日最高気温が一四～一五℃になるころから活動を始め、四月下旬から産卵を開始する。五月ごろにレンゲに飛来して吸汁する。第一世代成虫は六月上旬～八月上旬に、第二世代成虫は八月上旬～十月下旬に出現する。一雌は約一一〇卵を、数十個の大形卵塊にして葉面に産下する。夏期における卵期間は約五日、幼虫期間は二五日内外である。

参考　病害虫診断防除編　小林尚、河野哲

クサギカメムシ 年一回発生し、建物の間

カメムシの種類と加害作物

害虫名		主な加害作物
カメムシ科	アオクサカメムシ	アズキ、エダマメ、オクラ、ダイズ、トマト、モモ
	イチモンジカメムシ	アズキ、エダマメ、ダイズ
	エゾアオカメムシ	ダイズ
	オオトゲシラホシカメムシ	イネ、ダイズ
	クサギカメムシ	カキ、カンキツ、ダイズ、ナシ、モモ、リンゴ
	シラホシカメムシ	イネ
	チャバネアオカメムシ	カキ、カンキツ、キウイフルーツ、ダイズ、ナシ、モモ、リンゴ
	ツマジロカメムシ	ダイズ
	ツヤアオカメムシ	カキ、カンキツ、ナシ、モモ
	トゲシラホシカメムシ	イネ
	ブチヒゲカメムシ	アズキ、ダイズ
	マルシラホシカメムシ	ダイズ
	ミナミアオカメムシ	イネ、エダマメ、オクラ、ダイズ、トマト
カスミカメムシ科	アカヒゲホソミドリカスミカメ、アカスジカスミカメ	イネ
	ツマグロアオカスミカメ	チャ、ブドウ
	マキバカスミカメ	カボチャ
ヘリカメムシ科	ホオズキカメムシ	アサガオ
	ホソハリカメムシ	イネ
ホソヘリカメムシ科	クモヘリカメムシ	イネ
	ホソヘリカメムシ	アズキ、ダイズ

隙、樹の粗皮下、屋外に積まれた木材やわらの下などで、成虫態で越冬する。三月下旬～五月中旬の間に越冬場所から離脱し、離脱直後は付近の樹木などに多く見られる。五月上中旬ごろから移動・分散し、果樹、ヤマザクラ、クワ、キリなどに順次飛来する。この過程で、果樹園外で餌が不足した時には果樹にも飛来する。五月下旬から各種の植物に産卵し、七月下旬から第一世代成虫が羽化する。七月以降の生息場所は針葉樹やキリなどさまざまで、九月中旬ごろから越冬場所に移動する。

参考　病害虫診断防除編　舟山健

チャバネアオカメムシ　成虫で林木の落葉下で冬を越し、五月になるとサクラやクワ、ミカン、ヤマモモなどの実や花などに一時飛来する。その後、スギ、ヒノキの球果が充実するまでの六月上中旬までは、雑木の実や花などで生活している。この時期に、キウイフルーツをはじめ各種果樹の幼果に飛来する。やがてスギ・ヒノキなどへと移動して増殖し、夏期以降にカメムシの密度が多くなったり、越冬場所に移動するさいには再び果実も加害する。

参考　病害虫防除資材編　高橋浅夫

ミナミアオカメムシ　成虫で越冬し、四国や九州では四月上旬ごろから活動し始め、ムギ、ナタネで第一世代を経過する。その後はおもにイネやダイズなどで増殖し、年間三～四世代を経過する。八～十月に密度が高くなり、この時期に圃場への侵入も多くなる。一雌当たりの産卵数は二〇〇個前後で、数十個の卵を六角形の形に産みつける。卵から成虫になるまでの期間は、夏期で約一か月である。幼虫は一～二齢ころまでは集団を形成するが、三～四齢ころから分散し始める。

参考　病害虫診断防除編　高井幹夫

茶園のカメムシにペパーミント

小俣良介　埼玉県農林総合研究センター

茶生産では、安全・安心を目指した減農薬・無農薬栽培が増えている。このような栽培に取り組む際に問題となるのがツマグロアオカスミカメである。

本種を対象とした、化学合成農薬を使用しない抑制方法は、茶園周辺の雑草対策程度しかない。しかし、北海道美唄市の今橋道夫さんたちは水稲のあぜにミントを定植して斑点米カメムシの被害を抑制し、クモ類が豊富になったと報告している。一方、ツマグロアオカスミカメの天敵は、ササグモやハナグモ、ネコハエトリなどのクモ類やクサカゲロウ一種が知られている（南川・刑部、一九七九）。

そこで、クモ類などの天敵の維持・増殖をねらったバンカープランツとして、ペパーミントを茶園に植栽した時のツマグロアオカスミカメの被害抑制について検討した。

二〇〇四年四月、さやまかおり三三年生・深刈り処理一年目の無防除茶園で、ペパーミントをうね間に定植したミント区、ミントのない対照区を設けた。同年六月の二番茶芽生育期、二〇〇五年五月の一番茶芽摘採期、同年七月の二番茶摘採期に各区の茶芽に発生し

茶園うね間にミントを植栽

たツマグロアオカスミカメ被害芽を計測した。
二番茶芽でのカスミカメの被害は、ミント区のほうが対照区と比較して少なく、被害の抑制が認められた。とくに二〇〇四年の二番茶芽では、圃場を見渡して、すぐに差がわかるほどであった。しかし、一番茶芽での本種の被害は、対照区と比べてあまり差がなかった。これはミントの越冬前後の生育が不良だった点に起因すると考えられる。

なお、ペパーミントはランナーを出して水平方向に広がる性質があるため、茶株内にミントが侵入し、管理面で問題との懸念もある。しかし、各摘採前までに一回程度、茶樹側に伸びたランナーをミント側に戻す作業により、ほぼ回避できる。また、摘採作業などにより、うね間のミントを足によって踏み倒した場合も、数日後にはもとに回復することがわかっている。（二〇〇七年六月号）

カメムシ目

カイガラムシ

カイガラムシは、カメムシ目ヨコバイ亜目カイガラムシ上科に分類される昆虫の総称。

コナカイガラムシ科　コナカイガラムシ類は良く似た生態、生活史である。ミカンヒメコナカイガラムシは主として一～二齢幼虫の集団で越冬する。四月から発育し、成虫となり、おもに五月に白い卵のうを産卵する。第一世代幼虫は五～六月に、第二世代幼虫は七～八月に発生する。第三世代幼虫は八～九月に発生し、十月以降に第四回目の産卵もみられるが、発生は少ない。

フジコナカイガラムシの第一世代幼虫は六月に、第二世代幼虫は七～八月に発生する。第三世代幼虫は九～十月に発生する。成幼虫とも葉、果実に寄生し吸汁する。果実では果梗部に寄生し、こぶを作ることがある。集団で寄生し、多発するとすす病を誘発し、果実では商品性を低下させる。

有力な天敵はタマバエの幼虫で、コナカイガラヤドリクロバチなど数種の寄生蜂が寄生する。これらの天敵類は八月以降に多く活動する。

参考　病害虫診断防除編　大串龍一、大久保宣雄、大橋弘和

カイガラムシの種類と加害作物

害虫名		主な加害作物
カイガラムシ科	クワシロカイガラムシ	クワ
	ミカンネコナカイガラムシ	カンキツ
コナカイガラムシ科	オオワタコナカイガラムシ	カキ
	クワコナカイガラムシ	ナシ、ブドウ、リンゴ
	サボテンコナカイガラムシ、サボテンネコナカイガラムシ	サボテン
	ドラセナコナカイガラムシ、ナガオコナカイガラムシ	ドラセナ類
	フジコナカイガラムシ	カキ、カンキツ、ブドウ
	マツモトコナカイガラムシ	ナシ、ブドウ
	ミカンコナカイガラムシ	カンキツ、ナシ、ビワ、ミツバ、リンゴ、セントポーリア、ドラセナ類
	ミカンヒメコナカイガラムシ	カンキツ
マルカイガラムシ科	アカマルカイガラムシ、トビイロマルカイガラムシ、ハランナガカイガラムシ、ミカンナガカキカイガラムシ、ミカンマルカイガラムシ、ヤノネカイガラムシ	カンキツ
	ウメシロカイガラムシ	アンズ、ウメ、オウトウ、モモ
	カツラマルカイガラムシ	クリ
	クワシロカイガラムシ	カキ、キウイフルーツ、クルミ、スモモ、チャ
	サボテンシロカイガラムシ	サボテン
	タブカキカイガラムシ、ランクロホシカイガラムシ	シンビジウム
	チャノマルカイガラムシ、ナシシロナガカイガラムシ	ボタン、シャクヤク
	ナシマルカイガラムシ	カンキツ、ボタン、シャクヤク、カンキツ、スモモ、ナシ、ビワ、リンゴ
	ランシロカイガラムシ	カトレア
	リンゴカキカイガラムシ	リンゴ

ゼラチンでアブラムシ・カイガラムシ防除

長野県諏訪市　宮阪菊男

以前『現代農業』で、アブラムシ対策に牛乳を使う話が出ていましたが、もっと効果を上げる方法を思いつきました。昨年、ニカワをうすく溶いて、牛乳と混ぜて使用したところ、牛乳単独より効果大でした。しかし、ニカワは獣の皮を煮詰めてとったゼラチン質で、非常に溶けにくく、加熱しても時間を要します。今度は溶けやすい市販のゼラチン（菓子などの材料）を水で溶いて、使用してみました。ニカワ＋牛乳と同様の効果がありました。

今年は、ゼラチンを水で溶いたものへ液体石けんを加えた液を作り、スプレーしたところ、さらに効果抜群でした。

作り方は、ゼラチンを規定量の水で溶き、五％の量の液体石けんを加えて、よく混ぜるだけです。液体石けんを加えたことにより、展着性がグンとよくなり、アブラムシの体全体によく付着します。

カイガラムシに使う場合は、この液に食用油を三～五％垂らして、よく混ぜてからスプレーします。木肌にカイガラムシがいるときは、ハケで塗ってもよいです。

カイガラムシはいろいろな種類がいるので、虫の大きさによって油の量を加減する必要があるように思いました。大型のカイガラムシは油の量を多くしたほうがよさそうです。

昨年まで、わが家のウメの樹は、毎年カイガラムシにやられて、五月になると葉先がみな丸くなって青息吐息の状態でしたが、今年は葉がピンとして青々としています。

牛乳は、常温で置くとすぐくさくなりますが、ゼラチンなら常温で置いても、長時間においを発せず、効力も持続します。もし、温度が下がったりして、かたまりっぽくなったら、湯を足して振れば十分使えます。この液で、植物が弱ったり、枯れたりすることはありません。（二〇〇八年八月号）

カメムシ目

コナジラミ

コナジラミは、カメムシ目コナジラミ科に属す昆虫の総称。一五〇〇種以上が知られる。

オンシツコナジラミ　寒さに弱いため、冬期には密度は極度に減少し、冬期の寒さが翌春の発生密度の多少に大きく影響する。

露地では、主として雑草のオオアレチノギクの葉裏で休眠状態で卵、幼虫、蛹、成虫など各ステージの虫が越冬し、ハウス、住宅などの建築物横の寒気の当たりにくい場所では冬期でも成長を続け、越冬量も多い。寒さが厳しい関東以北では、露地では越冬が困難で、施設内の越冬虫だけが発生源となる。

施設では、ナス、キュウリなどの野菜類のほか、ハウス片隅の雑草上でも繁殖を続け、気温の上昇とともに急激に増加し、ハウスの換気が始まると外へ飛びだして分散を始める。

生活適温は二三～二八℃で、低温条件下では死亡率が高まる。三〇～四〇℃の高温条件下になると羽化率が極端に低下する。

天敵寄生蜂としてオンシツツヤコ

コナジラミの種類と加害作物

害虫名	主な加害作物
オンシツコナジラミ	インゲン、キュウリ、ゼラニウム、トマト、トルコギキョウ、ナス、ポインセチア、メロン
シルバーリーフコナジラミ	ガーベラ、トマト
タバココナジラミ	ポインセチア
ブドウコナジラミ	ブドウ
ミカンコナジラミ、ミカントゲコナジラミ	カンキツ

バチとサバクツヤコバチが登録されている。

参考　病害虫防除資材編　木村裕、嶽本弘之

シルバーリーフコナジラミ　卵から羽化までの発育期間は、二〇℃では五三日間、二五℃では三一日間、三〇℃では二二日間である。本害虫は低温に弱く、冬期間氷点下になる地域では露地越冬が困難であり、また、五℃程度の気温に遭遇すると卵の孵化率が低下する。しかし、オンシツコナジラミと比べて夏の暑さには強い。

発生地域の施設抑制栽培トマトでは、八～十月上中旬にシルバーリーフコナジラミが優勢となることが多いが、気温の下がる十月下旬～三月ごろまではオンシツコナジラミが優勢となることが多い。

参考　病害虫防除資材編　松井正春

（編注・本種は現在、タバココナジラミバイオタイプBと呼び名が変更された）

コナジラミは寝込みを襲え

茨城県鉾田市　伊藤　健さん

編集部

トマト作り三十年以上のベテラン、伊藤健さんは、最近、コナジラミの知られざる習性を発見した。「コナジラミは夜になると生長点のあたりに集まってくるんですよ」

夜の七時に、伊藤さんのハウスに入り、ライトで生長点付近の葉裏を下から覗き込むように見ると、たしかにコナジラミが何頭もいる。いちばん多い株には八頭くらい。どれも生長点から二～三枚目の葉裏だ。伊藤さんの観察によると、生長点から三〇cm下までの間に九〇%いるという。

コナジラミは夜になると生長点付近の葉裏に集まってくる。触っても動かない

コナジラミは白いのでライトで照らすとすぐわかる。さらに驚いたのは、コナジラミが微動だにしないこと。株をバサバサ揺らしてもぜんぜん起きず、触っても動かない。もう爆睡状態なのである。

敵の習性がわかれば防除の打つ手も変わってくる。伊藤さんは化学農薬はほとんど使わずに、コナジラミにはもっぱら「粘着くん」を使う。デンプンが成分の液体で、虫の気門を封鎖して窒息死させるものだ。「夜は上部にしかいないから、株の上三分の一だけを動噴でかければいい。防除もラクですよ」

ところで、コナジラミといえばもっとも恐ろしいのがウイルス病の黄化葉巻病。茨城県でも二～三年前から大発生している。ただ、伊藤さんのハウスでは、約八〇〇〇本のうちの八本しか発生していない。黄化葉巻が激発するのはコナジラミがいちばん活発な夏の暑い育苗時期。このときは一週間に一度は必ず「粘着くん」をかけ、万全を期すようにしている。（二〇〇九年六月号）

コガネムシ

コウチュウ目（甲虫目、鞘翅《しょうし》目）

コガネムシは、昆虫綱コウチュウ目コガネムシ科に分類される。コガネムシの天敵としてはハラナガツチバチが知られており、ハラナガツチバチの幼虫は土中のコガネムシの幼

虫に寄生して育つ。

ドウガネブイブイ　三齢幼虫が土壌中で越冬し、五月中下旬ごろ蛹化する。六月上～下旬に羽化する。成虫はブドウ、クリ、マキその他種々の樹木の葉を食害しながら交尾する。

成熟卵を持った雌成虫は六月下旬から圃場に飛来して産卵する。産卵は七月中旬がもっとも多く、八月下旬ごろまで続く。卵は深さ二〇cm前後の土壌中に一粒ずつばらばらに二〇数卵が産まれる。卵期間は二週間弱で、かえった幼虫は最初土壌中の腐植質を食べて成長するが、大きくなるにしたがい作物の根なども食害するようになる。通常は深さ一〇cm前後のところに生息していることが多い。

参考　病害虫防除資材編　澤田正明、清水喜一

コガネムシの種類と加害作物

害虫名	主な加害作物
アオドウガネ	ビワ
アカビロウドコガネ	サツマイモ、ダイズ、ラッカセイ
オオクロコガネ	サトイモ
クロコガネ、ヒメサクラコガネ	ダイズ
コアオハナムグリ	カンキツ
コフキコガネ	リンゴ
セマダラコガネ	シバ、ダイズ
ドウガネブイブイ	イチゴ、エンドウ、キウイフルーツ、サツマイモ、サトイモ、シバ、ショウガ、ダイズ、ピーマン・トウガラシ類、ブドウ、ラッカセイ、リンゴ
ナガチャコガネ	チャ、リンゴ
ヒメコガネ	キウイフルーツ、サツマイモ、ダイズ、ピーマン・トウガラシ類、ラッカセイ
マメコガネ	キウイフルーツ、ダイズ、ブドウ

ヒメコガネ　越冬幼虫齢期は年により異なるが、約七〇～八〇%が二齢で、深さ二〇～三〇cmの土壌中で越冬する。四月下旬ごろから活動を始め、腐植や雑草、春播き作物の根などを食害する。発生のバラツキは大きいが蛹化は七月中下旬に多く、約一〇日の蛹期間を経て羽化する。成虫は雑食性でダイズやラッカセイ、その他野菜類、樹木なども食害する。産卵は八月上～下旬に多い。土壌中に一粒ずつ産まれる。

ラッカセイでの被害が現われるのはおもに九月下旬ごろからであり、収穫期の早い栽培型ではほとんど実害を受けないですむ。

参考　病害虫防除資材編　澤田正明、清水喜一

アカビロウドコガネ　おもに三齢幼虫で越冬し、六月上～下旬に蛹化する。蛹期間は一〇日あまり。成虫の予察灯飛来は六月下旬～九月下旬にみられ、七月下旬がピークとなる。成虫はラッカセイ、サツマイモ、フキ、ゴボウなど種々の野菜類や樹木などの比較的軟らかい葉を食害する。また、夜行性が強く、日中は作物の株元土壌中浅くもぐっており、日没後に葉上に出現して食害・交尾する。産卵は七月下旬からみられ、八月上中旬にもっとも多い。卵は一〇～三〇粒の卵塊で深さ一〇～一五cmの土壌中に産まれる。

参考　病害虫防除資材編　澤田正明、清水喜一

コフキコガネ　一世代には二年を要する。越冬は幼虫で行なわれ、成虫の発生は長期間にわたり六～九月であるが、七月から八月の初めがもっとも多い。土中から出現した成虫は、直接果樹園へ飛来しないで、付近の落葉樹（ブドウ、クヌギ）へ飛んで葉を食う。また針葉樹の葉も好むようである。のちに産卵のために果樹園へ飛来する。そして雌成虫は主として夜間に土中二～三cmの深さにもぐって産卵する。軟らかい土壌や、有機質の多い土壌を好んで産卵する。卵は米粒の半分くらいの白色である。

孵化幼虫は最初有機質を食べて生活しているが、齢が大きくなるとリンゴの根の皮層をかじって生活するようになる。夏は根群の多い深さ三〇cm前後のところに生息し、冬はより深いところにもぐっている。

参考　病害虫診断防除編　伊藤喜隆

コガネムシ対策知恵袋

クロタラリアのおとり　石川県農業総合研究センターの藪哲男さんは、レンコンのマメコガネ防除のために、マメコガネの好きな食べもの調べをした。それで発見したのがクロタラリア（こぶとり草）だった。クロタラリアは熱帯原産のマメ科植物で、緑肥に利用されている。

一・五haのレンコン田に沿って、一m幅・長さ五〇mのクロタラリアの帯を作ったところ、レンコンの六倍ものマメコガネが寄ってきた。そこに一週間おきに殺虫剤を散布。おかげでレンコンには、マメコガネの殺虫剤散布をいっさいやらずにすんだ。

ポイントはクロタラリアの量。なにしろマメコガネの暴食ぶりはすごいので、「おとり」が少ないと食い尽くしてすぐにレンコン田のほうへ行ってしまう。じつは初めはクロタラリアを二五m植えて試したのだけれど、これでは足りず、八月中旬ごろには、ふつうのレンコン田と変わらないほどに増えてしまった。なお、マメコガネは、クロタラリアのほかにタデやイタドリも好んで食べるそうだ。

フェロモントラップ　コガネムシのフェロモンを利用した捕殺用具としては、「ウインズパック」（富士フレーバー・株）が市販されている。雌が雄を惹きつけるための性フェロモンに、コガネムシが好きな匂いを出す芳香誘引剤も加えている。これを五〇mのクロタラリアの中に二〇mおきに三つ設置する。

熊本県菊池市の山口重信さんは、イチゴの苗床の真ん中にウインズパックを置き、マメコガネ、ヒメコガネの成虫を捕殺している。地域でまとまって使うようになったらさらに効果が上がって、ウインズパックだけでも九〇％防除できるようになった。

なお性フェロモンはコガネムシの種によってちがうので、「ウインズパック」は種別に現在一〇種類販売されている。一〇a一本で効果は半年持続。

果物発酵汁で誘引　誘引剤を自作するなら、果物汁を使う。口の広いガラス瓶に砂糖水を入れ、そこへバナナ、リンゴ、モモなどの甘くて香りの強い果物をつぶして加える。これを一昼夜おいて発酵させてから、皿に分けて畑へおくと、マメコガネが集まって死ぬ。

キャラの根元を防除　千葉県八街市の浅野悦雄さんはサツマイモをはじめとする露地野菜農家。コガネムシはサツマイモを食害する。

五月中旬の夕方四時過ぎ、家のまわりにあるキャラの木の根元を見に行くと、土の中から出てきたヒメコガネ、ドウガネブイブイ、アカビロウドコガネの幼虫が、孵化して一生懸命飛ぶ練習をしている。ここに薬をかければ一網打尽。八街市はキャラが多くて（市の木になっている）、家の垣根、植木、隣の畑との境の木もキャラ。ここの株元を防除しておけば、畑はほとんど無農薬でできてしまう。

（一九九八年六月号）

コウチュウ目

ニジュウヤホシテントウ

ニジュウヤホシテントウは、コウチュウ目テントウムシ科に分類され、ニジュウヤホシテントウとオオニジュウヤホシテントウがある。両種ともジャガイモ、トマト、ナス、ホオズキなどナス科の作物を食害する。

オオニジュウヤホシテントウは寒冷地に、ニジュウヤホシテントウは暖地に分布する。その境界は、おおよそ関東の中央部から島根県の西端を結ぶ線で、年平均気温一四℃の線であるといわれている。境界線付近では両種が混じって分布しているところがある。オオニジュウヤホシテントウは、気温が二八℃以上になると活動が衰え、環境条件が悪化すると繁殖力を減ずる。

発生回数は、オオニジュウヤホシテントウは年一～二回、ニジュウヤホシテントウは年二～三回である。いずれも成虫の状態で、落葉の下や樹皮の間などにもぐって越冬する。

オオニジュウヤホシテントウの成虫が、ジャガイモに多く集まるのは五月下旬からである。六月中旬に産卵がもっとも多く、同下旬から幼虫が多くなり、七月中旬に蛹になり、同下旬から新成虫が羽化する。二回発生地域では八月に再び新成虫が出現する。ニジュウヤホシテントウの越冬成虫は四月上旬～五月にかけて観察され、第一世代は六～七月に羽化する。第二世代は八月以降羽化する。

両種とも産卵は葉裏にする。卵は長さ二㎜くらい、鮮黄色。徳利を並べて立てたように集めて産む。幼虫は、体に分岐したトゲを多数生じており、三齢以後の摂食量がはなはだしい。蛹は、葉裏に尾端を付着して下がっている。

参考　病害虫診断防除編　気賀沢和男、青木元彦

ニジュウヤホシテントウの防除法

福井県池田町　辻　勝弘さん

編集部

辻勝弘さん（福井県池田町農林課参事）によると、「ゆうき・げんき正直農業」（農薬や化学肥料をできるだけ使わないで栽培する運動）を推進している池田町では、ニジュウヤホシテントウは大きな課題だったそうだ。殺虫剤をかければすぐいなくなるが、それができないとなると増えてくる。春先にジャガイモの葉っぱを食い荒らし、増えた虫が六月半ばから七月にかけてのジャガイモの収穫と同時に今度はナスに移動。収穫の始まったころのナスの葉っぱを食べてしまう。

種芋を更新する　買った種芋と自分でとった種芋を並べて植えると、買った種芋のほうが明らかにニジュウヤホシテントウにやられにくい。理由はわからないが、種芋はなるべく更新したほうがいい。

ニジュウヤホシテントウの卵と食害痕。卵は一番地面に近い葉っぱの裏側で見つかる

卵をつぶす　ニジュウヤホシテントウの卵は、葉っぱに食べられた跡がない株には見つからない。卵があるのは少し被害が見られる株の、いちばん地面に近い葉っぱの裏側だ。ここを探せば、卵は簡単に見つかる。ニジュウヤホシテントウが出始める四月末から五月初めごろ、ジャガイモ畑を見回って、卵を見つけしだい手でつぶす。ニジュウヤホシテントウは、出始めの数は多くないが、六月初めごろから急に増えて被害が大きくなる。そうなる前に大発生の芽を摘んでしまう。

ビニールをかけて蒸し殺す　収穫を終えたジャガイモの残渣を放っておくと、這い出したニジュウヤホシテントウがナスに向かって移動してしまう。まず残渣を虫が落ちないようにそーっと畑の一か所に集める。その上からビニールをかけ、一週間ほど夏の太陽にさらして蒸し込む。中の虫も必死に逃げようとするので、ビニールの端は隙間がないように土でしっかりと押さえる。

最近は、池田町のニジュウヤホシテントウの被害はずいぶんと減ったそうだ。

（二〇〇七年六月号）

コウチュウ目

ハムシ

ハムシ（葉虫）は、コウチュウ目ハムシ科の昆虫の総称で、日本では七〇〇種あまりが知られている。ハムシの天敵は、ジョウカイボンなど肉食の昆虫やアマガエルといわれている。

ウリハムシ　集団で成虫越冬し、春暖かくなると越冬場所から離れて、ソラマメ、インゲン、ダイコン、ハクサイ、アスターなどの葉を食害する。ウリ科作物には五月ごろから飛来し、食害するようになる。

雌成虫は株際の土塊の下などに数十個の卵を産む。一雌当たりの産卵数は一〇〇～五〇〇個で、産卵期間は一～三か月と長い。産卵時期は四月下旬～七月上旬。卵期間は一〇～二〇日。孵化幼虫は細根を食害し、成長するにつれ太い根や株元の茎にもぐり込んで食害する。幼虫期間は三～五週間で、三齢を経過し、土中の比較的浅いところに土繭を作って蛹となる。蛹期間は一～二週間である。

新成虫は七～八月に現われる。本州では年一回の発生であるが、四国や九州の南部では二回発生する場合があり、二回目の新成虫は九～十月に現われる。新成虫は、ウリ類などを摂食した後、九月下旬ごろから越冬場所へと移動する。

参考　病害虫診断防除編　深沢永光、山下泉

キスジノミハムシ　成虫で越冬し、越冬場所は枯草の下、土塊のすきま、収穫されずに取り残されたアブラナ科野菜の葉の中などである。成虫の出現は、暖地では三月から、高冷地や寒冷地では四月からで、成虫、幼虫の密度がもっとも高くなるのは六～八月である。

産卵開始期は、暖地では四月下旬から、高冷地や寒冷地では五月からで、卵は茎葉の地際部や根の近くに産みつけられる。産卵開始までの期間は、個体により大きく異なり、早い個体と遅い個体とでは一か月近くの差がある。産卵期間にも個体差があり、短いもので二〇日、長いもので五〇日に及び、産卵数は一五〇～二〇〇である。卵から成虫になるまでに要する期間は、卵が三～五日、幼虫が一〇～二〇日、蛹が三～一五日である。年に四～五回発生するが、高冷地や寒冷地では二～三回の発生と思われる。

成虫の寿命も個体変動が大きく、長いものでは四か月に及ぶので、夏期には世代が重なり合い、成虫、卵、幼虫が混発する。

参考　病害虫防除資材編　木村利幸、新藤潤一

ダイコンハムシ　草むらや石垣のすき間などで成虫越冬する。四月ごろ越冬場所近くのアブラナ科野菜に移動し加害するものがあるが、多くは夏まで越冬場所ですごす。晩夏から秋にかけてアブラナ科野菜に移動し、一～二世代を送る。年二～三回の発生。成虫は後脚が発達しており、跳躍して移動する。夏期には灯火にも飛来する。

十二月ごろになると、成虫は潜伏場所に移動し、越冬する。

参考　病害虫防除資材編　長塚久

ハムシの種類と加害作物

害虫名	主な加害作物
アカガネサルハムシ	ブドウ
イネドロオイムシ（イネクビボソハムシ）、イネネクイハムシ	イネ
ウリハムシ	キュウリ、シロウリ、スイカ、メロン
ウリハムシモドキ	ダイズ、飼料作物
キスジノミハムシ	カブ、キャベツ、コマツナ、ダイコン、チンゲンサイ、パクチョイ、タアサイ、ハクサイ
ジュウシホシクビナガハムシ	アスパラガス
ダイコンハムシ	アブラナ科、ハクサイ
ナスノミハムシ	ジャガイモ
フタスジヒメハムシ	ダイズ
ヤマイモハムシ	ナガイモ

エンバクすき込みでキスジノミハムシが減る

中野智彦　奈良県農業技術センター

キスジノミハムシは、体長五㎜程度の小さな甲虫で、黒い背中に黄色いスジが入っているのが特徴です。捕まえようとするとノミのように飛び跳ねることからノミハムシとも呼ばれます。成虫は、アブラナ科植物の葉に小さな穴をたくさんあけます。幼虫の時期は、地中で根を食害します。ダイコンでは根に丸い小さな窪みをたくさんつけてしまいます。

耕種的防除方法を検討したところ、ダイコンの播種前に緑肥用エンバクをすき込むことで、春秋作のダイコンでは被害を四〇～七〇％減らせることがわかりました。緑肥用エンバクは、春播きダイコンの前作には前年十～十一月に、初夏から秋播きダイコンの前作には四～六月に一〇a当たり一〇kg播種します。圃場を荒起こしした後全面に散播し、軽くロータリ耕などで種子を土壌と混和します。施肥はとくに必要ありません。

エンバクのすき込み適期は、生草重が大きい出穂直前です。すき込む直前に草刈り機またはハンマーナイフモアを利用して刈り倒すと、ロータリ耕で混和しやすくなります。刈り倒さなくても混和は可能ですが、ロータリに稈が巻き付くことがあります。プラウ耕なら、効率的に混和ができます。すき込みは、十分に腐熟させるためダイコン播種の二〇日以上前に行ないます。

エンバクがキスジノミハムシに対する防除効果を持つのは、ヘキサコサノールという忌避物質を豊富に含むからです。これを直接虫に塗布しても死ぬことはなく、摂食量も減少しないので、殺虫成分ではないと考えられます。ヘキサコサノールは、直鎖脂肪族に属する物質で、おもに植物体表面を保護しているワックス層を形成しています。

食用のエンバク、ライムギなどではヘキサコサノールの含量が低く、十分な効果が得られません。防除に使うエンバクは、緑肥用野生種（ニューオーツ、ヘイオーツなど）が適しています。（二〇〇九年六月号）

ダイコンサルハムシ、コオロギ対策

福岡県桂川町　古野隆雄

私は二十七年間、完全無農薬有機農業をしています。最初の十年くらい、大根作りは簡単でした。ダイコンサルハムシは当時もいましたが、少し寒くなると被害は収まっていました。ところが、二十年ほど前から異変が起きました。ダイコンサルハムシがいつまでたっても元気なのです。

あぜを焼く　ダイコンサルハムシは、冬春夏の潜伏場所のあぜの草むらから、秋にアブラナ科の大根、白菜、カブに歩いて移動するようです。確かに、ダイコンサルハムシの発生はあぜに近いところから始まり、被害はあぜ際がもっとも激しいのです。厳冬期には、畑の周囲のあぜの草むらに隠棲しているわけですから、この時期に、潜伏場所のあぜを火炎放射器で焼くのは有効です。

灰をまく　播種した野菜が芽を出し、二葉が展開したころ、草木灰を朝露のあるうちに散布してやる。ダイコンサルハムシが野菜に移動する前に灰を散布しておきます。これは昔から行なわれている方法です。ダイコンサルハムシの密度が低い場合は、ある程度有効です。

掃除機で吸引　ダイコンサルハムシの成虫や幼虫を手で取るのは確実な方法ですが、とても大変です。そこで、電気掃除機を使って成虫や幼虫を吸引します。あるいは、寒くなったとき、大根や白菜の葉についている幼虫をブロワーで吹き飛ばします。この方法も、ある程度有効ですが、野菜に産みつけられたサルハムシの卵には効果がありません。

遅播きする　当地では、大根の遅播きの限界は十月十日ごろです。このころに播くと、ダイコンサルハムシの被害は少なくなります。白菜も、苗を仕立てて遅く植えます。ただ、あまり遅いと野菜が生育しないので困ります。

水田裏作　稲刈り跡に、大根、白菜、カブを播きます。周辺にアブラナ科の畑がないところで、水田にすると、あぜにダイコンサルハムシはほとんど潜伏していません。だから、ダイコンサルハムシの発生はほとんどありません。今のところ、この稲作を組み合わせる方法がもっとも安定したダイコンサルハムシ対策です。

コオロギ対策　コオロギは、畑に雑草をボーボー生やしておくと隠れ家とします。大根や白菜の双葉が出ると、夜の間に食べます。コオロギは、夏の暑いときは元気がいいですが、少し涼しくなると元気がなくなります。私が、大根を播く適期は九月十日以降です。これより早いとコオロギの被害が激しいようです。白菜は遅播きすると結球しませんので、コオロギがいない家の軒先で、ポットに白菜の苗を仕立てて、苗を畑に定植します。これでコオロギの被害を回避できます。（二〇〇四年六月号）

チョウ目
モンシロチョウ

モンシロチョウは、チョウ目シロチョウ科に分類される。幼虫を「アオムシ」と呼び、カブ、カリフラワー、ブロッコリー、キャベツ、ダイコン、チンゲンサイ、パクチョイ、タアサイ、ハクサイ、ワサビなどアブラナ科作物を食害する。

軒下や石垣のすき間などで越冬した蛹から三〜四月ごろに成虫が羽化して世代をくり返し、増殖する。関西地方から関東地方にかけては五〜六月に密度が高くなって、七〜八月にいったん密度が低くなったのち、九月から再び増殖して十〜十一月ごろに再び密度が高くなり、その後越冬に入る。生活サイクルは、卵→幼虫（一〜五齢）→蛹→成虫、の順に経過する。

アブラナ科野菜や雑草のほか、フウチョウソウを食草とする。卵は点々と、葉の表裏に産みつけられている。卵から成虫羽化までの期間は二〇℃でおよそ二五日となり、年間発生回数は北海道で二〜三世代、関東で三〜四世代、東海以南で五〜六世代となる。十月に入ると老熟幼虫は、コンクリートうねや建物の壁・塀などのすき間に入り込み、休眠蛹となって越冬する。

天敵は、スズメ、クモ類、オサムシ類、ハネカクシの仲間、アオムシサムライコマユバチ、アオムシコバチ、スズメバチ類、アシナガバチ類など種類数が多い。とくに、七〜八月の密度低下には、スズメの役割が大きいといわれる。

参考　病害虫防除資材編　田中寛

ヘアリーベッチ混植でキャベツの害虫が減る

増田俊雄　宮城県農業園芸総合研究所

リビングマルチとは、雑草抑制や土壌浸食の防止などを目的に、主作物のうね間に被覆作物を混植する方法です。ヘアリーベッチを混植した秋播きキャベツでの害虫の密度抑制効果を調べると、コナガ、ウワバ類、モンシロチョウの幼虫数減少に効果があり、とくにモンシロチョウの産卵数および幼虫数はきわめて少なくなりました（図）。また、アブラムシ類の発生量も明らかに少なくなります。このような現象は、春播きキャベツにおいても同様です。また、リビングマルチの種類による大きな差はなく、大麦でも白クローバでも同じような結果になります。

　混植によって、春播きキャベツでは天敵として重要なキンナガゴミムシや、オオアトボシアオゴミムシなどが多くなり、害虫類を捕食していると考えられます。一方、秋播きキャベツでは気温の低下により、ゴミムシ類はほとんど認められなくなります。これらのことから、どうやら障壁としての効果が重要であり、ウワバ類やアブラムシ類はおそらくリビングマルチがあることで、うまくキャベツまでたどり着けないことが要因であろうと思われます。

キャベツとヘアリーベッチ

モンシロチョウの産卵数および幼虫数が少なくなる

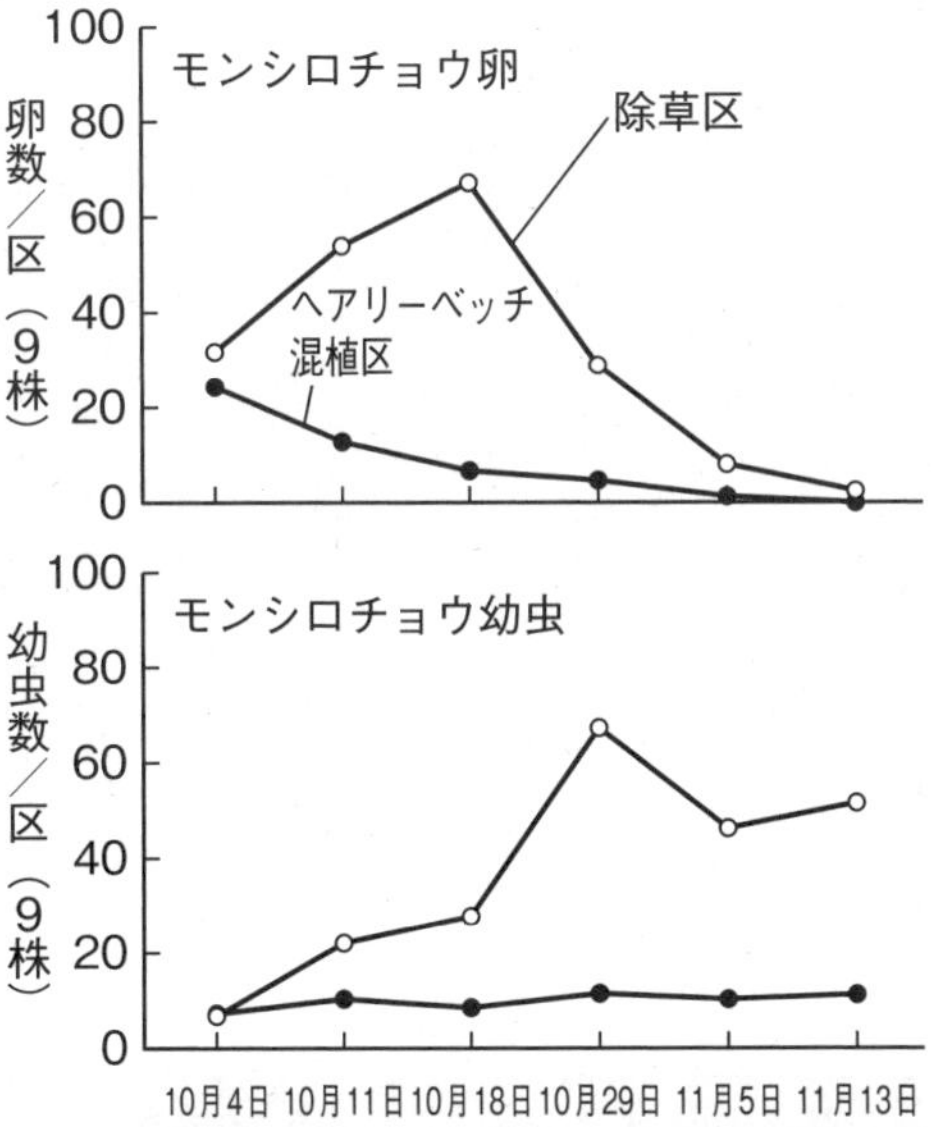

　モンシロチョウの場合は、キャベツの草丈がリビングマルチよりも十分高いにもかかわらず、産卵数が著しく少なくなり、単にモンシロチョウ雌成虫の産卵の邪魔になっているとは考えにくいと思われます。今のところまだわからないことが多いのですが、おそらく日中に産卵するモンシロチョウは、リビングマルチがあるとキャベツを認識できにくくなるのではないかと考えています。（二〇〇九年五月号）

チョウ目
コナガ

コナガはチョウ目コナガ科に分類され、アブラナ科植物を食害する。休眠ステージをもっていないが、耐寒性が強く東北地方南部まで越冬できる。暖地では一〇〜一二世代を経過し、冬でも活動がみられる。東北地方北部や北海道で六世代前後とみられている。

　北海道および東北地方北部の露地では越冬できないと考えられており、十二〜二月の月平均気温の積算が零℃になる線が越冬の限界といわれる。越冬北限の宮城県では越冬の主体は中〜老齢幼虫である。越冬できない寒冷地の東北地方北部以北では、春期に暖地から成虫が飛来して発生源となる。

　卵から成虫までの期間は、二〇℃で約二五日、二五℃で約一五日である。幼虫は老熟すると、葉裏に網のようなまゆをつくる。蛹色は緑色や褐色など変化に富んでいる。

　各種アブラナ科作物のほか、タネツケバナ、シロイヌナズナ、オオバタネツケバナ、ヒロハコンロンソウ、スズシロソウ、イヌガラシといったアブラナ科の雑草にも生息する。季節的発生消長は、関東以西の暖地では五〜六月にピークがくることが多く、年次によっては秋にも多発を見ることがある。北陸、東北地方では七〜八月にピークがくるが、秋に多発を見ることはほとんどない。

コナガの捕食者にはカエル、クモ（コモリグモ類、ハエトリグモ、ハナグモ、ニセアカムネグモなど）、ゴミムシなどたくさんの種類があり、寄生蜂はタマゴコバチ、コマユバチ、ヒメバチとヒメコバチなどがある。天敵微生物には細菌病、糸状菌病、ウイルス病が知られている。このため、コナガは容易に大発生できない。しかし、これらの天敵はコナガに比べて殺虫剤にきわめて弱く、殺虫剤の散布で天敵が排除され、その結果としてコナガが多発生し大きな被害となる。

参考　病害虫防除資材編　木村利幸、木村勇司

デントコーン、白クローバでキャベツの害虫減

赤池一彦　山梨県総合農業試験場

山梨県の北部、八ヶ岳南麓地域は、夏季冷涼で降水量が少ない土地であることから、露地野菜の有機栽培をしている農家がたくさんいます。筆者らも露地野菜の有機栽培試験を試みましたが、アブラナ科野菜の大半は虫害がひどく、よいものができませんでした。

そこで、被害を受けやすいキャベツで、白クローバやデントコーンをうね間や圃場周囲に間作（以下、有機間作圃場）することで、虫害が軽減できないものか実験を試みました。実験圃場は標高七五〇mで、キャベツの播種が五月下旬、収穫が八月下旬〜九月上旬の作型です。

堆肥や有機質肥料を六月上〜中旬に施し、一条ごとにうねを立て定植準備を整えます。うね立て直後に、うね間に白クローバを一a当たり〇・二kgの播種量でばら播き。同時に、圃場周囲にキャベツのうねから五〇〜七〇cm程度の間隔をとり、デントコーンをうね幅五〇cm、株間二五cmで二条播きします。

クローバやデントコーンの播種から三週間ほどたった七月上旬に、キャベツを定植します。この時点で、白クローバ、デントコーンの草丈はそれぞれ四cm、四〇cm、キャベツの結球期には二〇cm、二m。収穫期には二五cm、三m程度にまで達します。

使用品種は白クローバが耐踏圧性の高い「フィア」、デントコーンが早生種、キャベツがワックスの多い「早どり錦秋」。白クローバとデントコーンの種子代は合わせて一〇a当たり三〇〇〇円程度です。

畑のまわりにデントコーン、うね間に白クローバを播く

有機間作圃場のキャベツの可販収量は一〇a当たり三・六tで、未間作圃場の収量一・四tのおよそ二・五倍に向上しました。調整後、一球当たり一一〇〇gで十分な大きさとなりました。いっぽう、未間作キャベツの被害はコナガ、アオムシ、タマナギンウワバなどのチョウ目害虫による食害と、ダイコンアブラムシを原因とする、すす病がおもなものでした。

有機間作圃場では、キャベツの主要害虫に対する天敵と考えられているクモ類、ゴミムシ類、アシナガバチ類、ヒラタアブ類、アブラバチ類などの捕食性、寄生性昆虫類が多く見られました。（二〇〇四年五月号）

チョウ目

モモシンクイガ

モモシンクイガは、チョウ目シンクイガ科に分類され、ナシ、モモ、リンゴ、西洋ナシなどバラ科の果樹を食害する。

冬期間は土中で冬まゆをつくり、幼虫態で越冬している。越冬幼虫は四～五月になると冬まゆから脱出し、ただちに夏まゆを形成しその中で蛹化する。福島市では六月上旬ごろから羽化が始まり、六月下旬ごろ、七月中旬および八月中下旬に誘殺数が多くなる。年一世代のものと二世代発生するものが混在しており、六月と八月中下旬が二化型の発生消長を示し、七月中旬ごろは一化型の成虫発生盛期と判断される。

越冬世代成虫はモモ果実の表面に産卵し、孵化幼虫は果皮を食い破って果実内に食入する。幼虫は果実内を縦横に食害して老熟する。その後、果面に一～二㎜の穴をあけて脱出し、地表面近くで夏まゆをつくる。夏まゆから二回目の成虫が生じ、果実に産卵することになるが（八月中下旬）、モモでは晩生種以外の品種は収穫されてしまうので、第二世代幼虫による被害はさほど問題とならない。

幼虫（冬まゆ）は、土中で越冬するので、土壌を耕耘し、生息環境を攪乱したり、土中に埋没したりする方法は有効である。被害果を園内に放置せず、土中深く埋めるか園外へ持ち出し完全に処分する。例年被害が多い場合は、六月上旬までに袋かけを行ない、二～三年継続して有袋栽培とする。

参考　病害虫防除資材編　阿部憲義、岡崎一博

チョウ目

スカシバ

スカシバ（透かし羽）は、チョウ目スカシバガ科に属する昆虫を指す。

コスカシバ　アンズ、ウメ、オウトウ、スモモ、モモなどを食害する。福島県の場合年一回の発生がおもで、幼虫態で越冬する。越冬時の発育程度は不揃いで、若齢期のものは表皮の浅い部分に、発育のすすんだものは比較的深い部分にいる。齢期の異なる幼虫が越冬するために、その後の発育にも差が生じて、成虫の発生期間はかなり長期にわたる。

卵は主幹部の樹皮の裂け目や外傷部に点々と産みつけられ、卵期間は一〇～二〇日間。孵化幼虫は皮目や樹皮の裂け目から食入し、形成層などを食害する。

幼虫期間は越冬期を含めると、約三〇〇日間。老熟幼虫は樹皮下で蛹化し、前蛹期間は三～七日間、蛹期間は一〇～二〇日間である。

参考　病害虫防除資材編　佐藤力郎、荒川昭弘

ヒメコスカシバ　近畿地方では、通常年二回の発生で、成虫は五月中旬～六月下旬と、七月下旬～九月下旬に発生し、その期間が長い。幼虫はカキの形成層を食害し、枝の基部を加害する場合は環状剥皮となる。羽化後の蛹殻は、まゆから外部へ半分出るので、その数により生息密度がわかりやすい。成虫は、日中行動し、交尾は日没一～二時間前の夕刻に行なわれる。

カキの被害に品種間の差が認められ、粗皮のできやすい伊豆、富有などで多く、樹皮の滑らかな平核無ではかなり少ない。

参考　病害虫防除資材編　小田道宏

ブドウスカシバ　おもな寄主植物は、エビヅル、ノブドウ、ヤマブドウなどで、他の栽培ブドウでは常に低密度であり、突発的に大発生することはほとんどない。別名ブドウムシ。

年一回の発生で、成虫の発生時期は五月中旬～六月下旬であるが、西南暖地では東北地方より羽化時期が約一か月早い。成虫は羽化

後交尾し、新梢の葉や葉柄の基部などに一卵ずつ産みつける。卵期間は一〇日前後である。孵化幼虫はただちに新梢に食入し、数回の転食をくり返しながら枝の基部へと移り、八月下旬～九月上旬には老熟幼虫となり、十一月下旬まで休眠し、翌春まで越冬する。春は四月下旬ごろから蛹化し始め、約三〇日の蛹期間を経て成虫となる。

幼虫寄生蜂として二種のコマユバチが知られている。

参考　病害虫防除資材編　宮崎稔、佐野敏広

チョウ目

ハマキガ

チョウ目ハマキガ科に属する害虫は、十数種が知られている。ハマキガの天敵としては、卵に寄生するキイロタマゴバチ、幼虫に寄生するハマキサムライコマユバチ、ハマキアリガタバチ、蛹に寄生するキアシブトコバチなどの寄生蜂、キイロハリバエなどの寄生バエなどの寄生性天敵昆虫や、各種ドロバチ類、アシナガバチなどの捕食性昆虫、スズメなど鳥類、クモ類などがいる。

アトボシハマキ　暖地で年三回の発生がみられる。成虫の出現期は六月上旬～七月上旬、七月下旬～八月下旬、九月上旬～十月下旬である。幼虫態で越冬し、早春に活動を開始する。

参考　病害虫防除資材編　行成正昭

チャノコカクモンハマキ　本州西南部では年四回発生。九州南部では五回以上の発生をする。冬期は幼虫態で葉を二～三枚重ねた中か、樹の粗皮内で越冬する。越冬世代幼虫は四月中旬～六月上旬、第一世代は六月中旬～七月中旬、第二世代は七月下旬～八月下旬、第三世代は九月上旬～十月中旬に現われるが、世代が重なり春～秋にかけて各態が見られ世代の区別が難しい。卵塊で葉の裏に産卵する。幼虫は新葉をおもに加害する。

参考　病害虫防除資材編　児玉行、駒崎進吉

チャハマキ　一年に四～五回発生する。中齢幼虫が捲葉内で越冬するが、発育をまったく停止することはなく、温暖な日に葉を食害しながら少しずつ成長する。成虫は四月上旬ごろから見られるが、多くの越冬幼虫は四月下旬～五月中旬に羽化する。その後の成虫最盛期は、六月下旬～七月上旬、八月上中旬、九月下旬～十月中旬ごろである（静岡県平野部）。夏場以降は発生量が増え、成虫の発生ピークも不明瞭（ダラダラ発生）になることが多い。

卵は一四〇粒くらいを一塊にして、葉の表面に産みつけられる。幼虫はイモムシ状で、動きは俊敏である。孵化後の幼虫はただちに分散し、葉をつづってその中を食害する。

参考　病害虫防除資材編　本間健平、佐藤安志

ナシヒメシンクイ　東北地方南部における年間の発生回数は通常四回である。第一世代成虫は六月下旬、第二世代は七月下旬、第三世代は八月下旬～九月上旬に発生する。第三～第四世代幼虫は主として果実を加害する。

ハマキガの種類と加害作物

害虫名	主な加害作物
アズキサヤムシガ	アズキ
アトボシハマキ	ナシ
カクモンハマキ	クリ
コカクモンハマキ	スモモ
ダイズサヤムシガ	アズキ、エダマメ
チャノコカクモンハマキ	カキ、カンキツ、ゼラニウム、チャ、バラ、ビワ、モモ、ユキヤナギ
チャハマキ	カキ、カンキツ、グラジオラス、チャ、ナシ、ビワ、ユキヤナギ
トビハマキ	リンゴ
ナシヒメシンクイ	アンズ、スモモ、ナシ、ビワ、モモ、リンゴ
マメシンクイガ	ダイズ
マメヒメサヤムシガ	エダマメ
ミダレカクモンハマキ	オウトウ、ナシ、リンゴ
ヨツスジヒメシンクイ	ホップ
リンゴコカクモンハマキ	アンズ、オウトウ、ナシ、モモ、リンゴ
リンゴモンハマキ	オウトウ、リンゴ

老熟幼虫が枝幹の粗皮や割れ目などにまゆをつくって越冬している。樹種はモモよりは晩生種のナシやリンゴに多い。四月初めには蛹となり、四月下旬～五月上旬には成虫となり、葉裏に点々と産卵する。

越冬世代成虫はナシ園から脱出し、付近のウメ、モモなどの果実や新梢で増殖し、七月以降再びナシ園に戻って、果実を加害する。果実に匂いが出ることから活動が活発になる。

成虫は早朝に羽化し、夏では羽化当日の夕刻六～八時の日没前後に交尾し、交尾二日後から産卵を始める。七～八月で卵期間は四～五日、幼虫期間は二〇～二五日、成虫は七～一〇日で一世代を完了する。一雌の産卵量は五〇～一〇〇卵であるが、一果実には一～二卵しか産卵せず、幼虫はおおむね一果で老熟する。

参考　病害虫防除資材編　中垣至郎、阿部憲義

ミダレカクモンハマキ　年一回発生する。成虫は寒地では六月ごろ、暖地においては五月中旬～六月下旬に現われる。寒地では四月上中旬ごろから孵化し始める。暖地では三月下旬～四月上旬にかけて幼虫が孵化し、発芽ないし開花期ごろから加害し、鱗片や花弁をつづり合わせたり、新葉や幼果をも食害したりする。五月上旬ごろから蛹化し始め、五月中旬ごろには被害はみられなくなる。

羽化後まもなく産卵が行なわれる。卵は数十～百数十個の塊状であり、最初は黒色であるが、越冬後には灰色になる。

参考　病害虫防除資材編　川嶋浩三、榊田俊明

リンゴコカクモンハマキ　寒地では年二～三回、暖地では年四～五回発生する。成虫の出現期は寒地では第一回五月中旬～六月中旬、第二回七月中旬～八月上旬、第三回八月下旬～九月である。暖地の四回発生地帯では第一回四月下旬～五月中旬、第二回六月上旬～七月上旬、第三回七月下旬～八月中旬、第四回九月上旬～九月下旬である。主として三齢幼虫で剪定切り口の間隙、果梗痕、分枝部、粗皮間隙などで白色の薄いまゆ状のものをつくり越冬する。

越冬幼虫は越冬場所から脱出移動し、発芽当初の芽に食い入り、また鱗苞をつづり合わせて加害したり、さらに開花期には花弁をつづり合わせたりする。春先もっとも早く加害し始める。新梢伸長期には、孵化直後の若齢幼虫が新梢上部の若い葉を選好し、おもに三齢幼虫になって成葉に移動するのが一般的習性である。七月中旬以降、新梢伸長が停止すると樹全体に被害が分散する。果実にも寄生加害する。最終世代の幼虫は寒地では九月終わりごろ、暖地では十月下旬ごろから越冬場所に移動し始める。

参考　病害虫防除資材編　行成正昭

マメシンクイガ　寒地型の害虫であり、関東から北陸以北で被害が多い。関東南部では年二世代の発生が認められているが、それより北では年一世代の発生である。ただし二世代目がわずかながら発生している可能性もある。

産卵は八月下旬～九月中旬ごろに一個ずつおもに大豆の莢の部分に行なわれる。成虫は約二週間の生存期間中に二〇〇～三〇〇卵を産むといわれている。卵の期間は一週間～一〇日であるが、孵化幼虫は莢の表面にうすいまゆをつくり、そこから莢の中に侵入する。幼虫は莢の中で豆を食害し、二〇日前後で五齢を経過し、老熟幼虫となる。老熟幼虫は九月中下旬ごろ莢から脱出し、ただちに土中にもぐり込んでまゆをつくり、そのまま来年の夏まで経過する。

越冬中の老熟幼虫は休眠状態にある。休眠は長日型の光周反応によってもたらされ臨界日長は一三時間前後とみられる。五～七月ごろまで長日条件により越冬後の老熟幼虫の蛹化が抑制されているが、日長が一四～一五時間を下回る八月以降に蛹化・羽化する。

マメシンクイガの防除は、大豆の連作を避け、水田に戻すことがもっともよい方法である。

参考　病害虫防除資材編　成瀬博行

炭入りシートで、なぜか病害虫の被害が減る

長野市　落合進一

一昨年の秋、「炭入りシート」(商品名グリーンプロシート)を近所の藤牧農園さんから紹介されました。シートの効果については、「アリ、ナメクジ、クモ、ハダニ、カイガラムシ、アブラムシなどがシートの下に入り、そこからほとんど出てこない。樹勢が落ち着いて軟弱徒長がおさまり、葉の数が増え、厚みも増す」ということを聞かされました。しかし、長年農業をしてきてもそのようなものに出会ったことがなかったので、信じられない気持ちでした。

藤牧農園ではリンゴ(ふじ)の腐らん病の部分の下にシートを巻き、どうなるか実験をしていました。昨年五月には、腐らん病の枝の葉が、健全な枝の葉と同じようになっていたのです。

これを見て驚き、さっそく自分の畑の高接ぎ病(ウイルス病)のリンゴの樹とサクランボ、モモ、ワッサー(山根白桃とネクタリンの交配種)の主幹にシートを巻いてみました。さすがに高接ぎ病は完全には回復しませんでしたが、秋には小玉ですがリンゴを収穫できました。サクランボとモモの樹に巻いたシートの内側には、白いまゆになったコスカシバの死骸がたくさん入っていました。また、モモは果実の芯の部分のすっぱさがなくなったようです。

その後、ほかの畑のリンゴ、サクランボ、モモの樹にもシートを巻きました。すると、昨年は初めのころの天候が不順で一般的にモモの着色や玉伸びが悪かったのですが、私の畑は順調に栽培ができました。

このシートは、炭の粉をポリエチレンに練り込んだものということですが、害虫の被害が減る理由はよくわかりません。ただ、観察していると、シートの内側に入ったハダニやアブラムシは、一緒に入ったクモなどの天敵に食べられるようです。また樹勢が健全になるからか、ハダニやカイガラムシなどが樹につきにくくなりました。

害虫だけでなく、リンゴ、モモ、ナシなどに発生する、いぼ皮病が自然に消えたり、リンゴのサビ果症が出ても枝全体の果実に広がらならないようです。また紋羽病、胴枯れ病、腐らん病、ネズミの食害で樹勢が弱くなっている樹でも、早い時期にシートを巻けばほとんど回復するのも別の農家の畑で見ています。とにかくシートを使用している農家の畑を見て回っていると「樹が健康になり、害虫や病気の被害が少ない」という話を聞きます。

私の周りの農家は、どの果樹でも暴れている樹は適度に暴れがおさまり、衰弱している樹は樹勢が回復してきています。また葉は全体に少し大きくなって厚みが増し、側枝の量が増えるため数も増えてきます。そのためだと思いますが、果実は全体に大きくなり、着色がよくなっています。さらに果実のジュースが増え、食味が濃くなってきます。(二〇〇七年六月号)

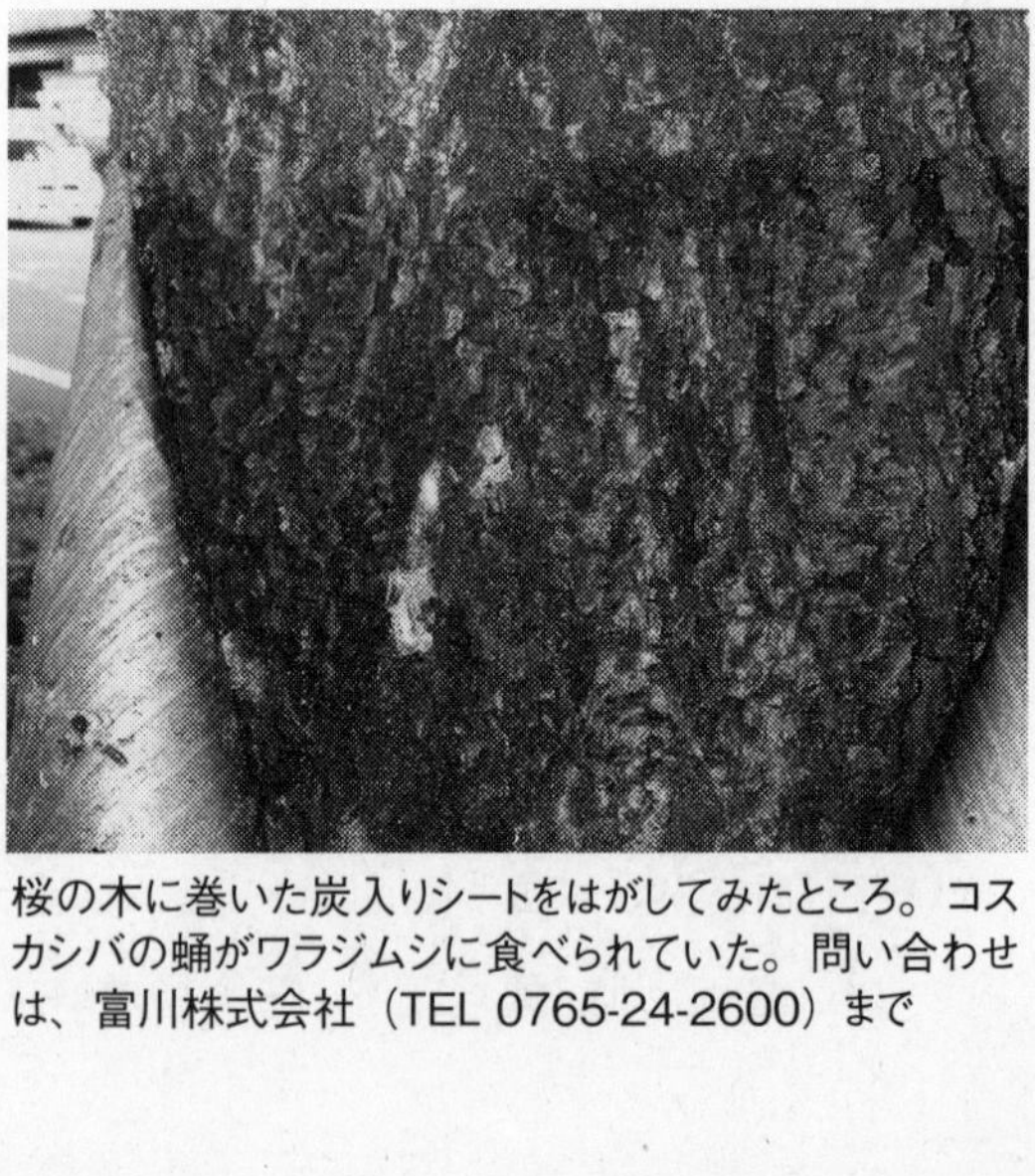

桜の木に巻いた炭入りシートをはがしてみたところ。コスカシバの蛹がワラジムシに食べられていた。問い合わせは、富川株式会社(TEL 0765-24-2600)まで

チョウ目
ヤガ

ヤガ（夜蛾）は、チョウ目ヤガ科の昆虫の総称で、一〇〇〇種以上の種が知られている。

エグリバ類

発生地域が広域で発生量の多い種類はアカエグリバ、ヒメエグリバ、アケビコノハ、ついでキンイロエグリバ、オオエグリバである。アカエグリバ、アケビコノハは東北地方から九州にわたり広域に分布し、ヒメエグリバは東海・近畿地方の太平洋沿岸から四国、九州の暖地で発生量が多く、これら三種が西南暖地方では主要種となっている。

アカエグリバ、ヒメエグリバはカミエビを、アケビコノハはカミエビ、アケビ、ムベ、ヒイラギナンテンなど多くの植物を、オオエグリバはカミエビ、ツヅラフジ、コウモリカヅラなどを、キンイロエグリバはカミエビ、コウモリカヅラを、キンモンエグリバはカミエビ、ハスノハカヅラをそれぞれ食草としている。ウスエグリバはカラマツソウ類を、キタエグリバはカラマツソウ類のほか、ケシ科のムラサキケマンを食草としている。これらの植物は山林原野に広く自生するが、幼虫は林地周辺や果樹園周辺の開けた場所に生息することが多い。

アカエグリバはおもに成虫態で越冬し、成虫は年に四回発生する。六月上旬～七月上旬、七月中旬～八月下旬、八月下旬～十月上旬、十月中旬～十二月がおもな発生時期である。発育期間は夏場で卵が三～四日、幼虫が一五～二〇日、蛹が約一四日。成虫の生存期間は二〇～三〇日である。

ヒメエグリバは食草周辺の落葉の集積した場所などにもぐり込んでおもに老熟した幼虫態で越冬し、成虫は年に四回発生する。

アケビコノハはおもに成虫態で越冬するが、卵態の可能性もある。成虫は四回発生する。

アカエグリバの一夜の標準的な行動範囲は半径約二五〇mとみられる。数日間の飛来経過をみると、二五〇m以内の飛来が多く、八〇〇mの地点からでもわずかに飛来がみられた。夜間の飛来経過は、七～八月の高温期にはアカエグリバは日没後から時間の経過とともに飛来数が増し、二一～二三時ころをピークにして、その後やや減少するが夜明けまで続く。ヒメエグリバは日没直後にもっとも飛来数が多く、その後やや少なくなるが夜明けまでつづく。アケビコノハは二〇～二二時の前夜半と二～三時の後夜半に多く飛来がみられる。一方、六月の早生種への飛来期は夜間気温も低く、吸蛾類の飛来は前夜半に集中する傾向が強い。

吸蛾類の選好する果実は糖度や酸含量よりも果実の硬度との関係が深い。果実の軟化にともなってより強い芳香を放つためと思われる。

キリガ類は年一回発生で、蛹で土中で越冬し、春三～四月ころに成虫が羽化する。アカバキリガは、前翅が紫褐色の地に赤褐色の横線、黒色の斑紋がある蛾で、体長一七㎜ぐら

エグリバ類の種類と加害作物

害虫名		主な加害作物
エグリバ類	アカエグリバ	カンキツ、ナシ、ブドウ、モモ、リンゴ
	オオエグリバ	カンキツ、ブドウ、モモ
	キンイロエグリバ	カンキツ、ブドウ、モモ、リンゴ
	ヒメエグリバ	カンキツ、ナシ、ブドウ、モモ
	アケビコノハ	カンキツ、ナシ、ブドウ、モモ、リンゴ
	ムクゲコノハ	ナシ、リンゴ
	アカバキリガ、カシワキリガ、スモモキリガ、ヨモギキリガ	リンゴ

い。スモモキリガはこれとよく似ているが、前翅の黒紋がない。ホソバキリガは、これと似てやや小さい。ともに成虫は樹幹の凹所などに球形の卵を集めて産みつける。四月のリンゴの開花直前ごろに孵化した幼虫は、葉を加害し始め、六月ころ老熟すると地中にもぐって蛹化する。

参考　病害虫防除資材編　森介計、大政義久／病害虫診断防除編　伊藤喜隆

ヨトウガ亜科

シロイチモジヨトウ　発育期間は二五℃ではおおむね卵期間三日、幼虫期間一七日、蛹期間九日である。雌成虫は、蛹から羽化するとすぐに交尾を行ない、一～三日後～産卵を開始する。卵は葉裏に灰白色の鱗毛で覆われた卵塊で産みつける。卵塊は、数十～数百卵粒である。産卵は地際部に近い、比較的低部位に行なわれる習性がある。

孵化幼虫は、しばらく群棲して葉を食害する。まもなく、幼虫は糸を吐いて葉をつづり合わせ、その中に生息して食害し、虫糞を外に排出する。幼虫は五齢を経過して、老熟すると土中に移動し、土塌をつくり蛹化する。蛹は体長一五～二〇㎜で赤褐色を呈する。

発生は年間六～七世代を経過する。発生密度は、五月上旬ごろから気温の上昇とともに増加してくる。一般に七～九月の高温期に密度が高い。十月以降は発生が減少する。

参考　病害虫防除資材編　東勝千代、福嶋総子

ヨトウガの種類と加害作物

害虫名		主な加害作物
ヨトウガ亜科	アワヨトウ	イネ、トウモロコシ、飼料作物
	イネヨトウ	イネ、グラジオラス、ショウガ、ミョウガ
	シロイチモジヨトウ	エンドウ、カーネーション、ジャガイモ、トルコギキョウ、ネギ、ワケギ、宿根カスミソウ
	スジキリヨトウ	シバ
	ハスモンヨトウ	アイスランドポピー、アズキ、アスパラガス、イチゴ、エンドウ、オクラ、キク、キャベツ、キンセンカ、サツマイモ、サトイモ、シクラメン、シソ、ジャガイモ、セルリー、ダイコン、ダイズ、トマト、トルコギキョウ、ナス、ハクサイ、バラ、ピーマン、トウガラシ類、フキ、ブドウ、ホウレンソウ、ミョウガ、レタス、宿根カスミソウ
	ヨトウガ	アスパラガス、カーネーション、カリフラワー、ブロッコリー、キャベツ、キンセンカ、グラジオラス、コマツナ、ジャガイモ、シュンギク、ゼラニウム、セルリー、ダイコン、タバコ、ナス、ニンジン、ハクサイ、パセリ、ビート、ホウレンソウ、ミョウガ、レタス、宿根カスミソウ

ハスモンヨトウ　寒さに弱く、露地での越冬は関東南部以南（以西）の太平洋岸の日だまりなど、条件のよい地域に限られる。越冬ステージは若中齢幼虫であると考えられている。加温ハウスでは容易に越冬する。

成虫は露地では三～十一月にフェロモントラップに誘殺され、八～十月にもっとも多い。台風シーズンに突発的に発生する場合があるなどの状況から見て、海外から飛来していると考えられる。

幼虫被害は露地では六月から見られ、八月に急激に増加し、九月にもっとも被害が大きく、十月に終息する。生活サイクルは、卵→幼虫（六齢、ときに七齢）→蛹→成虫、の順に経過する。土中で蛹化する。夏季には約四〇日で一世代を経過する。休眠がなく、年間世代数は明確ではないが、西南暖地の露地では年四世代以上を経過すると考えられる。加温ハウスでは冬季にも世代をくり返し、被害が発生する。

参考　病害虫防除資材編　木村裕、田中寛

ヨトウガ　土中で蛹越冬し、関西地方から関東地方にかけては四～五月に羽化する。第一世代幼虫は五～六月に見られ一か月あまりで蛹化する。この蛹は土中で夏眠に入り、第二回成虫が九～十月に羽化する。第二世代幼虫は九～十一月に見られる。

生活サイクルは、卵→幼虫（一～六齢）→蛹→成虫の順に経過し、関西地方から関東地方にかけては年に二世代をくり返す。

参考　病害虫防除資材編　田中寛

タバコガ亜科

オオタバコガの年間の発生回数は西日本で四～五回、北日本で三～四回で、西日本における成虫の発生ピークは、五月下旬、七月上旬、八月中下旬、九月下旬～十月上旬、十一月上中旬で、八～十月に多い。タバコガの西日本での発生ピークは五月下旬～六月上旬、七月上旬、八月上旬、八月下旬～九月上旬、十月上中旬で、やはり八～九月に多い。

両種の成虫は、昼間は作物の葉裏などに静止しており、夜間に活動する。飛翔により長距離移動している可能性がある。また、ブラックライトなどの灯火に誘引される。

卵はオオタバコガ、タバコガともに生長点部の葉や花蕾などに一卵ずつ産みつけられる。一雌当たりの平均産卵数は四〇〇～七〇〇個である。オオタバコガの卵は直径〇・五㎜程度の饅頭型をしている。幼虫の齢期は五または六齢で、老熟幼虫では体長四〇㎜くらいになる。体色は老熟幼虫では緑色から褐色までさまざまである。オオタバコガの発育は二五℃では卵期間が三日、幼虫期間が約二〇日、蛹期間は雌が一二・二日、雄が一三・五日で、発育零点は卵が八・四℃、幼虫と蛹が一三～一四℃である。鹿児島県では越冬蛹が四月上旬から羽化するが、福井県では露地では越冬できない。

圃場の耕起によって土中の蛹の約半数が死亡するので、冬あるいは春の耕起をていねいに行なうとよい。卵寄生蜂のキイロタマゴバチは六〇%以上の寄生率を示すこともあるといわれる。また、幼虫寄生天敵として、タバコアオムシヤドリバチ、ヤドリバエ、トビコバチの一種も知られている。

参考　病害虫診断防除編　山下泉／病害虫防除資材編　村井保、奈良井祐隆

タバコガの種類と加害作物

害虫名		主な加害作物
タバコガ亜科	オオタバコガ	オクラ、カーネーション、キャベツ、キク、トマト、ナス、レタス
	タバコガ	カーネーション、ガーベラ、キク、タバコ、トマト、ピーマン、トウガラシ類
	ツメクサガ	ダイズ

モンヤガ亜科

カブラヤガ　関東以西で発生するネキリムシ類の優占種はカブラヤガである。各地とも中～老齢幼虫で越冬するが、北日本では老齢幼虫が主体である。越冬後幼虫は多少とも摂食したのち、土中五～一〇㎝ほどの深さで蛹化する。

成虫の発生盛期は、北海道・東北地方では六月と八月の二回、関東地方以西では、四月下旬～五月、七月および九～十月の三回である。食害が問題となるのは、北海道・東北地方では第一世代幼虫、関東地方以西では第二世代幼虫である。

卵は、地表面や地表近くの枯葉に一～二

その他のヤガの種類と加害作物

害虫名		主な加害作物
モンヤガ亜科	カブラヤガ	アズキ、オクラ、カブ、カリフラワー、ブロッコリー、キャベツ、グラジオラス、ショウガ、ダイコン、ダイズ、タバコ、ナス、ニンジン、ハクサイ、レタス
	タマナヤガ	アズキ、オクラ、カブ、カリフラワー、ブロッコリー、キャベツ、シバ、ショウガ、ダイコン、ダイズ、タバコ、ナス、ニンジン、ハクサイ、レタス、飼料作物
キンウワバ亜科	ウリキンウワバ	キュウリ
	タマナギンウワバ	カリフラワー、ブロッコリー、キャベツ、チンゲンサイ、パクチョイ、タアサイ、ハクサイ
シタバガ亜科	ナカジロシタバ	サツマイモ
ケンモンヤガ亜科	ナシケンモン	グラジオラス、ボタン、シャクヤク
コヤガ亜科	フタオビコヤガ	イネ

粒ずつ産まれる。一雌当たり一〇〇〇～二〇〇〇粒産む。幼虫は、はじめ下葉の裏側や芯部に生息しているが、三齢期以降は、昼間は土中に潜入し、夜間に食害活動を行なう。

タマナヤガ　西日本ではおもに幼虫態で越冬するといわれているが、休眠性を持たず比較的耐寒性が弱いので、寒さの厳しい北日本では越冬困難である。

西日本で四～五世代、北日本では二～三世代の発生が可能である。北日本での幼虫多発時期は畑地では六～七月であるが、高標高地では八月に多発する事例が多い。北日本での発生量はカブラヤガに比較して著しく年次変動が大きい。

参考　病害虫防除資材編　千葉武勝、鈴木敏男

ニワトリはガの天敵
芋畑で虫を食べまくる

鹿児島県鹿屋市　日高一夫

平成十五年の九月ごろ、サツマイモの畑で大量のイモムシが発生した。職場でも無農薬を吹聴している私は、農薬をかけるわけにもいかず、思案にくれた。そのとき、畑の隅で飼っていたニワトリが、虫を無心に追いかける姿が目についた。

試しに二羽ほど芋畑に放鳥すると、ニワトリは首を芋づるの中へ入れたまま、無心に虫をついばみ始めるではないか！　そこで三羽ほど追加して、合計五羽の機動部隊の投入により、一週間ほどで虫を駆逐したのである。

ニワトリの品種によっては飛び回って逃げるので、回収に苦労する。そこで、性格がおとなしく、人によくなつき、神経質でなく、物音に過敏でない品種を選ぶ。私が実験した中ではゴトウもみじがもっとも適していた。軍鶏や、黄斑プリマスロックなどは、畑を飛び回って使い物にならない。

かご飼育のニワトリは広い畑に出すとおろおろして身動きせず、イモムシを食べる余裕もなにもない。ニワトリは放鳥飼育が原則である。鳥インフルエンザが流行したころ、家畜保健所の検査官に「日高さん、この飼い方が一番野鳥との接点が多いのですよ」と注意されたが、二〇羽程度の飼育ならば、防鳥網の設定により野鳥を防護できる。人に馴らすため、エサを与えるたびに手で抱いたり羽をなでてやっている。十分に人に馴れたニワトリは、畑で回収するときラクに捕獲できる。

虫の発生状況にもよるが、ある程度の発生を見ないとニワトリが他の畑への移動を開始してしまう。放鳥する二～三日前には水だけ与えて絶食したほうが、虫に対する執着が強

ヨトウムシが出る9月はイモが繁茂しており、ニワトリは顔を上げないと見つからない

いようである。畑には朝連れて行き、夕方の回収となる。近所に野菜畑などのないところではとくに柵の必要はなく、私の農場のように周りがすべて芋畑なら、一日中放鳥しても問題はない。

夕方の回収は、一斗缶をカンカン鳴らして畑から首を上げたところを捕まえる。芋畑に埋没したニワトリはなかなか見つけにくいのだが、夕方になると一か所に集まる。今後は、犬による捕獲も検討、訓練中である。

羽数は、一〇a当たり五羽程度。虫の発生状況により調整してもいいが、あまり多すぎるとニワトリの回収に多くの労力を必要と

する。去年は虫が少なかったせいもあるが、一〇a当たり五羽で約一日放せば十分だった。そのくらいニワトリの食欲は旺盛である。

回収したニワトリは軽トラックの中で、コンテナ二つを重ねた中に二羽ずつ入れ、夜は水を与えておく。次の日は、また虫のいる畑へ連れて行く。

イモの葉や茎を、ニワトリが食べるのではないかと危惧される方もおられると思うが、今まで観察してイモの葉を食するものはいなかった。（二〇〇五年六月号）

防蛾灯と誘虫灯と仕組み

編集部

夜行性の昆虫は、暗くなると活発に行動し、明るくなると行動を停止する習性がある。ヤガは、波長が五七〇nm付近の光をあびると、「昼間」を強く感じて、活動を停止することが知られている。そこで、夜間に五七〇nm付近の光を照射して、ヤガの加害活動、交尾、産卵、飛来を防ぐ、黄色蛍光灯（防蛾灯）が市販されている。

ただし、品目によって日長の影響をほとんど受けない作物（トマトやナスなど）と、日長によって花芽分化が影響を受ける作物（イチゴやキクなど）があるので、設置方法に注意が必要である。

黄色蛍光灯を製造している松下電工の山本慎二さんによれば、光の影響を受けない作物では、一〇a当たり、四〇W、一〇～一二台の設置台数で、ヤガの飛来、交尾、産卵活動を抑制することが可能という。露地栽培での設置台数の目安は、四〇W器具四～八台としている。

日長の影響を受ける作物では、反射板を蛍光灯の下部に設置して、光を上方に照射する必要がある（図）。

黄色蛍光灯は作物によって設置の仕方を変える

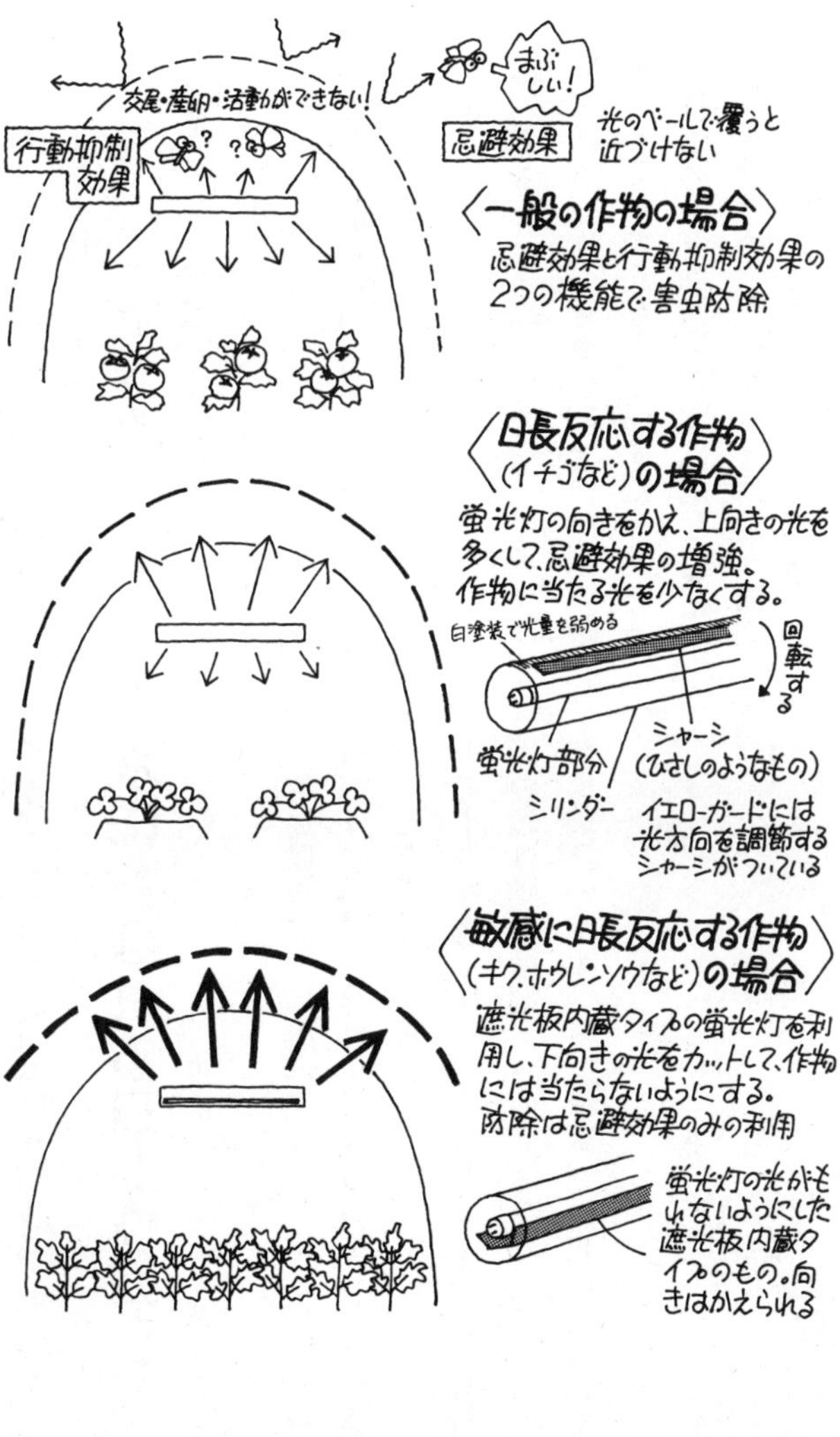
交尾・産卵・活動ができない!
まぶしい!
行動抑制効果
忌避効果
光のベールで覆うと近づけない
〈一般の作物の場合〉
忌避効果と行動抑制効果の2つの機能で害虫防除
〈日長反応する作物（イチゴなど）の場合〉
蛍光灯の向きをかえ、上向きの光を多くして、忌避効果の増強。作物に当たる光を少なくする。
白塗装で光量を弱める
回転する
蛍光灯部分
シャーシ（ひさしのようなもの）
シリンダー
イエローガードには光方向を調節するシャーシがついている
〈敏感に日長反応する作物（キク、ホウレンソウなど）の場合〉
遮光板内蔵タイプの蛍光灯を利用し、下向きの光をカットして、作物には当たらないようにする。防除は忌避効果のみの利用
蛍光灯の光がもれないようにした遮光板内蔵タイプのもの。向きはかえられる

黄色蛍光灯が効果を発揮する害虫
（夜に活動する虫にはだいたい効果がある）

害虫名	主な農作物
アケビコノハ、アカエグリバ、ヒメエグリバなど果樹の吸蛾類	ナシ、リンゴ、モモなど
シロイチモジヨトウ	花、野菜全般
ハスモンヨトウ	花、野菜全般
オオタバコガ	花、野菜全般
タマナギンウワバ	キャベツ
ベニフキノメイガ	青ジソ
コクロヒメハマキ	青ジソ
アワノメイガ	スイートコーン
スジキリヨトウ	シバ
チャノホソガ	チャ
チャバネアオカメムシ	カキ
ウスモンミドリカスミカメ	キク

（引用　八瀬順也『黄色蛍光灯による鱗翅目害虫の防除』）

波長によって誘虫性が大きく異なる

（松下電工）

光源の種類	誘虫性
黄色蛍光灯 （波長 570nm、見た目には黄色い光）	8
一般の白熱灯 （連続スペクトル、白い光）	100
誘虫灯 （波長 360nm、見た目には青い光）	13000

（白熱灯を100としたとき）

誘蛾灯と防蛾灯の波長

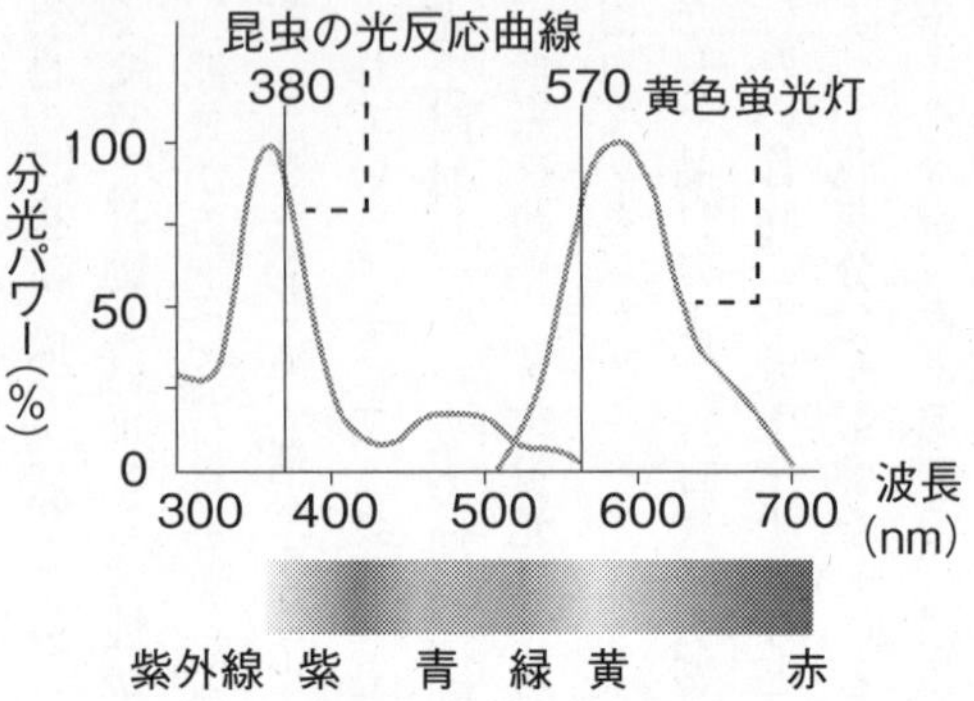

一般に昆虫が好むのは、360〜380nm付近の波長（紫外線）。ヤガなど夜行性の昆虫は、570nm付近の波長の光のもとでは、活動を休止する

一方、昆虫の多くは、波長が三六〇㎚付近の光に誘引される性質があることが知られている。そこで、三六〇㎚付近の光を夜間に照射することで、害虫を誘引して捕殺する誘虫灯が市販されている。（二〇〇三年六月号）

ヤガの天敵はコウモリ

編集部

ヤガは、どうして夜間に活動するようになったのであろうか。それは、チョウ類の最大の天敵である鳥類から身を隠すためであろう。昼間は土の中（幼虫）や木の幹（成虫）にじっと身をひそめ、夜になると活動を開始する。夜活動するヤガにとって、最大の天敵はコウモリである。

コウモリは、超音波を発することで、暗闇の中でもヤガの位置を認識し、捕獲することができる。逆に、ヤガのほうはコウモリの発する超音波を耳で感知して、コウモリから回避する行動をとることが知られている。

防蛾灯を夜間点灯することで、ヤガの飛来を防止する方法が実用化されているが、市街地に近いところでは、周辺の住環境に影響を及ぼすこともある。そこで、徳島県立果樹研究所、山口大学などで、コウモリの発する超音波を人工的に発信することで、ヤガの活動を抑止する研究が進められている。

水におぼれるヨトウムシ

青田浩明

群馬県板倉町の奥沢さんに、ヨトウムシを防ぐうまい方法を教えてもらいました。野菜のうねをグルリと囲むように、ビニールシートで小さな溝を作り、水を入れておくのです。溝の幅は靴の横幅くらい、深さは五㎝くらいでいいそうです。ヨトウムシは夜に食べ物を

探して歩き回るのですが、野菜にたどり着く前に溝に落ちてしまいます。朝見ると、何十匹ものヨトウムシがおぼれて死んでいるそうです。以前から、畑を歩いた足跡にできた水たまりでヨトウムシが死んでいるのをよく見かけていた奥沢さん、「ヨトウは水に弱いのでは？」と思いついたそうです。（二〇〇三年五月号）

ヨトウ、スリップスに効くヨーグルト発酵液

編集部

高知県安芸市のハウスナス農家・佐古行正さんは、果糖、動物質、植物質、菌体の有機物を加えた発酵液を液肥として使っていた。この発酵液の中に乳酸菌を取り入れようと考えて、何種類かのヨーグルトを購入してこの液肥に混ぜ、ナスにかけてみた。するとナスの色つやもよくなり、葉も小さく締まった生育になった。ところがこのヨーグルト入り発酵液の効用はそれだけではなかった。

夜になるとヨトウムシがナスに上がってきて葉っぱをかじる。ところがこの発酵液を散布したところでは、まだ小さいヨトウなら、葉をかじり始めると、その場で動かなくなり、そうしてやがて死んでしまうという。佐古さんは、発酵液がかかっている葉を食べたヨトウがお腹をおかしくして、死んでしまったのではないかという。

いろいろ試してみると、ヨーグルトの中でもブルガリアヨーグルトの効果が一番高いようだ。果糖発酵液で一〇〇〇倍に薄めるようにブルガリアヨーグルトを混ぜて、これをかん水や葉面散布などに利用している。こうするとヨトウが「うねのあっちゃこっちゃに死んでいる」状態になる。

さらにこのヨーグルト入り発酵液はスリップスにも効くというのだ。佐古さん曰く、「おそらく一齢二齢の幼虫がやられてしまうから、親になれない。そのせいで被害が出ないのじゃろうか」とのこと。（二〇〇一年六月号）

ヨトウムシは米ぬかで下痢を起こす？

編集部

茨城県の井坂新さんは、白菜の畑などのうね間に、一作のあいだに三〜四回に分けて米ぬかを散布。するとヨトウムシがこの米ぬかを食べて、七割くらい死んでしまうとのこと。発酵したり腐った米ぬかではヨトウムシは食べてくれないので、何度もまいて新鮮な生ぬかでおびき寄せる。

普段は青い葉っぱばかり食べているヨトウムシは、米ぬかを食べると下痢を起こすのでは、というのが井坂さんの推測。熊本県のナス農家・池松正章さんも、ハスモンヨトウで同じ効果を確認している。（一九九九年六月号）

オオタバコガは、ホオズキを一番好む

編集部

オオタバコガが食害する作物は、トマト、ナス、オクラ、キャベツ、キク、カーネーション、トルコギキョウなどで、蕾や果実を好む。福井県農業試験場では、キク、トマトとホオズキを並べて植えて、オオタバコガがどれに集まるか試験をしている。その結果、オオタバコガの第一世代はホオズキにしか発生しなかった（六月下旬〜七月中旬）。そしてキクやトマトに侵入してくるのは、八月中下旬の第二世代の時期だったのだ。

土中にいた蛹が羽化して、ホウズキに集まった第一世代の成虫を、一網打尽にする防除方法が考えられるという。（一九九八年六月号）

ハエ目（双翅目《そうし》）

タネバエ

タネバエは、昆虫綱ハエ目ハナバエ科に分類される。北日本では蛹で越冬するが、南下するにつれ越冬態はさまざまになり、九州では、卵、幼虫、蛹、成虫の各態で越冬が可能のようである。

成虫は、北日本では四月下旬から見られ、十月にかけて四~五回発生する。暖地では三月ごろからふえ始め、四~五月と十~十二月に発生が多く、夏期にはまったく発生は認められない。成虫の寿命は長く、一~二か月生きている。堆肥、油かす、魚かすなどの臭気に成虫は好んで集まる。耕起されて湿気のある土塊の間に点々と卵を産みつける。日中産卵し、一雌産卵数は五〇〇~一〇〇〇粒に及ぶ。卵期間は短く（二〇℃で二日内外）、孵化幼虫は地中に潜入し、有機物や種子、稚苗を食害して成長し、加害植物付近の土中で蛹化し（二〇℃で幼虫期間は約一〇日）、一〇~二〇日で成虫となる。

発生予察情報を参考にしながら、播種時期と成虫の発生ピークとが合致しないようにしたり、耕起→施肥→播種という一連の作業をできるだけ短時間に行なったりして被害を軽減する。成虫は魚かすや未熟堆肥などの臭気の強い有機物に強く誘引されるので、これらの肥料の施用をできるだけ避ける。有機物補給の目的で緑肥作物などをすき込んだりした跡地で被害が多いので、すき込んだ作物が十分に分解してから播種する。

天敵については、タネバエヤドリタマバチの寄生率が高く、タネバエの発生量抑制に相当な効果を及ぼしていると考えられる。

参考　病害虫防除資材編　梶野洋一

ハエ目

ハモグリバエ

ハモグリバエは、ハエ目ハモグリバエ科に属する昆虫の総称で、二五〇〇種あまりが知られている。

マメハモグリバエとトマトハモグリバエはともに海外からの侵入種である。マメハモグリバエとトマトハモグリバエの基本的なサイクルは同じである。生態的な特徴も似ており、トマトでは両者が同時に発生することがある。

ハエ目の害虫の種類と加害作物

害虫名		主な加害作物
ハナバエ科	タネバエ	インゲンマメ、カボチャ、キャベツ、キュウリ、スイカ、ダイコン、ダイズ、タマネギ
	タマネギバエ	タマネギ
ハモグリバエ科	イネハモグリバエ	イネ
	ゴボウネモグリバエ	ゴボウ
	トマトハモグリバエ	キュウリ、トマト
	ナスハモグリバエ	メロン、宿根カスミソウ
	ナモグリバエ	エンドウ
	ネギハモグリバエ	タマネギ、ネギ、ワケギ
	マメハモグリバエ	ガーベラ、キク、シュンギク、セルリー、トマト、ナス
	ムギクロハモグリバエ	ムギ

卵は葉の内部に産みつけられる。幼虫は葉の内部にトンネルをつくって葉肉を食害し、やがて葉から脱出して地上で蛹となる。関東・東海地方の場合、屋外では五~十二月に発生し、七~八月に発生がもっとも多くなる。施設内では冬期に発生が少なくなるが、一年中発生をくり返す。休眠しない。

マメハモグリバエ、トマトハモグリバエとも寄主植物はきわめて多い。マメハモグリバエは、外国では二一科一二〇種以上、わが国では一二科五〇種以上の植物で寄生が確認されている。トマトハモグリバエは、トマトやナスにも寄生するが、キュウリやメロンなどウリ科作物を好む。両種とも、イネ科（イネ、トウモロコシ）、バラ科（バラ、イチゴ）の農作物、サツマイモ、サトイモ、シソには寄生しない。

マメハモグリバエの発育期間は、二〇℃では卵期間五日、幼虫期間五日、蛹期間一五日、二五℃では卵期間三日、幼虫期間四日、蛹期間一〇日である。マメハモグリバエの成虫の寿命はトマトでは六～九日程度と短く、産卵数も五〇～八〇個と比較的少ない。

土着寄生蜂はこれまで二〇種以上が確認されており、マメハモグリバエの密度抑制に重要な役割を果たしていることが明らかとなっている。とくに、施設栽培ではカンムリヒメコバチをはじめ四種類の寄生蜂が主要な天敵となっている。

参考　病害虫防除資材編　西東力

ダニ目

コナダニ

コナダニは、節足動物門クモ綱ダニ目コナダニ科に分類される。

ケナガコナダニ　貯蔵食品の害虫として知られるが、畳わらから大発生したり屋内塵からも多数発見される種類の一つである。発生源は稲わらや米ぬかなど未分解の有機物である。こうした資材をすき込んだベッドや温床で多発することが多い。おもに菌類や細菌などを食べていると考えられている。

コナダニの種の区別は難しいが、生態はかなり似ている。発育環は卵、幼虫、前若虫、後若虫、成虫の五期からなる。ケナガコナダニの卵から親までの期間は、湿度九〇％の場合、三〇℃で五～八日、二四℃で五～一一日、二〇℃では八～一七日、一三～一五℃では一八～二六日である。稲わらでの最適繁殖条件は温度二五℃、湿度九四～九八％である。

参考　病害虫防除資材編　根本久

ホウレンソウケナガコナダニ　ホウレンソウは同一ハウスで連作されることが多く、前年あるいは前作の残渣などが発生源になっていると考えられる。冬の積雪下のホウレンソウで生存し、蔵卵していることが確認されている。播種後、多湿条件になると発生する。夏期の高温時には、ハウス内からハウスの外の土壌に移動し、高温・乾燥を避ける。

生活環は卵、幼虫、前若虫、後若虫、成虫の五期からなる。湿度八七％の場合、卵から成虫までの期間は一五℃で二五～三三日、二〇℃で一七～二八日。二五℃では平均一二日前後であるが、卵の孵化率は低く、雌の産卵数は一五〇前後と低い。一方、一五℃の産卵数は五〇〇前後、二〇℃では三五〇前後である。また、相対湿度七六％以下では生存数が急激に減少する。比較的低温で高湿を好む。

ホウレンソウケナガコナダニは三〇℃で発育に悪影響があり、三五℃ではまったく発育できない。そのため、太陽熱土壌消毒や還元消毒による防除も有効と思われる。天敵については、天敵資材のククメリスカブリダニが施設栽培でコナダニ類に登録がとれている。

参考　病害虫防除資材編　中尾弘志

コナダニの害虫の種類と加害作物

害虫名		主な加害作物
コナダニ科	オオケナガコナダニ	ホウレンソウ
	オンシツケナガコナダニ	キュウリ
	ケナガコナダニ	キュウリ、ナス
	ニセケナガコナダニ	ホウレンソウ
	ネダニ	チューリップ、ユリ、リンドウ
	ホウレンソウケナガコナダニ	キュウリ、ホウレンソウ
	ロビンネダニ（ネダニ）	ネギ、ニラ、ラッキョウ、ヒヤシンス

ホウレンソウのコナダニが太陽熱処理で半減

藤沢　巧　岩手県農業研究センター

施設ホウレンソウでは、コナダニの加害で奇形葉や心止まりが生じ、問題になっています。有機質肥料の施用が被害を助長している要因のひとつと推定されています。コナダニ密度低減を図る方法として、作付け前のビニール被覆による太陽熱処理法が有効であることを確認しました。

やり方は、①ハウス土壌に播種前と同様に三〇mm程度のかん水を行ない、②透明ビニールシートでハウス全面を被覆し、③一定期間ハウスを閉めきる、だけです。この処理後に作付けすると一～三作目までは無処理に比べてコナダニによる被害株率が最大でおよそ半減できます。ただし、四作目になると無処理区との被害株率の差がなくなります。理由は処理区外からコナダニが再侵入してくるためと考えられます。

奥がビニール処理区、手前は未処理区

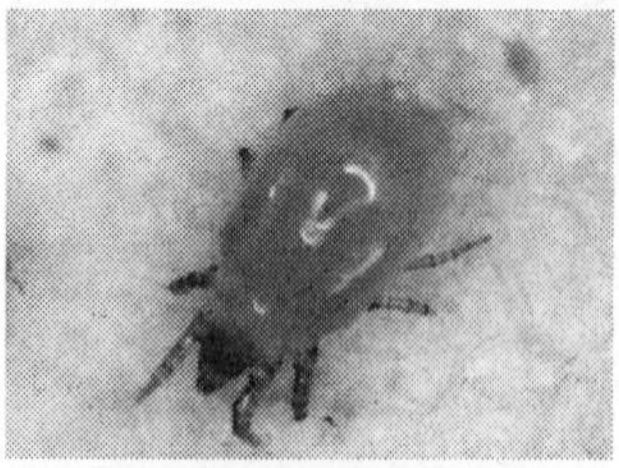
ケナガコナダニ。雌成虫は0.4～0.7mm、雄は0.3 ～ 0.5mm

この方法の原理は、ビニール被覆処理によってコナダニ生息密度の高い地下五cm深までの地温を、コナダニの死滅温度条件である五〇℃で一時間継続、または四五℃で三時間継続することにあります。

試験した研究センター（岩手県軽米町・標高二三〇m）においては、日照時間一〇時間以上、かつ最高気温二〇℃以上となる条件が必要でした。本処理はコナダニの被害が多い春作前か秋作前に行ないますが、岩手県北部では前述の温度条件をあわせて考慮すると、五月下旬と八月下旬が処理適期です。また、被覆期間について五日間、一〇日間、二〇日間の三区設定して調査したところ、被覆期間が長いほど高温になる回数も多くなり、コナダニによる被害株率が少なくなりました。

なお、処理時の注意事項は被覆ビニールから熱気が漏れないよう工夫し、数枚のビニールシートを使用する場合には重複部分に十分な幅を確保してください。（二〇〇八年九月号）

ダニ目

ハダニ

ハダニは、節足動物門クモ綱ダニ目ハダニ科に分類される。

ナミハダニ　発生源は、暖地では施設内や雑草で増殖している成・幼虫、寒冷地では周辺雑草や施設内で休眠および半休眠している成虫である。これらの成虫は二月以降、一五℃以上の温度になると産卵を開始する。春～秋期に密度が増加するが、地域により栽培型によって発生ピークは異なる。発生源が被害源となる期間は、温度および雨などの湿度によってほぼ決まってくる。

増殖パターンは、雌成虫→卵→幼虫→第一若虫→第二若虫→雌・雄成虫のくり返しで、二五～二八℃、相対湿度八五％で一サイクル六～八日程度である。したがって春期～初夏にかけての施設栽培では、増殖が著しい。

チリカブリダニ、ミヤコカブリダニの天敵資材が市販されている。

ハダニの種類と加害作物

害虫名		主な加害作物
ハダニ科	アシノワハダニ	キュウリ、メロン
	オウトウハダニ	オウトウ、西洋ナシ
	カンザワハダニ	アサガオ、イチゴ、イチジク、エンドウ、カキ、カンキツ、キク、キュウリ、グラジオラス、コスモス、サトイモ、サルビア、シソ、シンビジウム、セルリー、ダイズ、ダリア、チャ、ナシ、ナス、バラ、ピーマン・トウガラシ類、ヒマワリ、ブドウ、ホップ、メロン、モモ、リンドウ、宿根カスミソウ
	クワオオハダニ	ナシ
	トドマツノハダニ	クリ
	ナミハダニ	イチゴ、エンドウ、オウトウ、カキ、キク、キュウリ、グラジオラス、シソ、スイカ、セルリー、ダイズ、ダリア、ナシ、ナス、バラ、ピーマン・トウガラシ類、ブドウ、ホップ、メロン、モモ、リンゴ、リンドウ、宿根カスミソウ、西洋ナシ
	ナミハダニ（緑色型、赤色型）	イチジク、メロン
	ニセナミハダニ	アイスランドポピー、カーネーション、キク、ストック、バラ、リンドウ
	ミカンハダニ	カンキツ、ビワ
	リンゴハダニ	オウトウ、ナシ、リンゴ、西洋ナシ

参考　病害虫防除資材編　奥原國英、行徳　裕

カンザワハダニ　下草内、落葉下、粗皮下などで越冬した休眠雌成虫が三～四月に樹上へ移動する。なお、移動した虫は手近の葉に取りつくため、春先は株元や主幹に近い葉に多いが、その後しだいに樹全体へ広がってゆく。

春～夏の間は下草内での繁殖も盛んであり、樹上への侵入もたえず行なわれている。梅雨明けごろから急激に増加して八月にピークに達する場合が多いが、九月に入ってもなお多発がつづくこともある。九月中旬ごろから越冬に入り始め、樹上から下草内、落葉下、粗皮下へと移動する。移動のピークは十月で、十一月には移動が完了する。生活サイクルは卵→幼虫→若虫→成虫の順に経過し、すべてのステージが葉裏に認められる。一世代に必要な日数は、二〇℃で約三週間、二五℃で約二週間である。

本州の中部以南で発生が多く、北日本での発生は少ない。ケナガカブリダニ、ハダニアザミウマ、ハダニバエなど多くの天敵が、カンザワハダニの密度抑制に効果的に働いている。

参考　病害虫防除資材編　田中寛

ミカンハダニ　非休眠性なので一年中カンキツ類に寄生し、温度が約八℃以上になればいつでもふえる。年間の世代数は一三～一四回であるが、温度が高くなるにつれて一世代期間は短くなり、ふえるのも速くなる。発生のピークは年次により異なるが、六～七月と十～十一月ごろの年二回みられるのがふつうである。

葉と果実に寄生するが、九月以降は果実への寄生数が多くなる。天敵は、ハダニアザミウマ、ハネカクシ類、キアシクロヒメテントウムシなどが知られている。

参考　病害虫防除資材編　古橋嘉一

リンゴハダニ　卵でおもに二～五年枝の芽の基部、表皮のしわ状の部分、芽の基部で越冬する。越冬卵の孵化は展葉後から始まり、落花後には終了する。第一回成虫は落花三週間後から出現し、卵を葉裏に産む。これ以後十月まで世代をくり返す。

暖地では八月の高温期に一次発生が抑えられるが九月には再び増加する。年間発生回数は北海道で五回、東北地方では七～八回、これより南ではさらに多くなる。越冬卵は東北地方では八月下旬ごろより見られだすが、これより暖かい地帯では九月に入ってからである。

天敵としてカブリダニ類、ヒシダニ類、キアシクロヒメテントウ、ヒメハナカメムシ類などが知られている。

参考　病害虫防除資材編　元田興喜、北村泰三

お湯でイチゴのハダニ、うどんこ病が防げる

九州沖縄農業研究センター

ハダニやうどんこ病は、苗から施設内に持ち込まれ、防除を困難にしている場合が多い。そこでイチゴ苗を定植前に温湯（お湯）で処理してみた。試験段階ではあるが、一定の効果が認められたため、紹介したい。

まず、うどんこ病菌の胞子を四〇℃と五〇℃に温めた寒天培地上に散布して、一〇〇〇個以上の胞子の発芽率を調べた。その結果、五〇℃では一分、四〇℃では三分で胞子の発芽が認められなくなった。うどんこ病菌は高温に弱いことが明らかになった。

ハダニ類は葉片にカンザワハダニ、二十数頭を接種してから四〇～五〇℃の温湯に浸漬した。その結果、四七℃・三分以上の処理で死亡率が高くなり、五三℃・二分間処理するとすべての個体が死亡することが明らかになった。

次に、実際の圃場に定植直前の苗に対し、温湯浸漬の効果実験を行なった（表）。その結果、四七℃と五〇℃の処理区では、うどんこ病の発病葉率が五％以下となった（無処理三七・二％）。ハダニについても四七℃・五分と五〇℃・三分間お湯に漬けると、まったく発生が認められなくなった。しかし、お湯の温度がやや低い四五℃では殺菌・殺虫効果が劣った。

今回の試験で、お湯の温度が四七℃までの処理ではイチゴ苗の生育や花芽形成に影響を与えなかったが、五五℃以上のお湯に浸漬すると枯死株が発生する場合があった。本手法は現在、開発段階であり、実用化に向けてさらに細かな試験を進める必要がある。

（小板橋基夫、柏尾具俊、中島規子）

（二〇〇三年六月号）

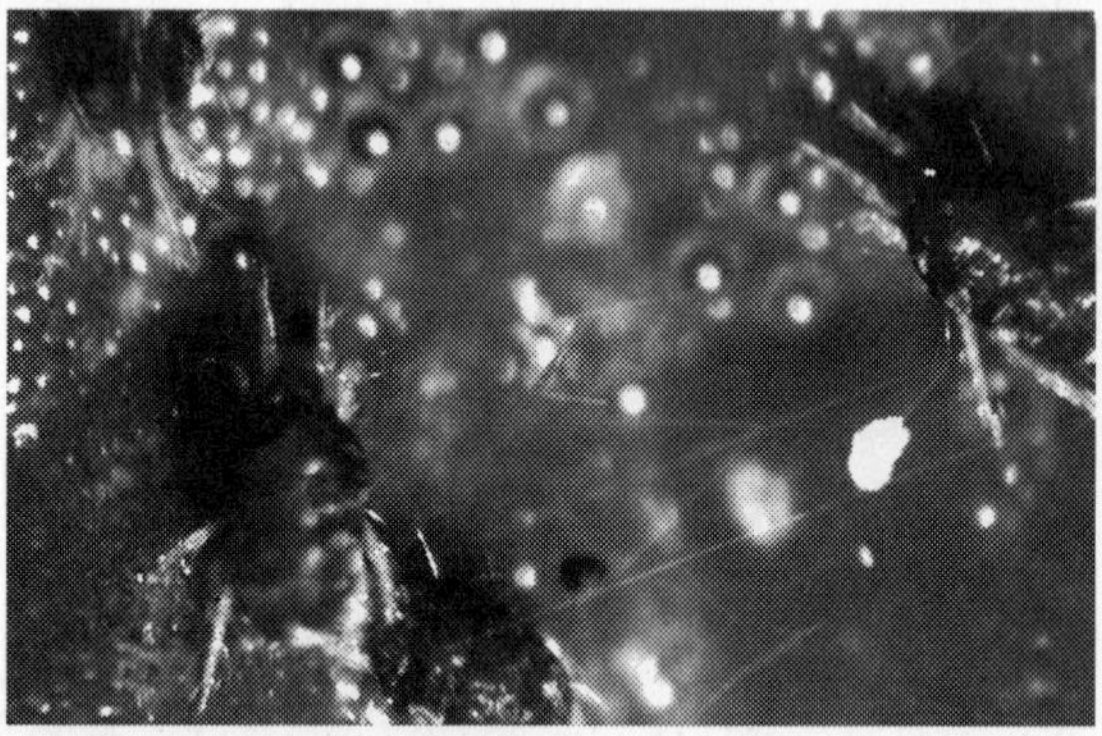

カンザワハダニの雌成虫と卵

表　温湯浸漬による防除効果

処理温度	処理時間（分）	うどんこ病発病葉率（％）	ハダニ（雌成虫数／株）	
			処理前	処理7日後
50℃	1	1.1	4.6	0.2
	3	4.4	4.2	0.0
47℃	1	2.8	5.6	1.8
	3	3.9	2.8	0.6
	5	2.8	6.6	0.0
45℃	3	8.3	3.4	1.4
	5	22.2	5.0	1.8
無処理		37.2	3.0	2.2

アイポットで育苗した「とよのか」定植苗に2001年9月13日、うどんこ病菌接種。9月24日、1株当たりカンザワハダニ雌成虫10頭接種。9月27日、所定の温度のお湯を満たしたウオーターバス（容積約200ℓ）にイチゴ苗が完全に漬かるよう浸漬。処理温度は上の三段階に設定、処理時間は1、3、5分の三段階で行なった。処理後は280㎝のアルミ製プランターに株間20㎝で定植、各区30株の苗を供試。うどんこ病は接種1か月後に一区あたり180枚の葉で、発病率を調査、ハダニの生存は処理7日後に確認

ダニ目

サビダニ、フシダニ

サビダニ、フシダニは、ダニ目フシダニ科に分類されている。

チャノサビダニ　体長〇・一三～〇・二㎜、紡錘形で背中に白い縦縞が走っているのが特徴である。成虫で越冬し、三月ごろから増殖を開始する。古葉、新葉ともに葉の両面を加害

する。加害を受けると葉が暗褐色になり、ひどい場合は落葉することもあるが、慣行防除を行なっている茶園では、多発生することはほとんどない。詳しい生態はわかっていない。

チャノナガサビダニ　体長〇・一五～〇・二㎜、細長い紡錘形で、橙色をしている。葉に粉がついているように見える。四～六月の一番茶や二番茶期、九～十一月の秋芽生育期に発生が多い。古葉、新葉ともに加害するが、やや成熟した新葉に多い。葉の両面とも加害するが、おもに葉裏を加害する。加害を受けると、加害部が茶褐色となり、葉全体が萎縮したりわん曲したりする。被害がひどい場合は落葉することもある。詳しい生態はわかっていない。

参考　病害虫防除資材編　本間健平、小杉由紀夫

サビダニ、フシダニの種類と加害作物

害虫名		主な加害作物
フシダニ科	カキサビダニ	カキ
	チャノサビダニ、チャノナガサビダニ	チャ
	チューリップサビダニ	チューリップ、ニンニク
	トマトサビダニ	トマト
	ニセナシサビダニ	ナシ
	ブドウサビダニ、ブドウハモグリダニ	ブドウ
	ミカンサビダニ	カンキツ
	モモサビダニ	モモ
	リンゴサビダニ	リンゴ

ミカンサビダニ　発育は卵、幼虫、若虫、成虫の四段階である。卵から成虫までの生育期間は春、秋は三～四週間、夏は約二週間である。越冬は成虫態で、芽の隙間で行なう。年約一五回発生。おもな発生時期は六月中旬～七月上旬(梅雨前)、七月中旬～八月上旬(梅雨明け後)および九～十一月の三回である。

生息場所は日当たりのよい木の周辺部で新梢伸長期は新芽や幼果、七月以降は果実上である。高温、乾燥を好み、軒下や雨よけなどをすると多発する。また乾燥年に多発する。

カンキツのどの品種でも多発するが温州ミカンをとくに好む。キンカンにはほとんど発生しない。

参考　花卉病害虫診断防除編　大久保宣雄

リンゴサビダニ　体長が〇・二㎜程度できわめて微小である。発育ステージは、幼虫期を欠き、第一若虫、第二若虫を経て、成虫となる。リンゴの新梢中位～下位の芽の鱗片間隙または短果枝の粗皮下で越冬した成虫は、発芽直前の四月上中旬に離脱し、離脱直後は周辺の基部葉に寄生する。五月中旬から樹全体に分散する。

六月に入って気温の上昇とともに急増し、花(果)そう葉の発生盛期は、六月中旬～七月上旬で、その後は減少し、八月中旬以降は寄生がほとんど認められなくなる。

新梢葉では、五月上旬までは下位葉に、それ以降は中位～上位葉に寄生し、二次伸長葉などの新葉には十二月まで寄生が認められる。本種の増殖には葉の硬軟が関係すると考えられ、葉の硬化にともない、若葉に移動する。越冬虫は六月中旬から確認され、七月から越冬場所に移動する。

殺虫剤削減防除体系では、天敵の土着カブリダニ類が保護され、リンゴサビダニの発生抑制が認められる。

参考　病害虫防除資材編　舟山健

ミカンハダニは害虫か?

川田建次

ミカンの病害虫で一番多いのは、風すれ果を除くと黒点病だろう。次が開花期間に罹病する灰色かび病と訪花害虫の被害果である。ミカンハダニ（以下、ハダニ）はその後にくる程度であるが、ミカンを作り始めたころは、一番怖いと思っていた。ところが、そんな私がハダニの見方を変える出来事がおこった。

昭和六十一年、親父が倒れて夏マシン油の散布ができなかった年のことだ。当然、七月から八月にかけてハダニが異常発生し、葉っぱは真っ白になった。「今年のミカンはもうだめだ。親父が倒れたのだから

仕方ない。来年は私も手伝って、ハダニ防除は徹底しよう」と来年に向けて気をとりなおして、八月下旬から収穫まで今までどおり防除をきちんとした。

　夏のハダニは異常発生したにもかかわらず、実に見事な果実がなり、JAの選果場にも堂々と出荷できた。ハダニの被害を受けたのだから、葉っぱの光合成能力が劣って、糖度の高いミカンはできないはずなのに。どうしてだろう？　岩崎藤助先生の『カンキツ栽培法』には、「ハダニの被害葉は、小さい斑点状に葉緑素を欠き、黄緑色になり、同化能力が減少する」とある。

　このころからハダニに対する恐怖は少なくなった。そして、ハダニに対して、いろいろな試験をするようになった。

殺虫剤は一回散布で大丈夫

　最初の試験では、ダニ剤を年一回で済ませる方法をさぐった。本当に怖い秋ダニだけに焦点を絞ったのだ。通常、夏場のハダニの防除は八月下旬だが、これを九月十五日まで延ばしてみた。この時期に散布すれば、黒点病の防除も兼ねて、ダニ剤に混用散布することもできる。それに、収穫までの期間が短いので、秋ダニの発生する確率は低くなる。もし、秋ダニがわいても、ダニ剤を散布すれば、なんとか大丈夫だ。この方法を二年続けたが、秋にダニ剤を使うことはなかった。

　次に、「九月十五日の秋ダニの防除もやめたらどうなるか。いっそのこと全部やめてみよう」と考えた。山の樹には何の農薬も散布しないが、ダニにやられたりして枯れることはない。必ずダニの天敵がいるはずだ。おりしも、チリカブリダニを筆頭に、数種類の天敵が認識されてきたころだった。

農薬散布によるクモの発生消長

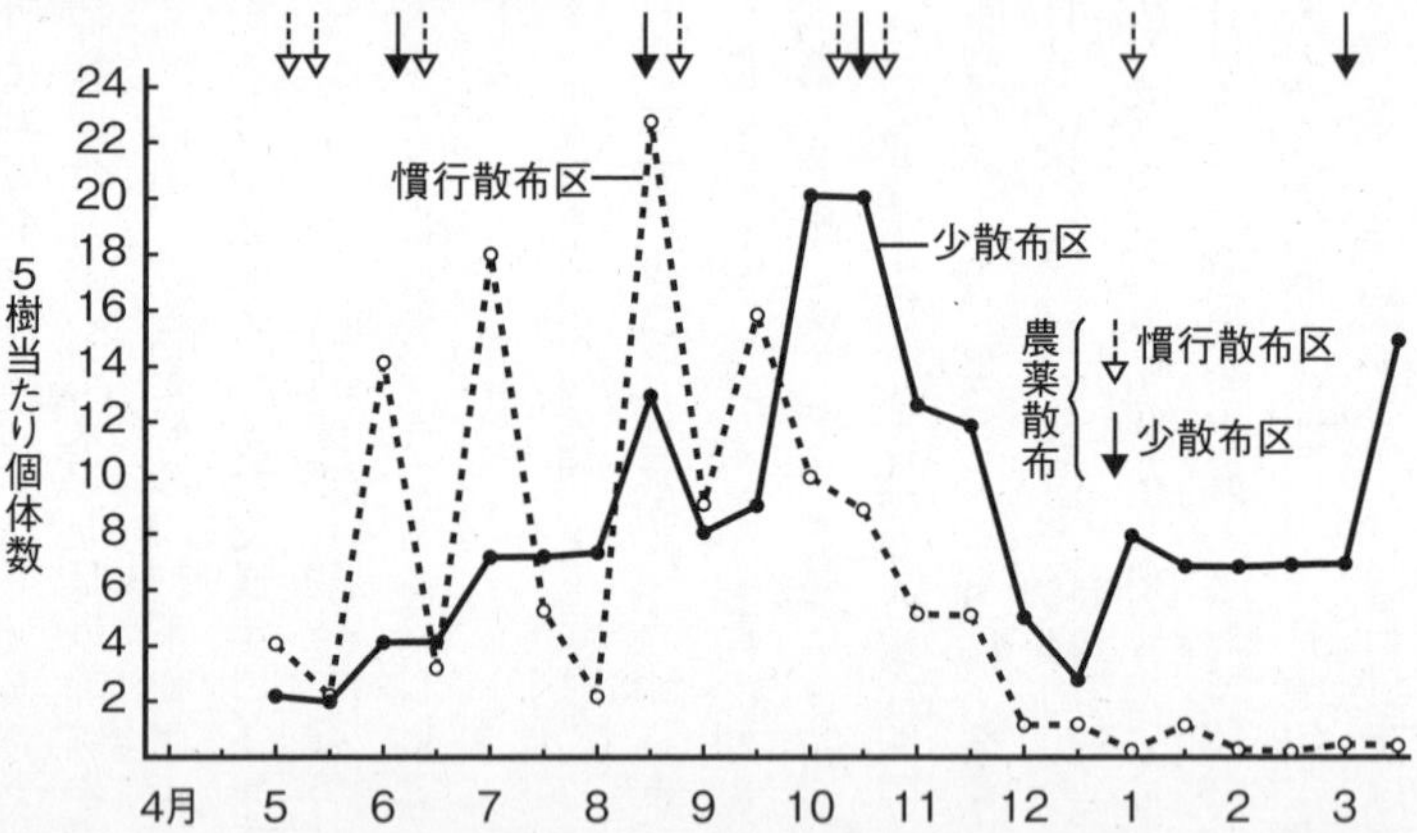

慣行散布区では、農薬散布のたびに天敵の数が減る。少散布区では、夏から天敵が急増して、一番やっかいな秋ダニを抑えてくれる

　気をつけなきゃいけないのは、ダニ剤無散布でもダニをわかせないようにするには、春・夏の両マシン油乳剤を散布してはいけないことだ。なぜなら、マシン油乳剤でも天敵を殺してしまうからだ。普通はマシン油乳剤だけ散布して、あとのダニ剤は無散布にするが、そうすると、夏場のサビダニとハダニをわかしてしまって失敗する。サビダニとハダニ、両方に効く農薬が必要となってくる。ハダニ防除の農薬は何も入れないで、殺菌剤中心の防除を行なうようにした。

　もう一つ気をつけるのが、有機リン系やピレスロイド系の農薬は避けることだ。天敵まで一網打尽に殺すので、かえってハダニが増える。最近の農薬の例をあげると、カメムシ対策のために、九月にイミダクロプリド剤を散布したところ、秋ダニが異常発生した。その園では一級品が一個たりとも出なかった。二級品ですら二割しかとれなかった。ただし、アブラムシ対策で六月に使ったときは、その後の異常発生は見られなかった。結果は、予想どおり、殺菌剤中心で殺虫剤は六月に一回程度、という防除体系でいけると確信した。

ハダニの食害は光合成能力に影響ない!?

　そんなときに、農林水産省果樹試験場興津支場（当時）のダニ博士に会う機会があった。さっそく、ハダニの被害と光合成能力の関係について質問した。

　私「先生、ミカンの葉にハダニの被害が二割のとき、五割のとき、八割のときの光合成能力の差を知りたいので試験データを教えてください」

　博士「川田さん、データはありません」

　私「データがないってことは、試験をしていないのですか」

　博士「いえ、試験はするのですが差が出ないのです。ご存知のように、ミカンの光合成は二五〜三〇℃のころがもっとも盛んで、このころは少々ハダニの被害を受けても、ミカンが生育するだけの光合成能力はあるんです」

　私「じゃあ、先生はハダニは害虫とは思わないんですか」

　博士「私は害虫とは思いません」

　私「なら、先生、皆に話してもらえませんか」

　博士「私の立場では、今までの定説を覆すわけにはいきません。それに、たとえ話しても信じてもらえないでしょう」

この数分間の会話は、私の人生の中でもかなり高いレベルでの感動のシーンとなったのはいうまでもない。このやりとりで、夏ダニに食われた葉っぱは光合成能力が劣るという不安は払拭された。

また、県の試験場の先生からも面白いデータをいただいた（図）。それは「四〇年間のハダニ発生状況を見ると、八月にハダニが多く発生した年には、必ず、秋は発生していない」とのことだった。つまり、ハダニが多く発生すると、それだけ天敵も増えるので、秋にはハダニが減っていくということである。自然界はよくできたものだと感動した。（二〇〇二年一月号）

ダニ目
ホコリダニ

ホコリダニは、体長が〇・二㎜ほどの小さなダニで、ダニ目ホコリダニ科に分類されている。

シクラメンホコリダニ　越冬は成虫でカラムシなどの地中の芽の中で行ない、芽の伸長とともに頂芽の中で繁殖する。四～十月の間、連続的に発生する。冬季でも保温して気温が高めであると発生する。通常、新芽、新葉の裏には数十～数百の成幼虫が寄生して吸汁するため、展開し始めた新葉が変形する。成虫→卵→幼虫→若虫→成虫のくり返しで、生育速度は非常に早く二七℃の条件下では約七日で卵から成虫になるという報告がある。

乾燥、高温条件を好むため、家庭園芸のように室内に置かれた株で多発しやすい。野外ではセンブリ、カラムシなどに寄生する。

参考　病害虫診断防除編　山下泉

チャノホコリダニ　発育は卵→幼虫→静止期→成虫という経過をたどる。二五～三〇℃条件下での卵から成虫までの発育期間は五～七日ときわめて短く、増殖はきわめて早い。高温でやや多湿条件が本種の発生に好適な条件である。

発育限界温度は約七℃であるので、冬期の気温が低い地方では露地で越冬できない。そのため、北海道地方では本種の発生はない。また、東北地方や北陸地方でも発生は少なく、局部的である。関東以西の地方では、枯死したトマト、ダイズ、セイタカアワダチソウ、オオアレチノギクなどの茎葉上で成虫越冬し、翌春の発生源となる。本種は必ず植物体上で越冬し、土壌中にもぐらない。

育苗圃や本圃の隣接地でナス、ピーマン、チャなど本種の生息好適作物が栽培されていると寄生が多くなる。また、周囲の除草が不十分な場合には、そこからの侵入により発生が多くなる傾向がある。

ホコリダニに対する天敵資材として、ミヤコカブリダニやスワルスキーカブリダニがある。

参考　病害虫診断防除編　山下泉

ホコリダニの種類と加害作物

害虫名		主な加害作物
ホコリダニ科	シクラメンホコリダニ	シクラメン、セントポーリア、ピーマン、トウガラシ類、
	チャノホコリダニ	ガーベラ、カンキツ、サルビア、シクラメン、ダリア、ナス、ピーマン、トウガラシ類、ハイドランジア

軟体動物門・柄眼《へいがん》目
ナメクジ

ナメクジは、陸に生息する巻貝で、軟体動物門腹足綱柄眼目に分類される。現在日本にみられるナメクジは、一〇種あまりが確認されている。広食性で、成体、幼体とも各種の野菜、果樹、花卉類を食害する。

昼間は土中や植物残渣の下に潜み、夜間に活動する。這った跡をたどって戻る帰家習性がある。通常冬季には休眠状態にあるが、加温施設では冬期も活動する。

家庭菜園などでは、一週間ほど連続して日没後に見回り、捕殺を徹底する方法も効果がある。ナメクジ類はアルコールやメタアルデヒド臭に誘引される。チャコウラナメクジはビールや酒かすによく誘引される。

フタスジナメクジ　成体の体長は約六〇㎜で、体色は淡褐色～灰色で変化に富む。背面に三本の筋があるが内二本がよく目立つ。背面に黒褐色の小斑があるものもいる。甲羅はない。三～六月に四〇～一二〇個の卵が入ったゼラチン質の卵嚢を石や落ち葉の下、小枝や雑草などに産みつける。卵は約六〇日で孵化し、孵化した幼虫は秋までに成体となり越冬する。年一回の発生である。

チャコウラナメクジ　透明で長卵型のゼリー様の卵を二〇～三〇個、石の下などにまとめて産む。五～七月に発生が多く梅雨期に活動が盛んである。チャコウラナメクジは移動力に優れ、木に登る習性があり果樹の害虫としてよく知られている。一晩に一〇m以上移動することが可能である。比較的乾燥に強く、集団生活を好む傾向がある。

ノハラナメクジ　成体の体長は二五～三〇㎜である。体色は灰褐色～茶色がかった濃いネズミ色で、体の前部背面に甲羅がある。甲羅に筋や縦線はない。おもに春季に産卵するようであるが、生態についてはよくわかっていない。

参考　病害虫診断防除編　永井一哉

銅線でナメクジをシャットアウト

奥村田起正

愛媛県南予地方でも、二月には雪がちらつきます。そんな寒い日に訪ねたミカンハウスの中はまるで天国のよう。しかし、暖かくて湿度が高いからこそ困ったものも出てきます。ナメクジです。ナメクジは木を這い上がって、ミカンの実を傷だらけにしてしまいます。これを防ぐ簡単な方法をある人に教えてもらいました。

まず、銅線を用意して、鉛筆やボールペンに巻いてコイル状にします。これを塩水に漬けて青サビを発生させてから、木の根元に巻きつけるのです。ナメクジは銅やそのサビが苦手らしく、これで木の上に上がれなくなるそうです。キュウリやナスにも使えるようですから、試してみては。（一九九四年六月号）

苗を襲うナメクジにトウガラシ

中村安里

福井県大野市の西川里枝さんは、毎年春にカボチャの苗を一〇〇〇本作ります。そんな里枝さんが長年困っていたのはナメクジです。里枝さんは育苗ポットをイネ用の苗箱に並べて、育苗ハウスで育てていますが、気がつくとこの苗箱の裏に大量のナメクジがベッタリ。ナメクジは、まだ小さいカボチャの若芽を食べてしまうのです。

しかし昨年は一度もナメクジに悩まされることがありませんでした。使ったのはトウガラシです。こたつの中でカラカラに乾かしたトウガラシをミキサーで粉末にして、苗箱の下の地面にばらまきます。そして苗が芽を出したら育苗ポットの中にもぱらぱらとトウガラシパウダーをかけてしまいます。「ナメクジはきっと辛いのが苦手なのよ」と、トウガラシの効果を確信している里枝さんでした。（二〇〇九年四月号）

鶏でナメクジ害ゼロ

依田賢吾

日本でも有数のミカン産地、和歌山下津町で、近年とくに農家の頭を悩ませているのが、ナメクジ害。ナメクジが果実の上を這うと、傷果になってしまうのだそう。

農薬でナメクジを防ぐ人も多い中、Kさんは紀州鶏で退治しています。もとは除草と、おいしい卵を食べるために、ミカン畑に紀州鶏を放し始めたのですが、雑草はもちろん、ナメクジもパクパク食べてくれるので、ナメクジ害がまったくなくなったそうです。屋外で運動して育った紀州鶏の卵は、黄身がプリッと盛り上がり、味が濃くてとっても美味しいそうです。（二〇〇四年二月号）

ナメクジは椿の油かすでシャットアウト

清野由子

秋から冬、気温がだんだん下がってくると、暖かいハウスのビニールの内側がジメジメとあせをかくようになってきます。ナメクジはこんな環境が大好き。ここ福岡県大刀洗町では九四年十一月に、レタスにナメクジが大発生して悩まされました。

チンゲンサイやホウレンソウを作る重松浩さん宅では、ナメクジ退治に椿油の搾りかすを利用して効果を上げています。これをハウスの端にグルリと筋状にまいておけばいい。

椿の油かすはジャンボタニシ退治にも効きますが、ハウスをめざして這い寄ってくるナメクジも、椿の油かすの上にやってくると、これをなめて死んでしまうらしいのです。値段のほうは普通の油かすの三倍くらいしますが、それでナメクジの被害から逃れられるならしめたものです。（一九九六年一月号）

ナメクジをビールの落とし穴で捕まえる

石川啓道

秋田市の榎ヨシ子さんに、ナメクジ退治のいい方法を聞きました。まずアイスクリームのカップなど、高さ五、六cmの入れ物をゴルフのホール（穴）のように地面に埋めます。その中に余ったビールを三cmほど入れるだ

け。虫がとくに発生しやすい七月ごろ、畑の数か所に仕掛けておくと、一晩でナメクジ、カタツムリはもちろんネキリムシまでどんどんその穴に入ってくるそうです。（二〇〇三年七月号）

ナメクジが好きなものでおびき寄せる

ナメクジは、夜間に活動し、アルデヒド臭やアルコール臭に強く誘引される。飲み残しのビール、酒粕、バナナの皮、キャベツの葉、薄く輪切りにした大根、ソラマメのサヤなど。これらを、活動が活発になる前の夕方に地表面に設置し、翌朝に捕殺する。

線形動物門・クキセンチュウ目

センチュウ

センチュウは線形動物門に属する。食性により、動物寄生性、植物寄生性、細菌食性、糸状菌食性、捕食者などのグループに分けられる。重要な植物寄生性センチュウは、クキセンチュウ目に分類されている。

ネコブセンチュウ　サツマイモネコブセンチュウ、アレナリアネコブセンチュウ、キタネコブセンチュウ、ジャワネコブセンチュウの四種が世界的に分布し、被害も大きい。

サツマイモネコブ、アレナリアネコブ、ジャワネコブの発育適温は二五〜三〇℃の高温域にあるが、キタネコブはこれらより低い二〇〜二五℃である。キタネコブは関東以北に多く、日本型アレナリアネコブは東北南部以西、サツマイモネコブは関東以西、標準型アレナリアネコブとジャワネコブは南西諸島に分布している。

発生しているセンチュウの種類を確かめて輪作の作物を選ぶ。センチュウは水田化によりきわめて減少するので、多発した場合には何年かおきに水稲を栽培することも有効である。

シストセンチュウ　シスト（包嚢）を形成するものを一般にシストセンチュウと呼んでいる。日本では、ジャガイモシスト、ダイズシストが重要である。

ジャガイモシストセンチュウの増殖の適温は二〇℃前後で、北海道では年一世代を経過するとみられる。長崎県では、春作、秋作のそれぞれで栽培期間内に一世代を経過する。シスト内の卵は実験的に五℃で保存すると二〇年後でも孵化活性が認められている。セ

センチュウの種類と加害作物

害虫名		主な加害作物
ネコブセンチュウ	アレナリアネコブセンチュウ	エンドウ、カボチャ、キュウリ、ゴボウ、コンニャク、サツマイモ、シロウリ、スイカ、タバコ、トマト、ナガイモ、ニンジン、ボタン、シャクヤク、ラッカセイ
	キタネコブセンチュウ	アズキ、イチゴ、エンドウ、カボチャ、キュウリ、ゴボウ、コンニャク、サツマイモ、スイカ、タバコ、ダリア、トマト、ナガイモ、ニンジン、ボタン、シャクヤク、ラッカセイ、レタス
	サツマイモネコブセンチュウ	イチジク、エンドウ、オクラ、カボチャ、キュウリ、ゴボウ、コンニャク、サツマイモ、シクラメン、シロウリ、スイカ、タバコ、ダリア、トマト、ナガイモ、ニンジン、ピーマン、トウガラシ類、ボタン、シャクヤク、メロン、レタス
	ジャワネコブセンチュウ	カボチャ、キュウリ、サツマイモ、スイカ、タバコ、トマト、ナガイモ、ニンジン
	リンゴネコブセンチュウ	リンゴ
シストセンチュウ	ジャガイモシストセンチュウ	ジャガイモ
	ダイズシストセンチュウ	アズキ、ダイズ
	イネシストセンチュウ	陸稲、ヒエ、トウモロコシ
ネグサレセンチュウ	キタネグサレセンチュウ	アズキ、ゴボウ、コンニャク、ダイコン、ニンジン、レタス、キク、ナガイモ、ボタン、シャクヤク
	ミナミネグサレセンチュウ	ゴボウ、コンニャク、サトイモ、ニンジン、ナガイモ、ボタン、シャクヤク
	クルミネグサレセンチュウ	イチゴ、ゴボウ、コンニャク、ニンジン

ネコブセンチュウがふえない前作の作物

（後藤、1982）

キタネコブがまったくあるいはあまりふえず、前作として有利な作物	サツマイモ、スイカ、オクラ、ハナヤサイ、アスパラガス、ソラマメ、オカボ、オオムギ、コムギ、ハダカムギ、ライムギ、エンバク、キビ、トウモロコシ、テオシント、スーダングラス、パイパースーダン、ソルゴー、ソルダン、グリーンパニック、ローズカタンボラ、オーチャードグラス、チモシー、イタリアンライグラス、コンニャク、ワタ、ベニバナ、ハブソウなど
キタネコブがあまりふえず前作として有利な場合もある作物	ダイコン、ハツカダイコン、カブ、ヤマイモ、ヤマトイモ、ナガイモ、ショウガ、タマネギ、ナス、キュウリ、カボチャ、ユウガオ、トウガラシ、ピーマン、イチゴ、キャベツ、ハクサイ、シロナ、アブラナ、ネギ、パセリ、セルリー、シソ、フキ、スイトピー、アルファルファ、ルーピン、タバコ、ハッカ、アマなど
サツマイモネコブがまったくあるいはあまりふえず、前作として有利な作物	ダイコン（みの早生）、イチゴ、ブロッコリー、ラッカセイ、パイパースーダン、ソルダン、グリーンパニック、ローズカタンボラ、ワタ、ベニバナなど
サツマイモネコブがあまりふえず、前作として有利な場合もある作物	サトイモ、ショウガ、マクワウリ、シロウリ、トウガラシ、カラシナ、カリフラワー、アブラナ、ネギ、パセリ、アスパラガス、シソ、ミツバ、ミョウガ、フキ、ウド、ダイズ、シロクローバ、オカボ、オオムギ、コムギ、ハダカムギ、ライムギ、キビ、テオシント、ソルゴー、オーチャードグラス、イタリアンライグラスなど

主要センチュウの対抗植物および非寄主植物*

（佐野善一『土壌施肥編』）

植物名	対象センチュウ **	植物名	対象センチュウ **
（イネ科）		（マメ科）	
ギニアグラス	Mi, Mj, Mh	*Cajanus cajan*	Mi
グリーンパニック	Mi, Mj, Mh	*Centrosema pubescens*	Mi
ダリスグラス	Mi, Mj, Mh, Ma	*Clitoria sp.*	Mi
バヒアグラス	Mi, Mj, Mh, Ma	*Crotalaria incana*	Mi, Mj, Mh, Pc
ペレニアルライグラス	Mi, Mh	*C. lanceolata*	Mi, Mj, Mh, Pc
パールミレット	Mi, Mj, Mh	*C. mucronata*	Mi, Mj, Mh, Ma
ウイービングラブグラス	Mi, Mj, Mh, Ma	*C. nubica*	Mi, Mj
パンゴラグラス	Mi, Mh	*C. retusa*	Mi, Mj, Mh, Pc
ローズグラス	Mi, Mh	*C. spectabilis*	Mi, Mj, Mh, Ma, Pc, Pp
カーペットグラス	Mi, Mh	*C. striata*	Mi
レスクグラス	Mi, Mj, Mh, Ma	*Desmodium tortuosum*	Mi, Mj, Ma
コースタルバーミューダグラス	Mi, Mj, Mh, Ma	*Glycine wightii*	Mi
スイッチグラス	Mi, Mj, Mh, Ma	*Pueraria phaseoloides*	Mi
ビッグブルーテム	Mi, Mh	*Stizolobium deeringianum*	Mh
ブッフェルグラス	Mi, Mh	（キク科）	
ベイスイグラス	Mi, Mh	アフリカンマリーゴールド	Mi, Mj, Ma, Pp
Agropylon trachycaulum	Mi, Mh	フレンチマリーゴールド	Mi, Mj, Mh, Ma, Pc, Pp
Bromus ciliatus	Mi, Mh	メキシカンマリーゴールド	Mi, Mj, Mh
Calamagrostis purpurascens	Mi, Mh	ベニバナ	Mi, Mh
		（バラ科）	
Cenchrus fulua	Mi, Mj, Mh	イチゴ	Mi, Ma
C. grahamiana	Mi, Mj, Mh	（ナス科）	
Digiaria exilis	Mi, Mh	トウガラシ（ピーマン）	Mj
D. sanguinalis	Mi, Mh, Ma	*Lycopersicon peruvianum*	Mi
Eragrostis lehmanniana	Mi, Mj, Ma	（アオイ科）	
Panncum deustum	Mi, Mh	ワタ	Mi, Mj, Mh, Ma
Pennisetum spicatum	Mi, Mj, Mh	（ヒルガオ科）	
Sorghum vulgare	Mh, Ma	サツマイモ ***	Mi, Mj, Ma
Trisetum spicatum molle	Mi, Mh	（ウリ科）	
（マメ科）		スイカ	Mh
ラッカセイ	Mi, Mj, Pc, Pp	（ヒユ科）	
サイラトロ	Mi, Mj, Mh, Pp	アオゲイトウ	Mh
ハブソウ	Mh, Pp	（ユリ科）	
		アスパラガス	Mh, Pc, Pp

*　：参考文献より作成
**　：Mi－サツマイモネコブセンチュウ、Mj－ジャワネコブセンチュウ、Mh－キタネコブセンチュウ、Ma－アレナリアネコブセンチュウ、Pc－ミナミネグサレセンチュウ、Pp－キタネグサレセンチュウ
***：抵抗性品種

ンチュウが増殖して密度が高まるのは感受性のジャガイモだけである。非寄主作物を栽培するとセンチュウ密度は約三〇％低下するので、四年輪作を基本とする。抵抗性品種を栽培すると、センチュウ密度は六〇～八〇％低下する。奨励品種として、アーリースターチ、アスタルテ、ナツフブキ、サクラフブキ、エゾアカリ、花標津、キタアカリ、さやか、とうや、アトランチック、ベニアカリ、きたひめ、ムサマル、スタークイーン、十勝こがね、ヤンキーチッパー、春あかり、普賢丸などがある。

ダイズシストセンチュウは古くから「大豆嫌

地病」「月夜病」「萎黄病」などと呼ばれてきた。発育適温は二三℃とされ、適温では約三週間で一世代を完了する。北海道では年間二〜三世代、関東地方では三〜四世代を経過する。

密度が高まるのはダイズ、アズキを連作した場合である。非寄主作物を栽培するとセンチュウ密度は徐々に抵下する。四〜五年以上の輪作を基本としたい。抵抗性品種としては、下田不知（ゲデンシラズ）系のトヨスズ、トヨムスメ、トヨコマチ、ネマシラズ、ホウライ、ライデン、ライコウ、オクシロメ、カルマイ、ナスシロメなどが育成されている。強度抵抗性品種としてスズヒメなどがある。

ネグサレセンチュウ　日本で重要な種はキタネグサレセンチュウ、ミナミネグサレセンチュウである。

キタネグサレの発育適温は二五〜二七℃であるが、寄主との組み合わせによって異なる。ジャガイモでは一六℃が最適条件とされ、トウモロコシとダイズでは二五℃、アルファルファでは三〇℃での増殖がもっとも高い。一世代は二五℃のときで四週間である。

ミナミネグサレセンチュウは、九州で普通に検出され、本州以北の検出頻度は低く、北海道には分布しない。三系統が存在し、カンショを加害する系統は南九州にだけ分布する。北九州や本州にいる第二の系統はサトイモで増殖できるが、カンショではほとんど増殖しない。また、関東以北にはカンショでもサトイモでもほとんど増殖しない系統が分布している。

ネグサレセンチュウの対抗植物のマリーゴールドを約三か月間栽培すると、農薬と同等かそれ以上の防除効果が得られ、防除効果の持続期間も二年以上と長い。

参考　農業技術大系土壌施肥編　水久保隆之／病害虫防除資材編ほか

酸欠でセンチュウを防ぐ

編集部

宮崎県国富町の日高洋幸さんは、四十二年連作のハウスで、二〇ｔどりするキュウリ名人。ここ十五年ほどは代かき湛水処理だけでセンチュウ害を抑えている。

かつては臭化メチルを使ったが、使い続けるうちにセンチュウが抑えきれなくなって、収量は年々落ちる一方に。そこで太陽熱処理と臭化メチルを組み合わせたら、前年より三ｔも収量アップしたという出来事が二十年前のことだ。しかし太陽熱処理と臭化メチルは、ハウスやボイラーを傷めやすく、そう毎年はできない。

仕方なく湛水処理（代かき一回）と土壌消毒剤でしのいでいたある年、ハウスの縁（端から五ｍの幅）、ぐるっと一周は、センチュウが出ないことに気がついた。そこは、代かきのときにトラクタを切り返して何度もタイヤで踏むところだ。「ひょっとしたらしっかり踏みにじったところは土の中の空気が抜けてセンチュウが活動しにくいのではないか」

翌年日高さんは、それまで一回だけだった代かきを、一〇日おきに四回やってみた。土はとろとろのヘドロ状になった。ねらいは見事に的中。センチュウ害がピタッとなくなった。手順は以下のとおり。

①収穫が終わったら（六月）、残渣を残し

日高さんの連作42年目のキュウリ

たままうねを崩して、一〇a当たりバーク堆肥六tと石灰窒素二〇〇kgを散布。ロータリをかけて水を入れる。

②水が溜まったら一〇日おきに三～四回代かきする。毎回必ず縦・横・縦にかく。一か月間は湛水して、最後の代かきが終わったら水を落とす。

③ひびが入るまで地面が乾いたら元肥をふってロータリをかけ、うねを立てる。定植時にホスチアゼート粒剤を植え穴施用する。

（二〇〇九年六月号）

カラシナすき込みで センチュウ防除

写真・文　赤松富仁

宮城県東松島市の阿部聡さんは、三年ほど前までネコブセンチュウに悩まされ続けてきました。当時は年二作のトマト栽培。一月定植のトマトは六月までとりますが、収穫開始して二か月が過ぎるころから樹が衰弱して、ひどいときは二反でコンテナ四箱分しかとれなかったそうです。土壌消毒剤をしてもこの状態です。

あるとき、近所のホウレンソウ農家が、カラシナで土壌病害を防いでいる話を聞きつけ、農業試験場に問い合わせると「ネコブセンチュウなら、ハウス内にカラシナをまき、そのまますき込むといい」と教えてもらったのです（アブラナ科に含まれる辛味成分グルコシノレートが土壌中で分解され、殺菌作用があるイソチオシアネートガスを生じる）。半信半疑で試してみると効果はてきめん。今まで使ってきた市販のあらゆる資材よりもよかったのです。

去年までは、作が終わって残渣を片づけた後、ハウス内にカラシナをまいて、そのまますき込んでいました。しかし、今年は暖房用の重油の高騰で冬作をキュウリに替え、なおかつ作付けを遅らせたので、ハウス内にカラシナをまいて育てる時間的な余裕がありませんでした。そこで、露地にカラシナをまき、刈り取ってハウス内にすき込んでいます。

在来種のカラシナのほうが辛み成分は強いようですが、分解の早い緑肥用のカラシナを使っています。カラシナは花が咲いて実がつくと辛み成分が花や実のほうに行ってしまうので、蕾が上がってくるころまでにすき込むこと。

ロータリで丁寧に、カラシナを作土全体にすき込みます。次に灌水チューブを設置し、圃場全体をビニールで被覆。そして一昼夜たっぷり灌水します。四日ほどすると水が引いてトラクターが入れるようになります。石灰をふってロータリをかけ、翌日に元肥を入れた後、一週間ほどおいてガスが抜けたら定植となります。なにせ、カラシナをすき込んでからすぐに定植すると、トマトの葉が黄色くなってしまうほど、カラシナ成分は強いのです。（二〇〇八年十月号）

カラシナをすき込んだら灌水チューブを設置。ビニール被覆し（やらなくても効果はある）、たっぷり灌水。4日後に再度耕耘すると、カラシナの辛み成分で目がショボショボするほど

あっちの話こっちの話

毛虫退治には、くず米でスズメを呼び寄せる

武井俊樹

福島市東本庄町の武藤テルさんは、自家菜園を始めて十年近くになります。せっせと堆肥を入れ続けた甲斐あって、今では、化学肥料なし、無農薬でも作物は立派に育ってくれます。

さて、テルさんの家の松の樹に、一時ひどく毛虫がついて困ったことがあります。できるなら薬など使いたくありません。そのとき、はたとひらめいたのです。当時娘さん二人が相次いでお嫁にいき、お米が余ってカビがはえてしまっていました。捨てるのは気が引けるし……。

「そうだ！　このカビ米を樹の下にまいてみよう」ねらいは見事に的中。米を目当てのスズメがやってきて、ついでに毛虫をきれいに退治していってくれたのです。庭の桑の木にアメリカシロヒトリが大発生したときも、この手でピタリと食害をシャットアウト。

以来、テルさんは庭を見まわっては、樹の下に毛虫のふんがおちているとくず米をまいています。スズメじゃ、ちょっと無理かなと思われたときには、パンのみみを細くちぎってまいておく。そうすると、今度は鳩がきて大きい虫を食べてくれるとのことです。

一九八八年十一月号　あっちの話こっちの話

おもしろいように捕れる虫捕り器

長野県諏訪市　宮阪菊男

家庭菜園にバツグンの威力を発揮する、虫捕り器を紹介します。材料は円筒状のペットボトル（五〇〇㎖、二本）だけです。

この虫捕り器を、虫のいる葉の下へ当て、葉を軽くさわると、虫がコロリと容器の中へ落ちます。ペットボトルの側面は、そのままだと虫が這い上がってくるときがあります。そこで、ペットボトルの内側にシリコンスプレー（すべりをよくする資材、ホームセンターで入手可）を薄く塗っておきます。スルスルとすべるようになり、虫は這い上がれません。

虫を手でつぶそうとすると逃げられやすいですが、これだとかなりの確率で捕れるのでおもしろいです。テントウムシダマシ、カメムシ、ハムシ、ケムシ、コガネムシなど、葉っぱや茎にいる虫はほとんど捕獲できます。

捕り終えたら、ソケットから上を外し、未加工のフタをして日なたに放置します。一～二日で虫は死ぬので、そのままコンポストなどに入れます。水を使うと後始末が悪いので、液体は使わないほうがいいです。

二〇〇九年六月号　読者のへや

切る
500㎖
炭酸水

ペットボトルのフタを背中合わせに強力接着剤でくっつけ、ドリルとリーマーで大きく穴を開ける
穴
底の曲がり部分を少し残し、虫が外側に落下するのを防ぐ
内側にシリコンスプレーをかけて布でふき取る（虫がすべりやすくなる）

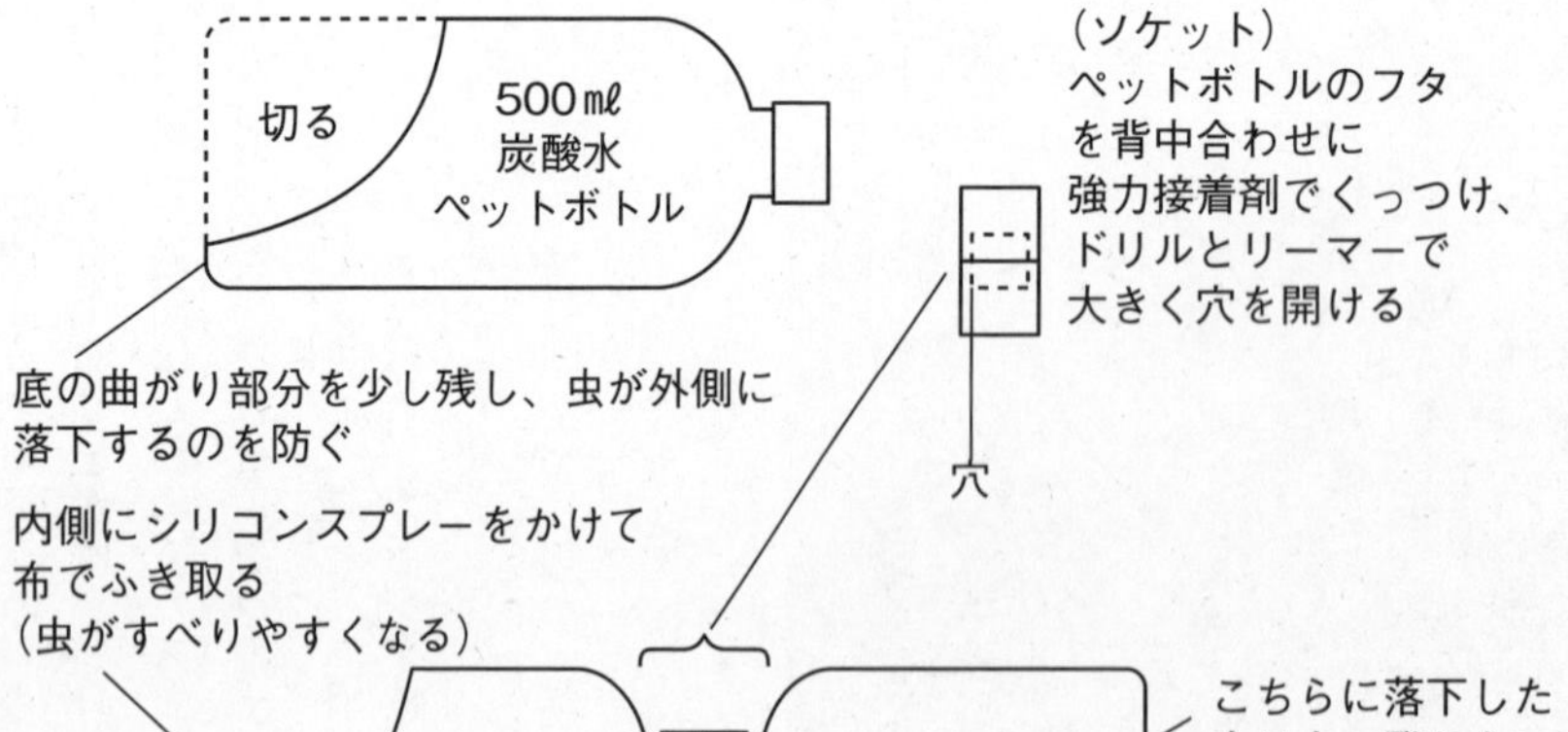
こちらに落下した虫は上へ登れない
ソケット

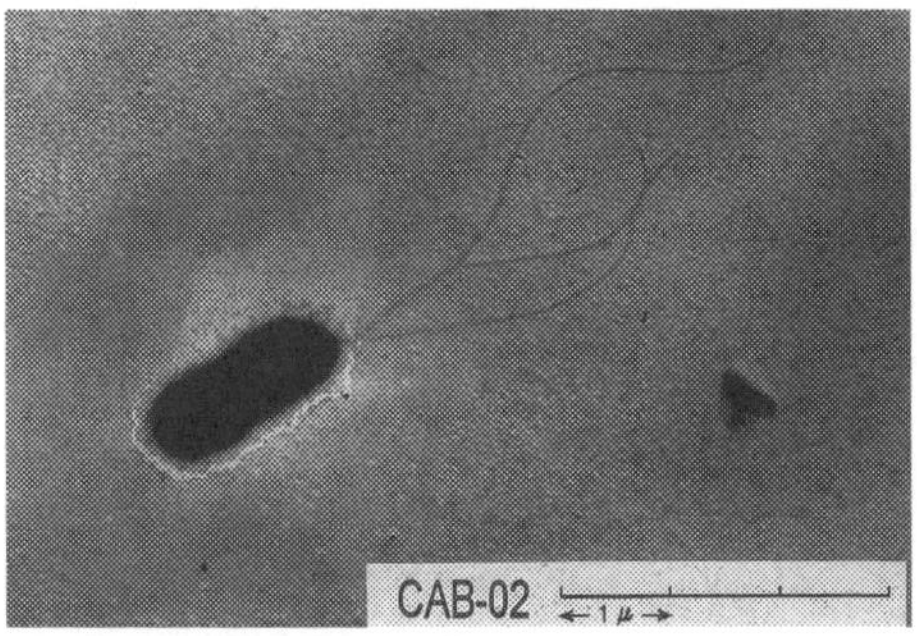

真正細菌は、古細菌や真核生物とは別の系統（ドメイン）に属し、核を持たず、ペプチドグリカンから成る強固な細胞壁を持つ。ほとんどの真正細菌は、単純に二分裂してクローン増殖する。細胞壁の構造の違いから、グラム陰性菌とグラム陽性菌に大きく分けられる。左はシュードモナスの仲間
（角田佳則原図）

子嚢菌は、菌界の中ではもっとも種類が多く、子嚢の中に胞子を形成する。酵母やカビの多くは、子嚢菌に分類される。子嚢菌は無性生殖（不完全世代）と有性生殖（完全世代）の両方を行なうものが多く、有性生殖が見つかっていない菌類を不完全菌と呼ぶ。現在不完全菌に分類されている菌類の多くは、子嚢菌に含まれると考えられている。左はボトリチスの胞子
（写真　病害虫診断防除編）

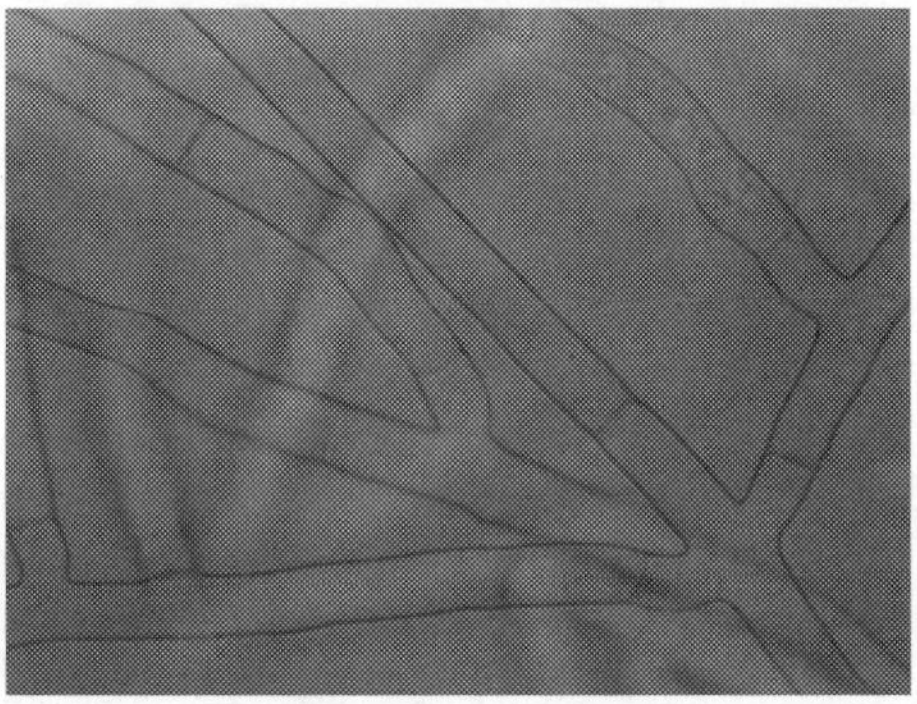

担子菌は、担子器の外に胞子を形成する菌類で、子嚢菌に次いで種類が多い。きのこの多くは、担子菌に分類される。一般に、担子菌は自家不和合性で、自分と異なるタイプとしか核融合しない。また、子嚢菌同様、無性生殖（不完全世代）するものもある。左はリゾクトニアの菌糸（写真　病害虫診断防除編　高野喜八郎）

菌界・子《し》嚢《のう》菌門

アルタナリア

Alternaria　黒斑病ほか

アルタナリアは、自然界にごく普通に存在し、植物遺体を分解する腐生菌である。生きた植物に寄生するものが作物の病原菌となり、葉などに黒い斑紋状の病変をつくる。

アブラナ科　黒斑病　被害葉の組織とともに土壌中で越年し、翌年の第一次伝染源になる。病斑上に多数の分生胞子を形成し、それらが風雨でまわりに飛散して第二次伝染を行なう。一〇～三五℃前後で生育し二三～二五℃が適温で、分生胞子は一五～二〇℃でよく発芽して、pH六・六前後を好む。

排水不良畑、地下水位の高い畑では、これらを改善して、なるべく高うねとし、密植をさける。肥切れしないように適切な追肥を行なう。

参考　病害虫防除資材編　米山伸吾

リンゴ　斑点落葉病　発育の適温は二八℃であるが、葉では二〇℃以上で感染が多くなる。一般に梅雨期に一次急増期、八月下旬以降の秋雨前線が停滞する時期に二次の急増期がある。果実の発病適温は一五～二五℃で、葉よりもやや低い。落果後まもない時期や、収穫が近づいた時期に果実感染することが多い。

とくに感染しやすい品種は、デリシャス系品種、北斗があげられる。次いで王林、ふじ、昂林、きおう、世界一、ハックナインなどが中程度。千秋、ジョナゴールド、さんさ、つがる、陽光、紅玉などは発生しにくい。

排水不良園や密植などで風通しが悪い園、窒素肥料を多く与え、葉が軟弱に育った園、逆に肥料が少なく衰弱して葉色が淡い園で発生が多い。秋期の施肥など、貯蔵養分を十分に蓄積できるような栽培管理を行なう。

参考　病害虫診断防除編　沢村健三、水野昇

アルタナリアを病原とする病気、作物

病原	病名	主な作物
アルタナリア	赤星病	タバコ
	アルタナリア茎枯病	トマト
	褐斑病	ゼラニウム、プリムラ
	褐紋病	レンコン
	茎枯病	マーガレット
	黒腐病	カンキツ
	黒すす病	キャベツ
	黒葉枯病	ニンジン
	黒斑病	ウド、カブ、キャベツ、チンゲンサイ、パクチョイ、タアサイ、ナシ、ニンジン、ニンニク、ネギ、ハクサイ、パンジー、モモ、宿根カスミソウ
	小黒点病	カンキツ
	斑点病	カーネーション
	斑点落葉病	リンゴ
	苞枯病	ポインセチア
	輪紋病	シネラリア、トマト

菌界・子嚢菌門

ボトリチス

Botrytis　灰色かび病ほか

ボトリチスは、自然界に広く存在する菌類で、腐った植物に寄生する性質が強く、活力がある生きた植物組織に直接侵入することは少ない。一般には「灰色かび」と呼ばれる。

イチゴ　灰色かび病　病原菌の生育温度は二～三一℃で、一五～二五℃で良好に生育し、適温は二〇～二三℃である。枯死した被害植物に菌糸や分生胞子の形で付着するほか、菌核が地表面で生存し、伝染源となる。生育適温で、湿度が九〇％以上の条件がつづくと分生胞子を生じ、これが飛散して発病する。

活力がある植物組織に直接侵入することは少ないが、成熟期の果実が発病しやすい。このほか、咲き終わってしぼんだ花弁

に感染発病したのち、それに接する蕾、がく、幼果を侵す。また、落下花弁がついた葉、葉柄、果梗なども、花弁が侵入口となって発病する。

葉柄基部の托葉は罹病しやすく、そこから葉柄に進展し、葉が黄化枯死する場合もあるほか、葉や葉柄の傷口、収穫時の果梗の切り口から侵入する。

ボトリチスを病原とする病気、作物

病原	病名	主な作物
ボトリチス	灰色かび病	アイスランドポピー、アズキ、イチゴ、インゲン、インゲンマメ、ウメ、エンドウ、オウトウ、カーネーション、ガーベラ、カキ、カトレア、カンキツ、キク、キャベツ、キュウリ、キンギョソウ、キンセンカ、コスモス、シクラメン、シネラリア、スイートピー、スターチス、ストック、ゼラニウム、チャ、トマト、トルコギキョウ、ナス、バラ、パンジー、ピーマン、トウガラシ類、ヒマワリ、ビワ、ファレノプシス、ブドウ、プリムラ、ベゴニア、ポインセチア、ボタン、シャクヤク、ホップ、モモ、ラッカセイ、ラッキョウ、レタス
	褐色斑点病	チューリップ
	小菌核腐敗病、白かび腐敗病、菌糸腐敗病	ネギ
	赤色斑点病	ソラマメ
	立枯病	ボタン、シャクヤク
	吊腐れ	タバコ
	灰色腐敗病	タマネギ
	葉枯病	ユリ
	白斑葉枯病	ニラ
	ボトリチス葉枯症	タマネギ
	ボトリチス病	グラジオラス

参考　病害虫防除資材編　善林六朗、中山喜一

トマト　灰色かび病　病原菌は腐生性が強いため、活力のある植物組織から直接侵入することは少ない。果実の発病はとくに咲き終わってしぼんだ花弁にまず寄生して増殖する。その後この花弁と接する組織に侵入して果実を発病させる。

厳寒期の促成栽培では、ハウス内が多湿状態になる。排水をよくするのはもちろんのこと、日中の換気を行ない、通路には籾がらを厚く敷き、その上からポリマルチなどをして水分の蒸発を防ぐ。被害果、葉、茎を摘除したら放置せず、ただちに土中深く埋めるか焼却する。不要な茎葉などを放置すると、そこに灰色かび病菌の分生胞子が形成されて、次作の汚染源になるおそれがあるので、土中深く埋めるか、腐らせずに早く乾燥させて焼却する。

参考　病害虫防除資材編　米山伸吾

循環扇でトマトの灰色かび病激減

松浦昌平　広島県立農業技術センター

促成トマト栽培では、外気が暖かくなり、暖房機が停止し始める四～五月ころに、灰色かび病などの好湿性病害が多発し、問題となる。循環扇によって、灰色かび病を減らすことができるかどうかを調査した。

結露防止効果　実験は十一月定植のハウス二棟で行なった。循環扇（羽根径二五cm、消費電力七八W）を、ハウス入口のトマト草丈よりも少し上の位置に水平方向に固定し、十二月から回転速度を「高」に設定して終日送風した。その結果、冬季の内張りした状態では、上層で風速〇・五～一・三m／秒の順風（葉がかすかに揺れる程度の風）が、下層では〇・一～〇・二m／秒の逆風（循環扇のほうに向かって吹く微風）が観測された。一方、内張りを除去した春季は、上層で〇・三～〇・九m／秒の順風（煙がなびく程度）が観測された。

また、暖房機が作動する冬季には、送風により施設内の空気が均質化され、トマト上下層間の温・湿度較差が小さくなり、トマト下

層部の温度は約一℃上昇することがわかった。さらに、空気の均質化により、暖房機の灯油消費量が、一aのハウスで、一日当たり約二ℓ節約できた。暖房機が停止する春季には、循環扇の送風による施設内の除湿作用は見られなかったが、早朝のトマト果実表面に付着する水滴量が約七〇%減り、結露防止効果があることがわかった。

ハウスに循環扇をつける農家は増えている（撮影　赤松富仁）

灰色かび病はほぼゼロ　四月上旬に、ハウス中央部に灰色かび病菌を接種し、その後の発病の様子を調べた。無処理区では四月下旬に灰色かび病が発生し、五月下旬、発病した葉の割合は一一・三%となった。一方、送風区では、五月中旬に灰色かび病が発生したが、最終的な発病割合は、〇・六%と非常に少ない結果となった。

一般に、灰色かび病の発生には九三%以上の湿度と五時間以上の連続結露時間が必要といわれている。循環扇による送風では顕著なハウス内除湿作用は見られないことから、灰色かび病の抑制効果は、おもにトマト表面の結露防止作用によるものと考えられる。

品質・収量は同じ　循環扇送風によって、トマトの茎長はわずかに短くなり、茎重と茎径が増大し、株がわずかに「ズングリ」型になる傾向が認められたが、生育への悪影響は見られなかった。トマトの収量を調べたところ、暖房機が作動する冬季においては、循環扇の送風により下層の気温が一℃上昇したことで、第一～二段果房の収穫開始日が約五日程度早まり、一月の総収量が増加した。

しかし、二月以降の月別総収量は送風のあるなしで差は認められず、作期を通しての総収量も送風、無処理ともほぼ同等であった。さらに、障害果などの規格外果実の発生量も送風、無処理とも同等であった。以上のように、促成トマト栽培において、循環扇の送風は、品質・総収量への悪影響はほとんどないことがわかった。

葉かび、うどんこ病には効果低い　促成トマト栽培では、灰色かび病だけでなく、葉かび病やうどんこ病など他の空気伝染性病害の被害も問題になる。実験では、循環扇送風は葉かび病やうどんこ病にはあまり効果が期待できないという結果も同時に観察されている。（二〇〇四年十二月号）

通路に米ぬかふって灰かび病を抑える

編集部

滋賀県八日市市の安村佐一郎さんは、キュウリのハウスに灰色かび病が多発、困り果てているところに、ある人から米ぬかをまけば防げるかもしれないといわれた。「ぬかふってカビが出れば、ハウスにカビの病気が増えるに決まってる。ずっとそう思うとったんや。でも、あんまり灰かびが出るさかい、一度やってみよかと。作の終わりだったんで失敗してもまあいいかぐらいに思うて」

そして生の米ぬかを試しに通路にふってみたところ、確かにそのまわりだけ灰色かび病が減った。生の米ぬかを通路にまくだけで防除効果があったのだ。それ以来、何度も米ぬかをふってその効果を実感。今では仲間の部会員（一七名）や周辺市町村のキュウリ農家にまで、米ぬか防除が広がっている。

　米ぬかをまき始めるのは、一月定植の半促成キュウリで二〜三月ごろ、八月定植の抑制キュウリで十月ごろから。ハウス内が結露しやすく、灰色かび病が出やすくなる前から予防的にまく。やり方は、五日に一回、反当たりにしてたった七kgほどだ。あまりたくさんの米ぬかをまくと、米ぬかが腐るので足がぬるぬるとすべって仕事がしづらくなる。

　米ぬかをまくと通路はどんな状態になるのか。見ると、カビが通路にビッシリと生えていた。種類は多く、赤、青（灰色っぽい）、緑、黄、黒など。そしてよく見ると、頭の黒い胞子が見えるものがある。安村さんは、この胞子がハウスの中を飛んで、キュウリの株全体に付着。その胞子があらかじめ付着していると、灰色かび病菌が侵入できず、発病しないのではないかという。だから、米ぬかを散布する間隔は胞子が絶えてしまわないように、五日に一回ぐらいにしているのだ。

米ぬかをふる量はこの程度

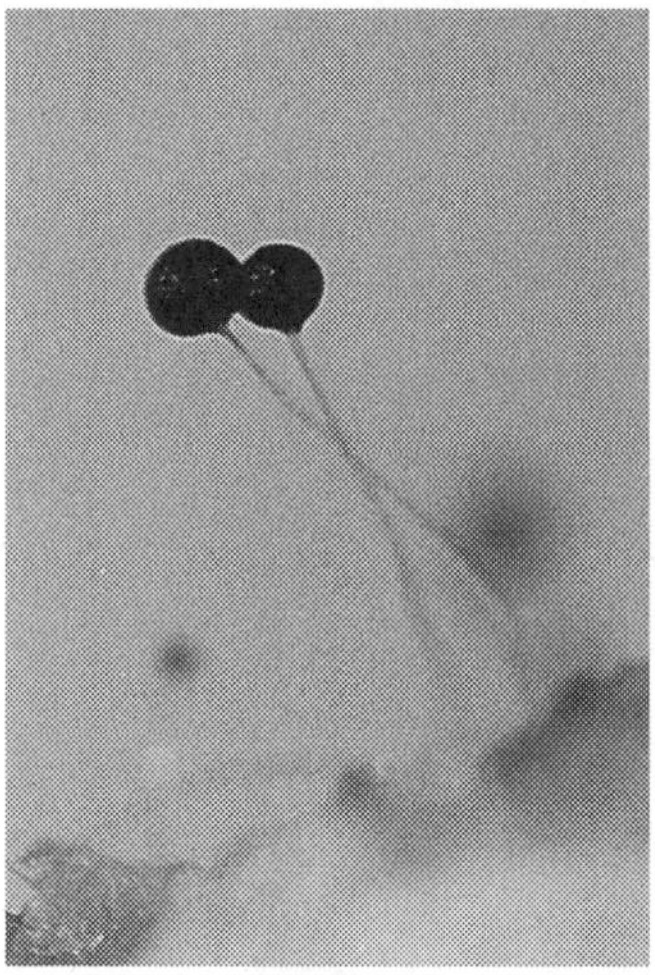
次に現れたトリコデルマ様のカビ

最初に米ぬかに発生したリゾプスの仲間

宮田善雄氏（元京都府立大学）の調査によれば、以下のような仮説が考えられるという。

　通路にまかれた米ぬかは様々の微生物によって分解されるが、カビの発生と分解には順序がある。新しい米ぬかの上には、まず、伸長の速い白い菌糸が縦横に走り、まもなく上に向かって菌糸を伸ばし、その先端に黒い胞子塊が形成される。これは、リゾプス（クモノスカビ）の仲間で、これらがほぼ全面を覆いつくして、勢いが衰え始めるころ、交代するかのように、細い菌糸が密に伸び始め、

米ぬかで培養した2種のカビをキュウリに接種し、次に疫病菌を吹きつけた。左端は無処理で、発病して株がとろけた。右端はトリコデルマ様のカビを接種した株で、エキ病が発生しなかった（写真　宮田善雄氏）

やがて、小さな胞子群が多数形成される。これは、トリコデルマの仲間のように見える。さらに分解が進むと、フザリウムやペニシリウムも出現する。

一方、植物は病原菌の侵入に抵抗する方法として、体の中で生産した毒素（代謝阻害物質）を用いることが多い。病気が発生すると患部が赤くなったり黒くなったりするのは毒素の生産が行なわれていることを示している。樹体内に常時貯蓄した毒素を利用している植物もあるが、毒素が自分の細胞にも負担となることが多いので、病原菌が近づいたことを感知してから急いで生産にかかる植物が多い（病害抵抗性誘導）。

キュウリも防衛の備えをとっているが、トリコデルマ様のカビを病原菌と認識して、毒素を生産し始めたと思われる。次に、本物の病原菌に接触するとただちに防戦し、病原菌はどこからも侵入できないではないか…。（二〇〇〇年六月号／二〇〇〇年九月号）

クラドスポリウムを病原とする病気、作物

病原	病名	主な作物
クラドスポリウム	黒星病	アンズ、ウメ、キュウリ、モモ
	すす病	カキ
	葉かび病	トマト
	斑点病	チモシー
	斑点落葉病	ユキヤナギ

菌界・不完全菌

クラドスポリウム

Cladosporium　黒星病、葉かび病ほか

クラドスポリウムは、自然界にもっとも多く見られるカビのひとつで、菌糸が濃い深緑色を呈する。

キュウリ　黒星病　病原菌は一三～二一℃でよく生育し、発病最適温度は一七～二一℃付近にある。湿度が八五％以上の多湿で胞子が発芽するため、冷涼で多湿な環境がつづくと多発する。

第一次伝染で生じた病斑部分に多数の分生胞子を形成し、これが飛散して二次伝染を起こす。低温で多湿がつづくと発生がふえ、気温が高まり湿度が低下すると発生が減少する。施設栽培では、ビニールフィルムが破れていたり、すき間があったりすると、その近くが低温になって発生しやすい。

参考　病害虫防除資材編　善林六朗

ウメ　黒星病　菌糸の生育や分生子の発芽の適温は一八～二四℃である。潜伏期間は長く、気温によって幅があるが、二〇～三〇日と考えられる。

地下水位が高く、また排水不良の畑や、土壌水分が高い土地では発生しやすい。密植したり窒素質の肥料を過用したりして過繁茂になり、茎葉の間の風通しが悪く、湿度が高い場合には発生しやすい。

参考　病害虫防除資材編　米山伸吾

トマト　葉かび病　分生胞子が葉に飛散すると、そこで発芽し、葉の気孔から植物体に侵入し、その後葉の中で増殖する。葉の表面が黄色になって病斑が見られるようになるまで約二週間の潜伏期間がある。

葉に病斑が見られると、やがて葉の裏側に菌そうが現われ、そこに分生胞子を多数形成する。この分生胞子が風などによって飛散して、新しい葉に付着して侵入する。二二℃で湿度九〇％以上のときにもっともよく発病する。

参考　病害虫防除資材編　米山伸吾、相野公孝

病気の原因は土壌水分　葉かび、灰色かびも出ない

長崎県松浦市　守山重義

私は平成四年にそれまでのイチゴに替えて、トマトの栽培を始めました。作型は十月定植の長期どりです。

最初の二年間、私のトマトの樹はトマトの

姿をしていませんでした。定植して五〇cmほどに育つと葉がしなびてしまい、水を与えなければ枯れてしまうのです。かろうじて実るトマトは丸い形のものがなく、おまけに灰色かび病、葉かび病などが止まりませんでした。

多かん水で病気が多発　私のハウスは山と山の谷間にあり、冬の間、ハウスに日が当たり始めるのは午前十時で、午後三時までには沈んでしまいます。しかも、そこはザル畑。排水がよすぎて非常に乾きやすいのです。したがって、つい多めにかん水すると低日照と多湿が重なり、灰色かび病と葉かび病が同時発生という悪循環に陥ってしまっていたのです。

その年に、埼玉の養田昇さんの『高風味・無病のトマトつくり』（農文協刊）に出会いました。読んでみると、私の二年間の失敗の原因が、すべてその本の中にあるように思えました。

養田さんは促成作型で、不耕起栽培。ウネを立てないやり方でした。養田さんのハウスは排水がよくて乾きやすく、「ふわふわの土はすき間だらけで、常にかん水していなければトマトにとって水が不足する。しかし、水を与えるとハウスの中の湿度が高くなるため、ハウスを開けることができない厳寒期から春の二～三月ごろに病気が発生することになる」と書かれていました。

さらに「土の表面を固めることで、表面からの水の蒸散を抑え、土を締めていることで地下水と毛管水が絶えずつながって、土壌水分が常に安定的に供給される」とありました。トマト栽培を半ばあきらめかけていた私でしたが、この本を信じてまったくこのとおりにやってみようと決意したのでした。

うねを立てず点滴かん水　その年の七月、収穫残渣をハウスの外に持ち出し、ハウス内をいったん一〇cmほどロータリーで耕耘し、二〇日間水をためました。耕盤がなかったのでなかなか水がたまりませんでしたが、三～四回も代かきをすると、やっと水が漏らなくなりました。こうしてしばらく放っておき干しあげ、土をカチンカチンに固くしました。

定植は、カチンカチンの土にドリルで三寸ポットの入るくらいの植え穴を開け、その中に苗をおき、水を貯めて一日おいた後、乾燥を防ぐために双葉まで埋まる程度に深植えしました。

結局かん水は、三月までやりませんでした。三月から開始したかん水も、点滴かん水にしました。少量の水を均一に広げるためです。チューブは、一〇cm間隔でかん水できる「Tテープ」が丈夫で安く、目詰まりが少なくていいようです。これを通路に一本敷きました。

肥料は通路にドリルで穴を開け、地下三〇cmの深さで穴肥のみにしました。材料は生の肉骨粉を反当五六〇kgと自家製堆肥（落ち葉＋海藻＋カヤを一年堆積したもの）を反当三t。いわゆる待ち肥です。肥料を早くから吸わせず、水や肥料を求めて根が自分で伸びていくようにするためです。

定植後、低温と日照不足のせいで、トマトの生育はすすみませんでした。しかし、養田さんの「日照不足の時期には温度を上げず、ゆっくり生育させる」という言葉を信じてじっと我慢の日々が続いて、とうとう三月二十日に初収穫を迎えることができました。できたトマトは、ベースグリーンの濃い緑とトマトの紅が入り混じり、一mの高さから落としても何ともありません。包丁も立てにくいほど硬くて、半月たっても鮮度が落ちません。糖度は一四度。それに加えジューシーさと酸味のある信じられないトマトができたのです。

灰色かび、葉かびも出ない　できたトマトも信じられないものでしたが、もっと信じられないのは病気がまったく出なかったことでした。点滴かん水による少量かん水のおかげで、ハウス内の湿度が低く抑えられているので、灰色かび病や葉かび病が出なくなったのは何となくわかります。ところが、ずっと出ていた葉先枯れが不耕起にしたら、ピタッと出なくなったのです。また、カルシウム欠乏による尻腐れも出なくなりました。現在でもおそらく反に五個も出ません。

今年で不耕起は四年目になりますが、現在ではこのやり方にいくつかの改良を加えています。ひとつは、ハウスに水を貯めて干しあげた後、三～五cmほど浅く耕耘することにしました。こうしないと、地面全体に指が入るほどのヒビが入ってしまい、根がそこで止まってしまったり、点滴かん水の効果があがらず、次第に樹勢が弱まってしまいます。

また、点滴かん水チューブを通路と株元の二本立てにしました。私のハウスの場合、通路だけでは株元まで水が広がりませんでした。

それから、糖度をあげるために追肥をやることにしました。樹の維持だけなら元肥と土壌水分だけで十分ですが、味をよくするには追肥が必要です。四月ごろに、肉骨粉と米ヌカをそれぞれ反当二〇〇kg、そしてサトウキビ粕でつくった堆肥を反当二〇袋（四〇ℓ）、通路のマルチをはいでふっておくと、水分があるのでじわじわ効いていきます。（一九九九年七月号）

落ち葉の床土で葉かびに強いトマト

兵庫県豊岡市　小西　勲

私は野菜経営三十七年の専業農家。私が父とトマト作りをしていたときは、水田から土を取ってきて、牛糞堆肥と高度化成肥料をパラパラとまいて、切り返して苗作りをしていた。今から思えば、みかけだけの苗だった。

だが、二十八年前、神戸市の友人が、京都に出かけて行って、竹笹の落ち葉を家族総出で一週間かけて一〇tも集めると聞いた。トマトの育苗に使うのだという。草丈一五cmほどの苗だが、地床に手を入れたら、音もなしにスルスルと七〇cmもの根っこが出現、私は腰が抜けた。根のすばらしさ、苗のすばらしさ、根には竹笹がビッシリ。本当のトマト苗を見た。

私も妻と落ち葉集めに山に入った。思ったように集まらず、あせったが、トマトのために二tくらい集めた。今では車で三〇分くらいのところに、一日で約三t集まるいい場所を見つけ、秋に集めて積み、ビニールで覆って、翌年の夏まで置き、腐食させる（その間、二～三回切り返す）。

そして、砂壌土と有機化成（五―五―五）、過リン酸石灰、有機石灰を落ち葉とサンドイッチ状に積む。そのまま置き、秋に切り返して混合する。

使用するのは翌年二月からで、まずは半促成栽培のポット苗に使う。落ち葉を山から取ってきてトマト苗に使うまで三年ごしということになる。

落ち葉で作った床土は水分が安定しているし、様々な微生物が生息していて、病気や寒期に強い苗、そして、おいしいトマトができると思う。トマトは一年も休まず三十七年連

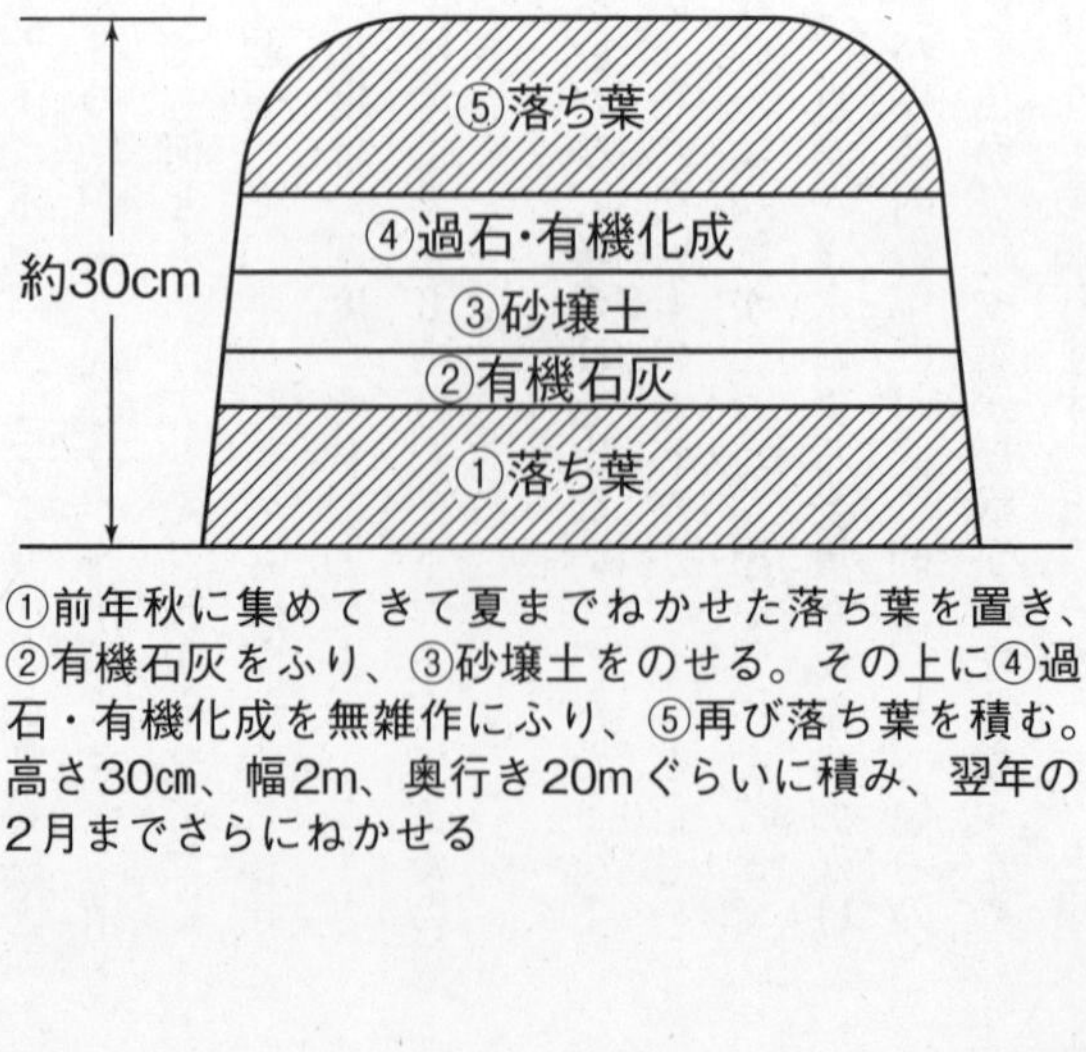

①前年秋に集めてきて夏までねかせた落ち葉を置き、②有機石灰をふり、③砂壌土をのせる。その上に④過石・有機化成を無雑作にふり、⑤再び落ち葉を積む。高さ30cm、幅2m、奥行き20mぐらいに積み、翌年の2月までさらにねかせる

作している。葉かびで苦労している人も多いが、私のところは少し出ても、それほど広がらない。

二月、育苗ハウス内は八〇〇〇本のトマトの新緑と落ち葉のにおいで一杯になる。私はこのにおいが大好きである。生きている感じがする。（二〇〇五年十月号）

菌界・子嚢菌門
コレトトリカム

Colletotrichum 炭疽病

イチゴ　炭疽病　イチゴの炭疽病は、病原がグロメレラ *Glomerella cingulata* によるものと、コレトトリカム *Colletotrichum acutatum* によるものがあり、後者は、「葉枯れ炭疽病」とも呼ばれる。グロメレラの発病最適温度は三〇℃であるが、コレトトリカムの最適温度はやや低く、二五～二六℃とされる。

株のクラウン周辺やランナーなどの病斑上に胞子が塊となって付着するが、この塊のままでは伝染することができない。伝染には、水が必要であり、降雨やかん水による「水はね」とともに拡がる。梅雨期や台風、頭上かん水で伝染がおこりやすくなる。

窒素過多で若葉が次々に出ると感染しやすい。育苗期は過剰な施肥を控える。また、育苗期の過度のかん水は避ける。本圃に定植し、チューブかん水、ビニール被覆すると発病がおさまる。

参考　病害虫防除資材編　手塚信夫、稲田稔

チャ　炭疽病　病葉に形成された分生胞子が降雨で周囲に飛散し、雨で葉が濡れていると発芽し、新葉裏面の毛茸から葉組織内に侵入する。感染後一五～二〇日で発病する。茶芽の生育は一年に四～五回くり返されるため発病もこれと合わせてくり返される。

二〇～三〇℃で生育せ、生育適温は二五～二八℃である。発病には降雨が不可欠であるため、新葉が開葉していく時期に降雨がつづくと多発する。

参考　病害虫防除資材編　野中寿之、秋田　滋

コレトトリチュームを病原とする病気、作物

病原	病名	主な作物
コレトトリカム	炭疽病	イチゴ、インゲン、インゲンマメ、ガーベラ、カトレア、カンキツ、キュウリ、キンギョソウ、キンセンカ、クリ、コマツナ、シクラメン、スイカ、スターチス、ストック、スモモ、ダイズ、チャ、ドラセナ類、ナガイモ、ピーマン、トウガラシ類、ファレノプシス、ホウレンソウ、ユリ、リンゴ、アルファルファ
	茎枯病	マーガレット

消費者の一言がきっかけの炭疽病対策

編集部

静岡県藤枝市を中心に無農薬でお茶作りをしている「無農薬茶の会」が無農薬のお茶作りを始めて以来、一番困っていたのが炭疽病だった。炭疽病にやられると葉が落ちてしまい、新芽が充実しない。当然、収量は上がらない。もちろん品質もわるくなり、「無農薬でいいお茶ができるわけない」ということになってしまう。

杵塚敏明さんは、お茶の葉がふるってしまうのを見るたびに「こんちくしょう、こんちくしょう、何とかしなくちゃ」と気ばかり急くのだった。無農薬に取り組んではみたものの、それまでは「病気とは農薬で抑えるものだ」という考えしかなかったから、農薬なしでどう抑えたらよいのか皆目わからなかった。

そんなときに、消費者の奥さんからの「炭疽病ってどういう条件がそろうと発生するのですか」という質問は、「病気」とくれば「農薬」と連想してしまう杵塚さんにはない発

想だった。「炭疽病の出る条件」から考えてみるなんてこれっぽっちも思い至らなかったのだ。

「待てよ、そういえば炭疽病は秋によく発生する。でも秋口に選挙があって応援に行った年は炭疽が出なかったな…、あの選挙の年は、いつもなら八月下旬から九月上旬にかけてやっていた秋肥が一か月ほど遅れてしまったんだった。いつもは秋肥をやったあと秋雨がある。当然秋肥は秋雨にあってお茶の樹にも効いているはずだ。それが選挙の年は秋雨のあとに秋肥をふった。お茶の樹には肥料はあまり効いていないはずだな…」

炭疽病の発生は、降雨と肥料の効き方に関係があるのではないか、と思い当たった。そして、ふたつの方法を試みた。①秋肥の時期を、秋雨前の九月下旬から、秋雨後の十月上旬にする。②全体の施肥量（窒素）を減らす。考え正しいかどうかはわからないが、とにかく実践してみた。その結果は予想どおりで、炭疽病の発生は減っていった。この五、六年は発生しても問題ないくらいにまでなっている。

施肥量は、窒素成分で九〇～一〇〇kgくらい入れていたのをグンと減らしていった。現在は有機肥料の配合を一回に七～八俵ずつ（だいたい春肥二回、夏肥二回、秋肥一回）施している。窒素の施肥量は三〇～三六kg程度で、きわめて少肥でお茶を作っていることになる。しかもその施肥量で、一番茶で平均七〇〇kgくらいはとれているのである。

施肥を変えることでおおかたの茶畑の炭疽病は減ってきた。しかしもうひとつ効果の上がらない茶畑もあった。そんな茶畑にはドクダミが多かった。杵塚さんは、このドクダミと炭疽病とは関係があるとみた。ドクダミは湿気の多い、日当たりのよくないところに多い。そんな畑へ他の茶畑と同じように肥料をやったんでは、土壌水分が多いことも手伝って肥料の効き方もちがうはずだ。現にお茶の品質もよくない。そして湿気が多いことで、先の秋の長雨前の秋肥のように、炭疽病を呼ぶのではないか…。

その茶園の改植時に、暗渠を入れたところ、やがてドクダミは生えなくなってしまった。そして炭疽病の方もお茶がだんだん大きくなって収量が上がってくるころには気になるほどの発生もしなくなっていた。（一九八八年十月号）

菌界・子嚢菌門

ディディメラ

Didymella　つる枯病

ディディメラは、つる枯病の病原菌で、キュウリ、メロン、スイカなどウリ科植物のみを侵す。

キュウリ　つる枯病　被害茎葉とともに土壌中や資材などについて越夏、越冬し、伝染源となる。雨滴などの飛沫とともに柄子殻や子嚢殻はキュウリに付着し、そこで水分を得ると、中から無数の柄胞子やひとつの袋に規則正しく八個ずつ入った子嚢胞子が流れ出して茎葉や果実に侵入し、発病させる。

発病した茎葉や果実は、病斑上に再び黒点粒（柄子殻または子嚢殻）をつくり、水分を得て次々に伝染していく。乾燥状態がつづくなど病菌にとって環境条件が悪くなると、黒点粒のまま越夏、越冬し、次作の伝染源となる。病原菌の生育温度は五～三〇℃と範囲は広いが、適温は二〇～二四℃である。

参考　病害虫防除資材編　川越仁、今村幸久

メロン　つる枯病　被害残渣とともに土壌中で越年した偽子嚢殻または柄子殻は、その

生育条件が整うと内部に子嚢胞子または柄胞子を形成し、これが水滴とともに飛散してメロンに寄生する。柄胞子などが種子に付着して種子伝染もし、種子が発芽するとその胚軸に寄生したり、双葉にも寄生する。

　胚軸～本葉の間の茎が侵されやすく、病斑が形成されるとそこに黒色小粒点状の柄子殻を多数形成し、この中の柄胞子が雨などの水滴とともに飛散して、他の部分に寄生する。

　定植後には土壌中の被害植物の残渣とともに越年した病原菌が、気温の上昇とともに活動する。マルチをしてあると植え穴部分の茎のまわりは高温多湿となりがちであり、ここに土壌中の病原菌が寄生すると病勢の進展が急速で、その被害も大きい。発病適温は一五～二五℃で、それ以下の低温でもそれ以上の高温でも発病しにくくなる。

参考　病害虫防除資材編　米山伸吾、深谷雅博

つる枯病退治は土療法で大成功

小川　光

　つる枯病はハウスメロンのもっとも恐ろしい病気といわれ、収穫直前まで油断できません。対策としては、予防が第一。ハウス内を過湿にしない、窒素過多を避ける、大きな傷口を作らない、また接木部や枝を切り落とした跡殺菌剤を塗布して予防することなどがあげられます。私は自宅の八aのパイプハウスで一九八六年よりメロンを連作していますが、当初発病した場合の治療法としては、患部を削って拭き取り、殺菌剤を塗布してきました。しかし、菌に抵抗性が発達しやすく、また削り方が不十分だと外は治っても内部へ病気が進行する場合もあります。

　八八年からは完全無農薬で栽培しています。そこで、薬剤の代わりに土を塗ったらどうなるか?「だめでもともと」と、やってみたら大成功。再発もしにくく、今では毎年あたりまえのようにやっています。近所のキュウリ農家でも成功したので確信を得ました。

治療の手順　まず、患部を削り、ちり紙で拭き取ります。とくに患部の端の部分をきちんと削ってください（削らないと土が付着しません）。次に乾燥した土をその場からつまんで、ここへまぶすようにつけます。まぶした土が濡れたらさらにまぶします。これで終わりです。毎日見回って、ヤニが出ていたり濡れていたら、これをぬぐってまた土をつけます。治療したところは乾燥しても、健全部との境が発病していたら、同様に繰り返します。こうすれば、患部が細くなっているような手遅れのものでなければ、たいてい治癒し、塗った部分からはほとんど再発もしません。

　土は雨で流されてしまいますので、ハウス内に限定されます。適用部位は胚軸と茎に限られ、果実には使えません。果実は糖分が多く、雑菌の繁殖に好都合だからです。葉および葉柄も軟らかいため不向きです。使用する土は、土壌消毒などをしていない、ハウス内の自然状態の土。掘り取って何日も置いて乾燥した土は適しません。次に、この方法は、治療専用で予防には使えません（理由は後で述べます）。

土の中の天敵を生かす　土壌には、多くの微生物がすんでいます。その中で、ある微生物が増加すれば、これを食べる別の微生物が増加する法則があり、バランスを保っています。また、トビムシという微小な昆虫も、つる枯病菌を食べることが知られています。どちらの働きが大きいかわかりませんが、重要なことは「患部にはつる枯病菌が多数いる」ということです。もちろん、患部を削らなければ病気で死んだ部分が障壁となって、これら天敵たちは病気が進行している内部へ侵入できませんが、削って拭き取っても、まだまだたくさんのつる枯病菌が残っています。ここへ、これらの天敵を含む土をまぶしてやれば、つる枯病菌を食べて天敵が増殖し、以後はここで土壌中と同じように静菌作用が働く

ようになります。

泥を塗りつけるより、乾いた土をまぶすほうが効果的なようです。これは、患部を乾燥させ、つる枯病菌の活動を抑えるほか、土壌中の微生物が水分を求めてすみやかに患部へ移動するからと思われます。泥は乾燥後固まって、内部の植物組織の呼吸を妨げ、自力で回復するのをじゃますることもあります。

（一九九三年十月号）

菌界・子嚢菌門

フザリウム

Fusarium　萎黄病、萎凋病、つる割病ほか

フザリウムは、森林土壌などでは普通に見られるカビであるが、植物に病気を引き起こす種が多く含まれる。

イチゴ　萎黄病　病原菌の形態は球形の厚膜胞子、分生胞子（大型、小型）、菌糸の状態がある。厚膜胞子は土壌中あるいは罹病した腐敗組織中に形成され、自然土壌中では休眠状態で四～五年間以上生存できる。

寄主作物の根が近くに来ると根から栄養物質の供給を受けて発芽し、根の表皮細胞、表皮の細胞間隙および根毛から侵入し、導管内で小型分生胞子を形成する。新鮮な作物組織では菌糸は蔓延し盛んに分生胞子を形成するが、枯死、腐敗した罹病遺体では他の微生物によって菌糸はすみやかに溶菌し、厚膜胞子を形成する。分生胞子も栄養の供給を受けて発芽するが土壌中ではすみやかに溶菌し、一部は厚膜胞子となる。厚膜胞子は菌糸内の飢餓、とくに炭素源が枯渇すると形成されると考えられている。

発育適温は二八℃、最低発育限界は五～一二℃、発育最高温度は三六℃である。本病は地温一五℃以下では発病せず、一五～二〇℃では発病しないか、発病しても被害はごく軽い。二〇℃以上で発病し、二二℃以上では発病は早まって被害が著しく、二五～三〇℃では激発して枯死株が続出する。

参考　病害虫防除資材編　岡山健夫

トマト　萎凋《いちょう》病　トマトが定植されると厚膜胞子が発芽して、根の先端から侵入し、組織中で増殖しながら細胞や組織を次々と侵す。病原菌は空気中を飛散し、育苗中の鉢用土や本圃土壌の表面に落下して発生源となることもある。

維管束がとくに侵されやすく、病原菌が増殖したとき生ずる代謝物質のため、導管壁の作用が阻害される。その結果として水分が上方に供給されなくなるため、下葉からしおれ黄化して、上方の葉もしおれる。やがて回復しなくなって枯れる。病原菌はこれら発病した組織とともに土壌中で厚膜胞子になって生存する。

本病菌には三つの病原性の異なるレースのあることが知られている。日本に分布しているレースは、ほとんどがレース1であり、病原性の強いレース2も全国で発生が認められ

フザリウムを病原とする病気、作物

病原	病名	主な作物
フザリウム	赤かび病	ムギ
	萎黄病	イチゴ、コマツナ、ダイコン、ミヤコワスレ
	萎凋病	アズキ、カーネーション、ゴボウ、シクラメン、スイートピー、ストック、トマト、ネギ、ホウレンソウ
	褐色腐敗病	ナガイモ、メロン
	株枯病	ミツバ
	乾腐病	グラジオラス、コンニャク、サトイモ、タマネギ、ニラ、ラッキョウ
	球根腐敗病	チューリップ、フリージア
	立枯病	アスパラガス、カーネーション、ショウガ、ソラマメ、トルコギキョウ、マーガレット
	つる割病	アサガオ、キュウリ、サツマイモ、スイカ、メロン
	苗立枯病	イネ、トウモロコシ、ビート
	根腐萎凋病	トマト、ネギ
	根腐病	インゲン
	斑点病	ゼラニウム
	腐敗病	シンビジウム、レンコン

ている。

参考　病害虫防除資材編　米山伸吾、黒田克利

スイカ　つる割病　病原菌はスイカ、メロン、トウガンなどに寄生し、ユウガオには寄生しない。ユウガオつる割病菌は台木のユウガオの根や茎を侵し、スイカに寄生しないが、台木部分が侵されて腐敗するとスイカ部分の茎葉もしおれて枯れる。

病原菌は根および維管束を侵し、植物体の各部に広がり、種子に達する。病株から採種した種子は種子伝染する。病原菌の発育適温はスイカつる割病菌は二四〜二七℃で、四〜三八℃で生育する。ユウガオつる割病菌も同様である。

参考　病害虫防除資材編　長井雄治

キュウリ　つる割病　つる割病は、キュウリのほかにメロンなどのウリ類にも発生するが、キュウリの菌はメロンを侵すが、スイカ、ヘチマは侵さない。病原菌は土中で数年間生存でき、種子伝染も行なう。完熟堆肥を施用すれば発生はある程度抑制される。キチン質を含んだカニがらを混合すると、発病が抑制される。

参考　病害虫診断防除編　高橋尚之

ネギ・ニラとの輪作・混植で高い防除効果

木嶋利男

栃木県にはユウガオ（かんぴょう）が約三百年前から栽培されています。長い間連作にちかい状態で栽培されていますが、ユウガオつる割病の発生はほとんど認められません。調査したところ、つる割病の発生が認められなかった圃場では、伝承的にタマネギやムギとの同一圃場内輪作（同一圃場内で毎年ムギやタマネギとユウガオのうねの位置を替える栽培方法）や株元にネギを混植して栽培していることが明らかになりました。

タマネギとの輪作やネギの混植にはユウガオつる割病の発生を制御する微生物が関与しているのではないかと想定し、ネギ属植物の根圏微生物の調査を行なったところ、ユウガオつる割病に強い抗菌活性を示すシュードモナス・グラジオリーやシュードモナス・セパシアといった細菌がネギやタマネギの根圏および鱗茎から分離され、これがユウガオつ

表1　混植したネギの根圏にいる細菌が抑える病気

トマトかいよう病、トマト半身萎凋病、トマト萎凋病、キュウリつる割病、スイカつる割病、ユウガオつる割病、ホウレンソウ萎凋病、ナス半身萎凋病、イチゴ萎黄病、ユリ立枯病、キュウリ立枯病、アスパラガス立枯病、ダイズ立枯病、ダイコン萎黄病、コンニャク乾腐病、ニラ乾腐病、ラッキョウ乾腐病、タマネギ乾腐病、シンビジウム腐敗病、サボテン腐敗病、デンドロビウム腐敗病など

表2　ネギ、ニラと混植や輪作して良い作物

ネギ、ニラの区別	混植や輪作して良い作物	
ネギ	ウリ科	キュウリ、ユウガオ、スイカ、メロンなど
	バラ科	イチゴ
ニラ	ナス科	トマト、ナス、ピーマン、ジャガイモなど
ネギ、ニラ	アカザ科	ホウレンソウ

表3　ネギ、ニラと混植や輪作すると悪い作物

作物名	混植や輪作すると生ずる主な障害
ダイコン	病害は少なくなるが、根（ダイコンとして収穫する部分）が枝分かれする。このため、ダイコンでなくなる。
レタス	葉が黄化して生育不良となり結球が悪くなる。また、病害の防除効果も明らかでない。

る割病の発病を制御しているものと考えられ、これを用いて防除試験を行なったところ、高い防除効果が認められました（表1）。

　次に、ネギ、ニラとの混植や輪作の相性について試験してきました。その結果、表2および表3のような実験結果を得ました。ネギとはキュウリ、ユウガオ、スイカ、メロン、イチゴなどの相性が良いこと、ニラとはトマト、ナス、ピーマン、ジャガイモ、ホウレンソウなどが相性が良いこと、また、ダイコン、レタスとはネギもニラも相性が悪いことがわかりました。

図1　トマトとニラの混植―1ベット2条植えにおける効率的な混植

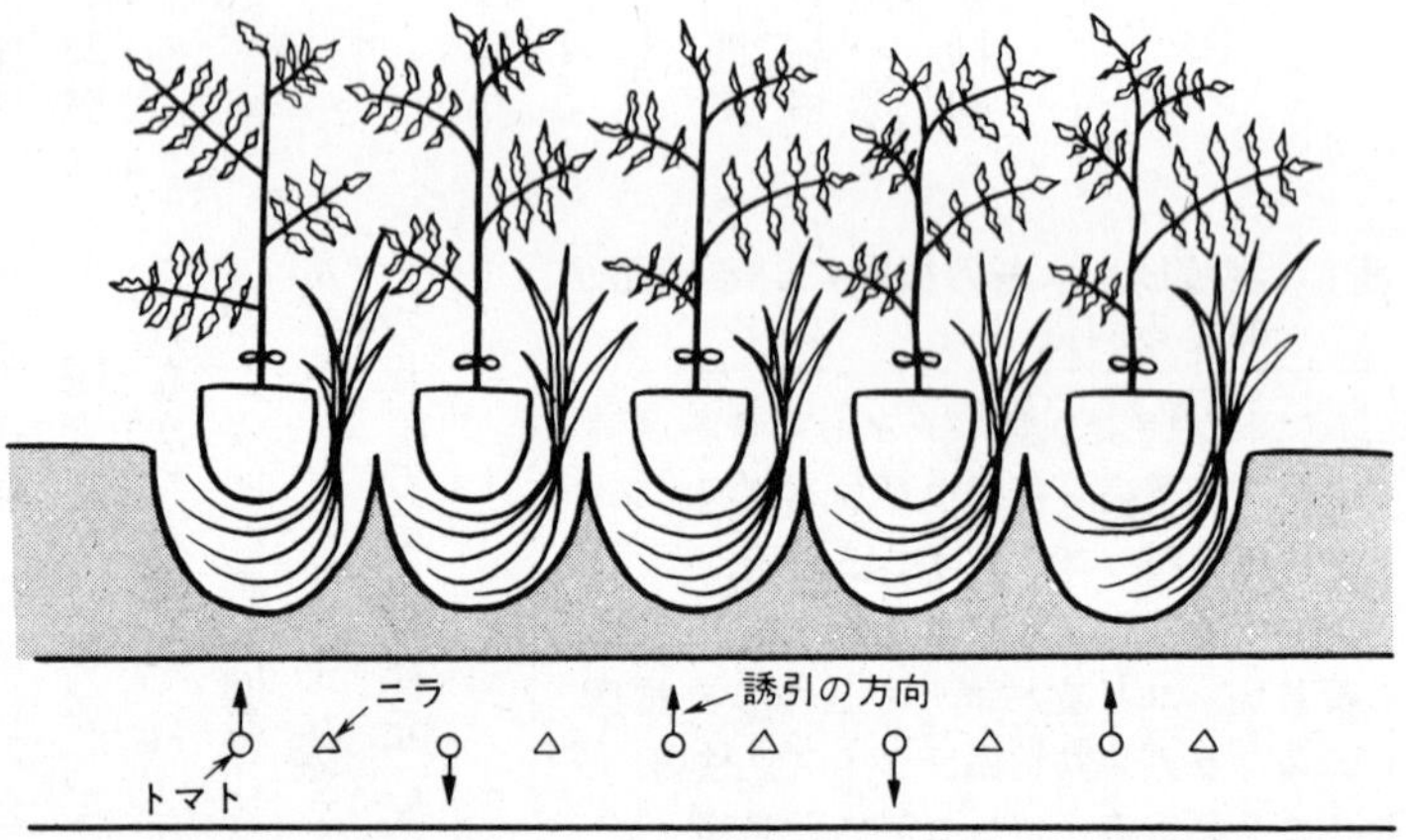

※ベットの同じ位置にトマト、ニラを植え付け、トマトは別々の方向に誘引する
結果的に1ベット2条植えとなる
※トマト1本に対してニラ1本混植でもニラを2本混植した場合と同等の防除効果が得られ、混植労力が軽減される

図2　トマト半身萎凋病の防除における混植

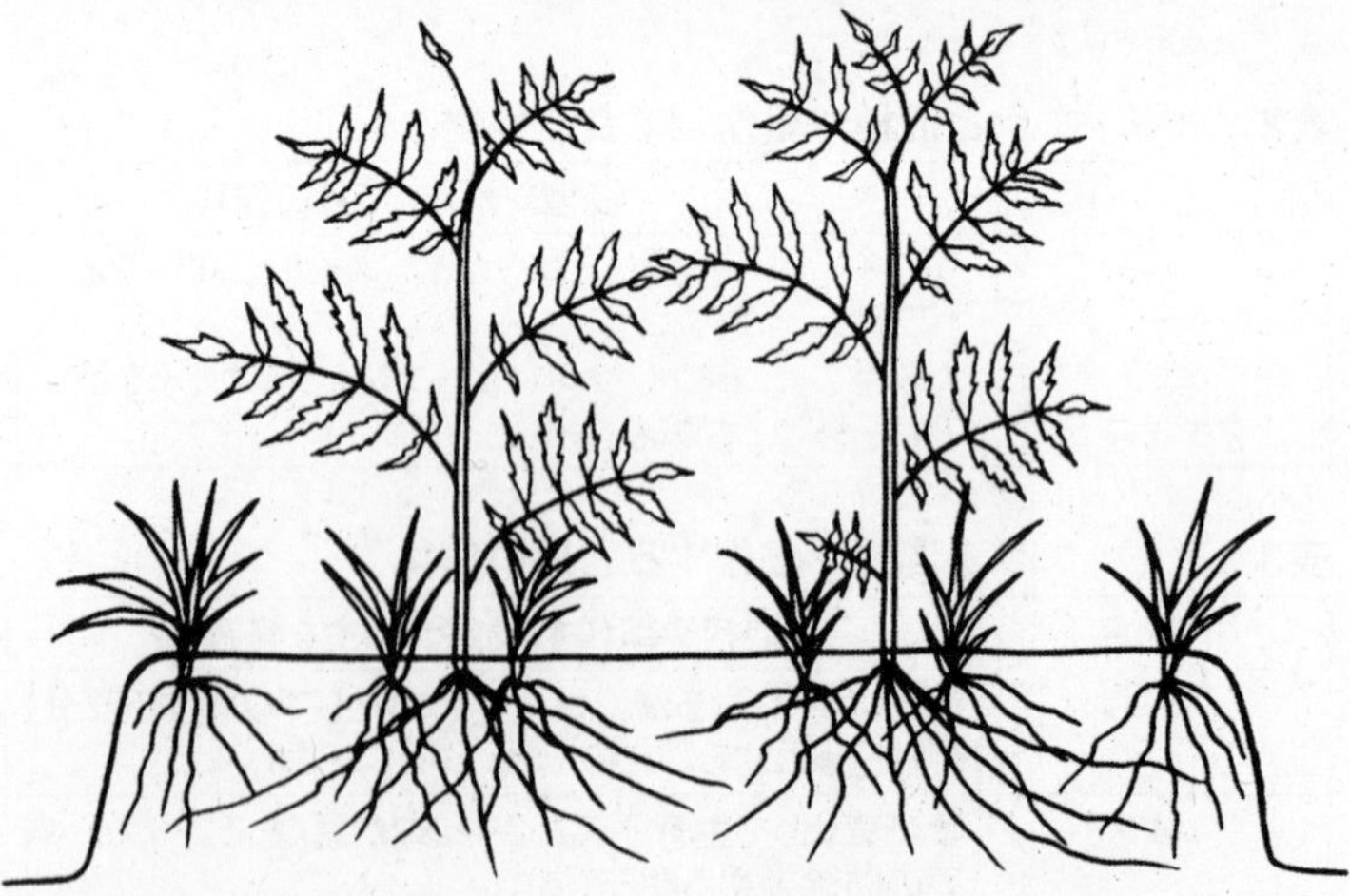

トマト半身萎凋病の場合1本の根から病原菌が侵入しても枯死してしまうため、ベットの肩の部分にもニラを混植する。肩の部分までトマトの根が伸長した場合に、肩に植えたニラがトマトの根とからみ合う

ネギ、ニラとの輪作は非常に有効

　さらに、ネギ、ニラとの輪作も非常に有効な方法です。トマトでの例を紹介しますと、場所によって多少異なりますが、冬トマトの場合七～九月は圃場があくことになります。この期間にたとえば葉ネギを栽培し、トマト―葉ネギといった輪作を組むことによって、トマトもネギもそれぞれの病原菌の密度は低下し、土壌病害が発生しにくくなります。

　一般栽培でこのようなネギ属植物との輪作で土壌病害の予防がうまくいっている例として、タマネギ―ユウガオ、ネギ―スイカ、ニラ―ジャガイモなどがあります。

ネギ、ニラ混植の実際

　土壌病害が発生してしまい、なんらかの対策を講じなければ栽培（連作）できない場合には、はじめてネギ、ニラの混植を用います。作物ごとに混植の時期や方法が異なりますが、ここではトマトとイチゴの例を紹介します。

トマト　鉢上げ期混植と定植期混植の二回の処理時期があります。作業の都合でどちらの処理を選んでも効果には差はないようです。

鉢上げ期の場合、ニラが植えられているポットにトマトを植え付けます。鉢上げ期の混植で注意しなければならない点は、トマトの場合、育苗期間は非常に乾燥させることです。ニラは乾燥に弱いため、ふつうその乾燥に負けて、生育不良になるか枯れてしまいます。このため、乾燥に負けないようなバルブの充実したニラを混植することです。定植時にトマトのポットにニラの根が十分にいきわたっているようなニラを用いることが大切です。

次に定植期の場合ですが、まず最初に植え穴を掘り、そこにニラをトマトと土の間にマットのようにしきます。ついでその上にトマトを定植します。

混植するニラの植付け密度は、ニラ株の大きさと圃場の汚染程度によって異なります。

圃場の汚染程度が軽い場合には、ニラ株が大きければトマト一本について一株、ニラが小さいかバルブが充実していなければトマト一本に二～三株、圃場の汚染程度が高い場合にはトマト一本についてバルブの充実した大きなニラ二～三株を混植します。

また土壌病害の種類によっても若干混植程度が異なります。萎凋病のJ1、J2、J3の場合は上記の処理密度ですが、半身萎凋病のように根が一本でも感染すると発病してしまう病害の場合、図2のようにベットの方の部分にもう一株混植しておく必要があります。半身萎凋病の場合は、こうして混植密度を上げても、圃場の汚染程度が高いときには、トマトの根がベットの外やハウスの外に出る生育後期には感染して発病することがあります。

イチゴ　イチゴ萎黄病は母木床と仮植床で感染し、母木床での感染は仮植床、仮植床での感染は本圃で発病します。そこで防除はそれぞれの感染時期に行ないます。母木床、仮植床ともイチゴの根圏と一致するネギやニラを混植します。混植密度は高いほうが効果は安定しますが、イチゴ一株に二～三本といった高い混植であるとイチゴの生育を抑制しますので、母木床では母木一本に二本とランナー用に二本程度（図3）、仮植床ではイチゴ二～三株に一本程度を目安に混植します。

なお、混植や輪作に用いるネギ属植物は抗菌微生物を接種することが原則ですが、接種してないネギ属植物を用いてもある程度の防除効果は期待されます。（一九八九年五月号）

図3　イチゴの母木床での混植方法

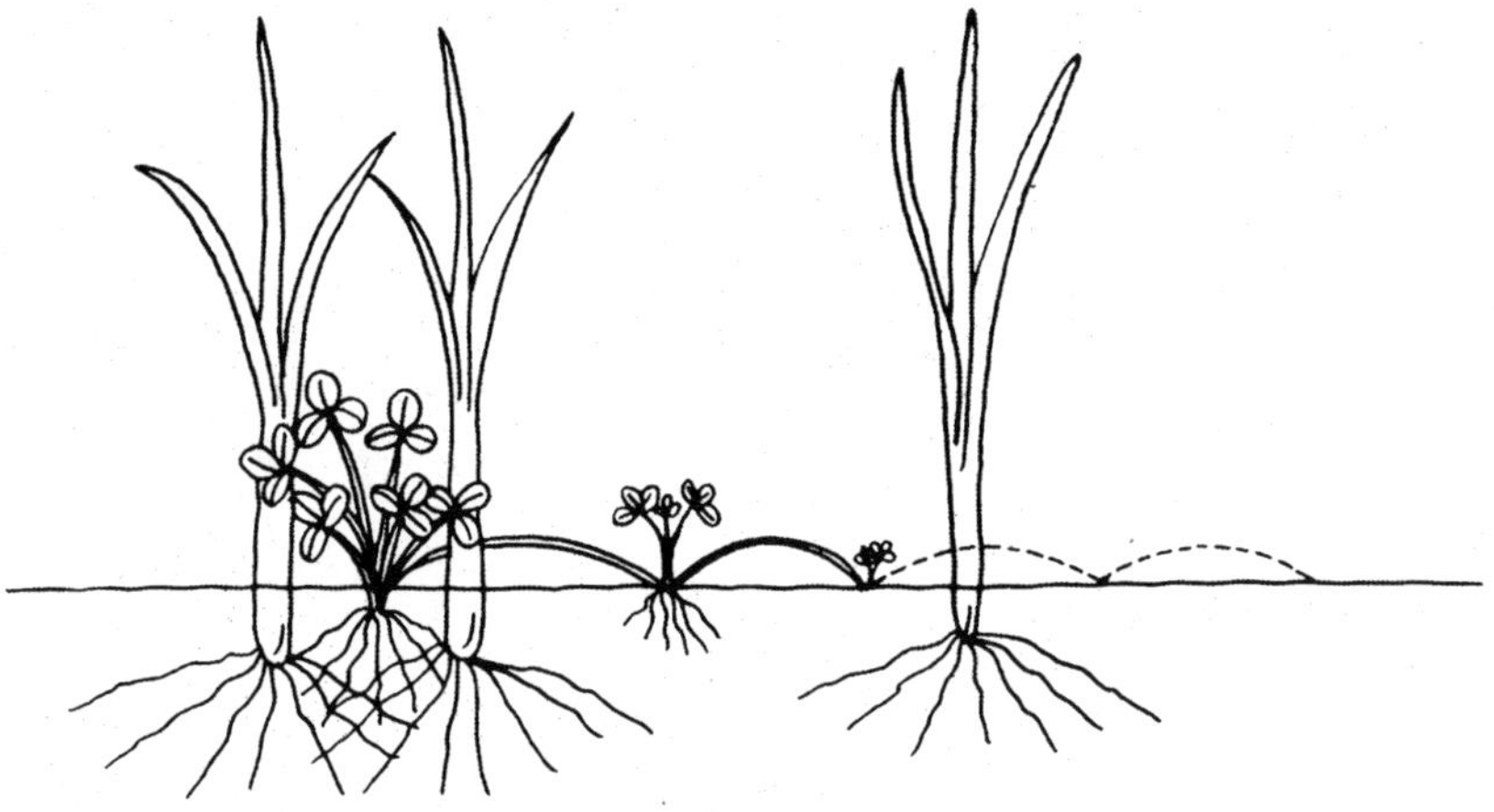

イチゴの植付けと一緒にネギも植える。親株の前後とランナーが伸びていく場所に混植する

菌界・子嚢菌門

グロメレラ

Glomerella　炭疽病、晩腐病ほか

イチゴ　炭疽病　イチゴ炭疽病のおもな病原菌には、株に立枯れを示すグロメレラ *Glomerella cingulata* と、立枯れをおこさず葉枯れを示すコレトトリカム *Clletotrichum acutatum* の二種がある。両種の伝染方法は類似している。

グロメレラでは、九州の場合、四月以降に外見上健全な感染親株（潜在感染親株）から降雨や灌水によって分生子が飛散する。とくに、気温が二〇℃を超える五月以降で雨が多い場合は伝染量が増加し、苗感染の危険性が高まる。感染苗の一部は発病するが、本病菌は無病徴苗のクラウン周辺部や葉で越冬するため、このような苗を次年度の親株に使用すると親株床で再発病する。

グロメレラの生育温度は一〇～三五℃、生育適温は二五～三〇℃であり、コレトトリカムの生育温度は一〇～三〇℃、生育適温は約二五℃とやや低い。

参考　病害虫防除資材編　手塚信夫、稲田稔

ブドウ　晩腐病　病原菌は結果母枝や巻ひげおよび果梗残存部などに菌糸の形態で潜在感染している。結果母枝における分生胞子の形成は、三日間の平均気温の平均値が一五℃を上回るとともに、最低気温の平均値が一〇℃を超え、さらに三日間の合計降水量が一〇㎜以上の期間が訪れるとおこり、さらに、これと同様の気象条件がもう一度発生したときに胞子の飛散が始まる。このため、通常は五～七月ころにもっとも盛んに胞子の飛散がおこる。

雨滴により伝搬された胞子は、果実に付着すると数時間で発芽し侵入する。果実での発病は酒石酸量に深く関係し、幼果期では酸が多いため発病することはないが、減酸期ごろから病原菌の活動が盛んとなり発病する。熟果は酸濃度が低く糖濃度が高いため、感染後三～五日には発病し、その一日後には病斑上に分生胞子堆を形成する。

雨滴により飛散した胞子は、新梢や巻ひげなどに無病徴感染し、次年度の伝染源となる。雨よけ栽培は分生胞子の飛散が抑制されるので、発病抑制効果が高い。袋かけは本病原菌の果実への感染を抑制できるので発病抑制効果が高いが、袋かけが遅れると効果が低くなるので、できるだけ早めに実施する。

参考　病害虫防除資材編　中曾根渡、梶谷裕二

グロメレラを病原とする病気、作物

病原	病名	主な作物
グロメレラ	赤葉枯病	チャ
	晩腐病	ブドウ
	炭疽病	イチゴ、ウメ、オウトウ、スターチス、ダイズ、リンゴ

菌界・不完全菌

フィリクラリア

Pyricularia　いもち病

フィリクラリアを病原とする作物の病気は、いもち病である。いもち病は、イネ科のイネ、イタリアンライグラスや、イネ科と同じ単子葉植物のショウガ科のショウガ、ミョウガなどに発生する。

イネ　いもち病　罹病部分ごとに葉いもち、首いもち、枝梗いもち、節いもち、籾いもち、葉節いもちなどがある。代表的病斑は褐色紡錘形で、慢性型、急性型、白点型、褐点型がある。

病原菌は種籾、被害わら、雑草などで越冬し、二〇℃以上になると胞子をつくり、苗から発病する。低温・日照不足はまず発病の好条件で、胞子数のもっとも多い急性型病斑を

つくる。長雨は、イネの抵抗性を弱めるほか菌の増殖を助ける。窒素肥料が多いとひどく発生する。晩植えも多発条件である。

参考　病害虫診断防除編

柿酢でいもち病退治

鷹巣辰也

岐阜県美濃加茂市の福田せつ子さんに、イネの苗のときに柿酢をかけるだけで収穫までいもち病がでないという話を聞きました。

せつ子さんは秋になると、毎年親戚から柿をたくさんもらいます。『現代農業』に酢が作物の病気に効くという記事があったので「そうだ、たくさんある柿を使って柿酢を作ってみよう」と思いついたのだそうです。

田植えの七日前に、つくった柿酢を一〇〇〇倍に薄めてジョウロで育苗箱の苗にかけ、一日置いて八〇〇倍の柿酢、さらに一日置いて六〇〇倍の柿酢をかければOK。だんだんと濃くしていくのは、苗を柿酢に慣らせるため。せっかく使った苗が柿酢でダメになるのではと心配したからだそうです。柿酢を苗にかけるようになってからいもち病は、苗でも本田でも一度も出ていないとか。

柿酢の作り方は、まず三〇個ぐらいの柿を洗わずに、ヘタだけをとってすりつぶし、ビチャビチャにします。これをかめに入れたら、三ツ折りの包装紙とビニールでしっかり蓋をして紐でしばります。そのまま暗所に置いてじっくり発酵させ約一か月たったころ、さらしなどでゆっくり濾しながら、口の広い容器に移し、今度は空気が入るようガーゼ二重で覆って紐でしばります。再び暗所に置いて三か月で完成。

またこの柿酢、花やキュウリ、ナスに葉面散布すると植物が元気になるし、沈殿して上澄みをとれば料理にも使えます。この秋、柿がたくさん取れたら、来年のいもち病対策にでも、柿酢を仕込んでみませんか。（二〇〇一年九月号）

菌界・子嚢菌門

ロセリニア

Rosellinia　白紋羽病

白紋羽病　白紋羽病菌は子嚢菌に属し、分生子と子嚢殻、子嚢胞子をつくるが、これらが形成されるのはきわめてまれである。伝染は被害残渣上の菌糸で行なわれる。ブドウ、ナシ、リンゴ、ミカン、イチジク、オウトウ、カキ、カンキツ、クワ、チャ、ナシ、ビワ、ブドウ、モモ、リンゴなど、イネ科以外のほとんどの植物を侵す。

ロセリニアの増殖に必要なのは、酸素と適度の水分と粗大有機物などである。稲わら、籾がらなどでも増殖するものの生存期間は短い。粗大有機物（落葉、おがくず、樹皮など）では数年間生存できる。地上部に近い地際部の根に菌糸がよく見られる。

菌は、土壌中では約五～三〇℃で生育し、二五℃が最適である。また、四〇～八〇%の土壌容水量でよく生育する。菌が見られるのは地表下四〇㎝程度までである。乾燥しているところや湛水中では増殖しない。五～十月にかけてよく伸長し、温室では冬期でもわずかであるが増殖する。一年間で一mほど伸長する。病勢の進展は地温の高い夏期がもっとも速い。

参考　病害虫診断防除編　那須英夫

白紋羽病発生の背景

編集部

リンゴのわい化栽培が広がるにつれて、白紋羽病の発生園が増加している。日本植物防疫協会研究所の荒木隆男さんに近ごろの紋羽病の動きについてお話をうかがった。

Q　木が弱ったのでしょうか？　それとも菌が強くなったのでしょうか？

A　粗大有機物を入れるのをやめてからは、白紋羽病の発生はそこそこにおさまっていたんですがね。わい化が広がるにつれて、白紋羽病の発生が確かにふえてきています。わい化樹の根っこというのは、私たちが想像している以上に貧弱なんですね。それなのに、早い時期から果実を成らせますから、木にとっては負担が大きいでしょうね。このことが発病の引き金にはなっていると思います。菌が強くなったというわけではないでしょうから。

Q　わい化台を外国から入れるとき、問題にされなかったのですか？

A　わい台はヨーロッパで開発されたものですが、土壌病害に弱い。フィトフトラ（疫病菌）に侵されるという報告がありましたから、日本のように紋羽病菌がウジャウジャいるところに持ってきたら、あるいは…ということは気になっていました。ただ、ヨーロッパでは紋羽が出てはいませんでした。わい台の根についている微生物相に、紋羽病菌がつきやすい、ということも考えられますね。

Q　根圏微生物と白紋羽病菌の関係は？

A　まだまだわからない分野です。白紋羽病菌はほとんどの植物を侵すといっていいくらいなのですが、イネ科の植物だけはダメなんです。侵入しても植物のほうが防御反応をおこして、そこで侵入を抑えてしまう。それに関係するのでしょうが、イネ科牧草の草生栽培で紋羽病を防ぐことができる、という研究報告があります。ケンタッキーブルーグラスの草生だったでしょうか。

Q　それはどういうことなのでしょうか？

A　いろいろなことが考えられます。ひとつはケンタッキーブルーグラスの根圏微生物相が、紋羽病菌に対して拮抗的に働くのではないかという考え方。もうひとつは、牧草の根と根圏微生物相が果樹の樹勢を強くするような働きをしているのではないかという考え方。根圏効果です。しかしまだ、立証されてはいないのが現状です。

Q　外国では根圏微生物の研究が盛んだと聞いています。

A　そうですね。根圏・根圏の微生物をとり出してくる、というのが世界的に盛んです。菌根菌の研究ですね。抗生物質は微生物が分泌しているものですから、根のまわりでいろいろな微生物がそんな働きをしていることは充分考えられます。

Q　白紋羽汚染園に紫紋羽病が出るのは？

A　以前、発表したのは、開墾地は紫紋羽病がおもだったものが、だんだん熟畑化していくことで白紋羽病に変わっていく、というものですが、一見すると今騒がれていることと反対のようにも考えられます。しかし、これも土地の理化学的条件をよく調べてみないとわかりませんね。来歴だけでも判断できません。一つの園でも白紋羽病と紫紋羽病が同居しているところもあります。

マン・メイド・デディーズという言葉があ

ります。日本語に訳すと、「人が病気をつくった」という意味です。紋羽病にもそんなことが言えると思います。日本中、どこにだって紋羽病菌はいるのです。逃げようがない。発病するしないは栽培法とその木の力なのでしょう。

常識的な話ですが地上部と地下部のバランスが崩れているから、紋羽病菌にやられてしまう。以前、六十年生のナシ園を見たのですがじつに見事でした。その農家の方は、地上部をせん定すると同じように、根のムダなところをせん定しておられました。根の活力がすばらしく、紋羽病は全然発病していませんでした。（一九八六年六月号）

サクランボの白紋羽にフキ、ミョウガ

編集部

山梨県南アルプス市（旧白根町）でイネ、サクランボ、ブドウを栽培している秋山菊雄さん（八八歳）から聞きました。サクランボの畑にフキまたはミョウガを植えると白紋羽病が減るようだ、というのです。菊雄さんは実際に自分の畑でも植えて試し始めたところです。

菊雄さんはこの話をお隣の農家から聞いたそうですが、それによると、サクランボの畑はもともとが桑畑だったところが多く、白紋羽という根っこを枯らす菌が多い。フキ、ミョウガの根っこにはたぶん、病気を防ぐ菌がついていて、白紋羽菌を減らすのではないかとのこと。フキ、ミョウガを植えていても枯れる木はあるそうですが、雑草抑えになるという別な農家の話もあります。試して損はない果樹と野菜のコンパニオンプランツに挑戦してみてはいかがでしょうか。（二〇〇七年八月号）

菌界・子嚢菌門

スクレロチニア

Sclerotinia　菌核病ほか

キャベツ　菌核病　病原菌は菌核と菌糸の形で被害植物とその残渣に付着して、次年度の伝染源となる。病原菌の活動は二〇℃前後のときにもっとも旺盛で、五～一〇℃の低温下ではゆっくりと活動する。三〇℃以上の高温では休止する。寄主範囲はきわめて広く、六四科、三六一種以上の植物を侵すといわれる。

菌核からは、春または秋に子嚢盤（直径五㎜前後の小型のキノコ状）が発生し、これから子嚢胞子が飛散して蔓延する。ハウスやトンネル内や西南暖地では、十二～一月にも子嚢盤の形成が認められる。子嚢盤から飛散した子嚢胞子は、葉上に落下し、キャベツの葉の基部などの湿度の高い部分で発芽し、老化した部分や傷口などから侵入し病気をおこす。子嚢盤の形成には適湿と適温（一五～二〇℃）が必要である。

病株や残渣中の菌糸が、下葉や葉の基部に接触して侵入し、病気をおこすこともある。被害植物には、はじめ白い綿状のカビ（菌糸）

スクレロチニアを病原とする病気、作物

病原	病名	主な作物
スクレロチニア	菌核病	アイスランドポピー、アカクローバ、アズキ、インゲン、インゲンマメ、ウド、ガーベラ、キク、キャベツ、キュウリ、キンギョソウ、キンセンカ、スイカ、ストック、セルリー、ダイズ、タバコ、ナス、ハクサイ、パンジー、ピーマン、トウガラシ類、ヒマワリ、ミツバ、メロン、レタス
	枝枯菌核病	ブドウ
	ダラースポット病	シバ
	吊腐れ	タバコ
	花腐菌核病	リンドウ
	雪腐大粒菌核病	コムギ

が生える。のちになると菌糸はからみ合って菌糸塊となり、さらに成熟して黒色のネズミの糞に似た菌核となる。菌糸は、下葉から、葉の基部や結球内部へと侵入し、さらに隣接株へも伝播する。

水田裏作や田畑輪換を行なうと、湛水期間中に土中の菌核は死滅する。

参考　病害虫防除資材編　長井雄治、竹内妙子

キュウリ　菌核病　土中で夏を越した菌核が、秋の温度が低くなる時期に発芽して子嚢盤をつくり、それから子嚢胞子を飛ばして伝染する。飛散した子嚢胞子は、開花中の花弁にとりつき、菌糸を生じて果実の花落ち部から侵入し、果実を腐らせる。菌核が子嚢盤を形成するのは、二〇℃前後である。子嚢胞子は、花弁以外の無傷の茎葉に付着しても発病させることはほとんどない。

参考　病害虫防除資材編　川越仁

菌核が出たら ブロッコリーをつくろう

愛知県豊橋市　水口文夫

菌核は環境に対する抵抗力がきわめて強く、畑では五〜六年も生きている。野菜では、発病しないものはほとんどないといってもよい状態で、六四科、二二五属、三六一種以上の植物を侵す。

ところが、ブロッコリーに菌核病が発生して被害を受けたのを、私は見たことも聞いたこともない。

今年の冬は、キャベツ、カリフラワーに菌核病の被害が多発した。この原因は、昨年の十一月上旬の気温が平年より四〜六℃も高く、ときどき雨がたっぷり降ったためである。気温が二〇℃くらいで、雨がたっぷり降ったことが、菌核の発芽に好適条件となった。その後、十一月中下旬は雨がきわめて少なく、再三、乾燥注意報が発令される天気が続いた。そのことにより、子嚢胞子が噴射され、その胞子は風に乗って周囲に飛散した。

ひとつの子嚢盤から出る子嚢胞子の数は三億ともいわれているので、おびただしい数の子嚢胞子が飛んだことになる。胞子の飛ぶ距離は数百mに及ぶとのことである。しかも、このころは再三強風が吹き荒れたために、キャベツやカリフラワーの茎葉に多くの傷ができた。キャベツやカリフラワーの上に落ちた子嚢胞子は発芽を始めて菌糸を伸ばし、この傷口や活力の衰えた葉から侵入する。

こんなにひどかったこの冬の菌核も、ブロッコリーにはやはり発病しなかった。

一九九〇年ごろにカリフラワーに菌核病が多発した。その前年、たまたま同じ畑にカリフラワーとブロッコリーを植えていたのだが、不思議なことに、前作にブロッコリーを作付けしたところは菌核病の被害がきわめて少ないのに、カリフラワーを作付けした跡作は被害が著しかった。

ハクサイの白斑病、キャベツの黒腐病、キュウリのべと病などは、「この株に発病したのに他の株は発病しない」などということはなく、被害の多い少ないは別として、どの株も発病する。ところが、菌核病の場合、おびただしい子嚢胞子が飛んでくるのに、発病しない株もかなりある。被害が非常に激しい畑でも、キャベツやカリフラワーの全株がだめになった畑は見たことがない。抵抗性とブロッコリーとに何らかの関係があるのかもしれない。

もし作物が菌核病にやられてしまっても、土壌消毒などする必要はない。ブロッコリーを間に一作つくれば、その後作はまず菌核病にかからないと思われる。（一九九七年六月号）

米ぬか散布で灰色かび病、菌核病が出なくなった

宮崎県国富町　大南一成さん

編集部

大南一成さんは、十二月に定植する促成キュウリは、樹が疲れる二月から三月にかけて、どうしても灰色かび病にやられてしまっていた。『現代農業』を読んで、「米ぬか防除」に挑戦してみた。

米ぬかをふり始めたのは、収穫が始まってすぐ、一月二十日ごろだ。米ぬかの量は、反当たり二〇kgぐらい。

古くなった葉も通路に捨てている。米ぬかをまくと、葉の分解がとても速いという

三日目から真っ白いカビが生え始めた。大南さんの畑は土が乾きやすいわけではないが、三日に一度かける灌水のとき、灌水チューブをちょっとひねって通路にも水を飛ばしてやる。こうして通路を適度に湿らせ、カビが生えやすいようにした。

しかし、米ぬかのカビは天気が続いて三日ほどすると、スーッと消えた。カビは直射日光に弱いのだ。一方、雨が続くとカビは長持ちした。だから、ハウスの中のカビを絶やさないように、天気が続くときは一週間ぐらい、天気が悪いときは一〇日ぐらいの間隔で、米ぬかをふっていった。

最初、カビは真っ白だったが、何回もふるうち、こげ茶色や黒っぽい色に変わっていった。すると、二月に入ってもいっこうに灰色かび病が出ない。おまけに灰色かび病と同じ時期に出やすい菌核病も出なかった。

（二〇〇一年六月号）

菌界・子嚢菌門

スフェロテカ

Sphaerotheca　うどんこ病

キュウリ　うどんこ病　病原菌の分生子は一五℃以上で形成され、二八℃が適温、三五℃では形成量は非常に少ない。湿度四五～八五%では分正子が盛んに形成されるが、九五%以上では形成が阻害される。分生子発芽適温二五℃、同適湿度九九%、発病までの潜伏期間五～六日である。発病は湿潤状態で抑えられ、乾燥状態で多発する。昼夜の温度差が大きくなると発病が多くなる。また、乾燥のみではなく適度な湿潤する時間も必要である。

一般には罹病した植物残渣上の閉子嚢殻（子嚢胞子）の形で越年して伝染源となるが、施設では生きた植物上で菌糸や分生子の型で越年して伝染源となる。子嚢胞子や植物上に形成された分生子は風により周囲に飛散する。植物上に達した子嚢胞子や分生子は発芽して菌糸を伸長し、葉肉組織の内部に入り、細胞内に吸器を挿入して養分を摂取する。菌体の大部分は寄主体の外表部で生育し、菌叢となっている。窒素肥料の多用は本病の発生を助長する。

参考　病害虫防除資材編　阿部善三郎、堀江博道

スフェロテカを病原とする病気、作物

病原	病名	主な作物
スフェロテカ	うどんこ病	イチゴ、ガーベラ、カボチャ、キュウリ、キンセンカ、ゴボウ、シネラリア、シロウリ、スイカ、ナス、バラ、ヒマワリ、メロン、ユキヤナギ

イチゴ　うどんこ病　病原菌は、生きた植物体にだけ寄生し、その上で生活をくり返している。罹病した組織上に形成された分生胞子が飛散し、周辺の葉、果実などが発病する。分生胞子の発芽温度は三～三五℃で、一〇～二八℃でよく発芽し、発芽適温は一七～二〇℃である。本病の発生が起こる空気湿度の範囲は広く、八〇～一〇〇％で多発するが、四三～八〇％でも発病しやすい。したがって、春や秋に適度な降雨や灌水があると湿度が保持されるため多発する。

参考　病害虫防除資材編　善林六朗、橋本光司

ケイ素は作物の抵抗性を発現させる

渡辺和彦、前川和正
兵庫県立中央農業技術センター

ケイ素を与えると、うどんこ病が発生しない

ケイ素の病害抵抗発現は、従来からケイ化細胞の形成による物理性の強化や光合成能の促進効果などで説明されていた。しかし、それだけではないことをカナダのベランジェのグループの一人ファエが一九九八年に発見した。ケイ素を与えているキュウリにうどんこ病菌を感染させると、接種部位に強い抗菌活性が認められ、その活性物質はフラボノールの一種であるラムネチンであり、それがキュウリのファイトアレキシン（病原微生物の感染によって植物に新たに合成される抗菌物質の総称）であることを明らかにした。ラムネチンは、いもち病菌感染時に生成する、イネのファイトアレキシンの一種であるサクラネチンとも構造が似ている。

作物は人間のように抗体を作るわけではないが、一度病原菌に感染すると抵抗性が発現することが近年明らかになってきている。それを獲得抵抗性といい、感染した部位だけに発現する場合を局部獲得抵抗性（ＬＡＲ）、作物体全身に発現する場合を全身獲得抵抗性（ＳＡＲ）と言う。ケイ素もファイトアレキシンの生成に関与していることがキュウリで判明したが、ファイトアレキシンの生成蓄積が獲得抵抗性誘導に関与している。

無機元素では、他に銅塩やリン酸カリウムの効果が知られている。水酸化第二銅は、ブドウでパーオキシダーゼやファイトアレキシンの一種であるレスベラトールの生成量の増大に作用している。イスラエルのレベニらの実験では、下位葉だけにこれら無機溶液を処理して、上位葉でうどんこ病抑制効果を認めている。逆に上位葉だけに処理しておいても同様に抵抗性を下位葉に誘導する。

当センターの神頭武嗣、三好昭宏らは、イチゴの水耕栽培で培養液に試薬のケイ酸カリウムを添加すると、うどんこ病の発病が抑えられることを一九九七年に実証した。ケイ酸カリウムで SiO_2 を五〇ppm以上施用しているところはみごとにうどんこ病発生が抑制されている。水耕栽培ほどの劇的な効果はないが、イチゴにおいてもケイ素施用がうどんこ病発生を抑制することは事実である。

効果が高いケイ素資材の種類

ケイ素を与えているキュウリがうどんこ病にかかりにくいことは、岡山大の三宅靖人が二十年も前に発表している。当時も大ニュースだった。筆者もさっそく実験した。ただ私の場合は、農家のための実験であるから、精製したケイ酸でなく市販のケイ素資材であるケイカルを使用した。しかし、効果がはっきりしなかった。

ポイントはケイ素含有資材の種類であった。その後、当センターの長田靖之や桑名健夫も各種資材を施用し、作物のケイ素吸収量が資材により大きく異なることを明らかにし

ている。

　ケイ素の病害抵抗性発現は、イネ苗のいもちでは実用レベルでの効果も大きい。ケイ素含有資材の違いによるいもち病防除効果の差が明確に出ている（図1、2、3）。

　この比較では六種類の資材を用いた。固体の資材は播種前に市販の床土に混和し、液体の資材は発芽後に水で希釈し灌注した。

　播種一八日後にいもち病菌を噴霧接種したところ、ケイ素を育苗箱当たり三gに揃えて施用した場合は、試薬のケイ酸カリウムのいもち病抑制効果が高い。ただ、多く（三〇g）施用すると吸収されすぎて過剰障害が出る。シリカゲルの大量施用（二〇〇～二五〇g）のほうが安定した効果を発揮した。シリカゲ

図1　各種ケイ素資材を育苗箱施用した苗のいもち病発生程度

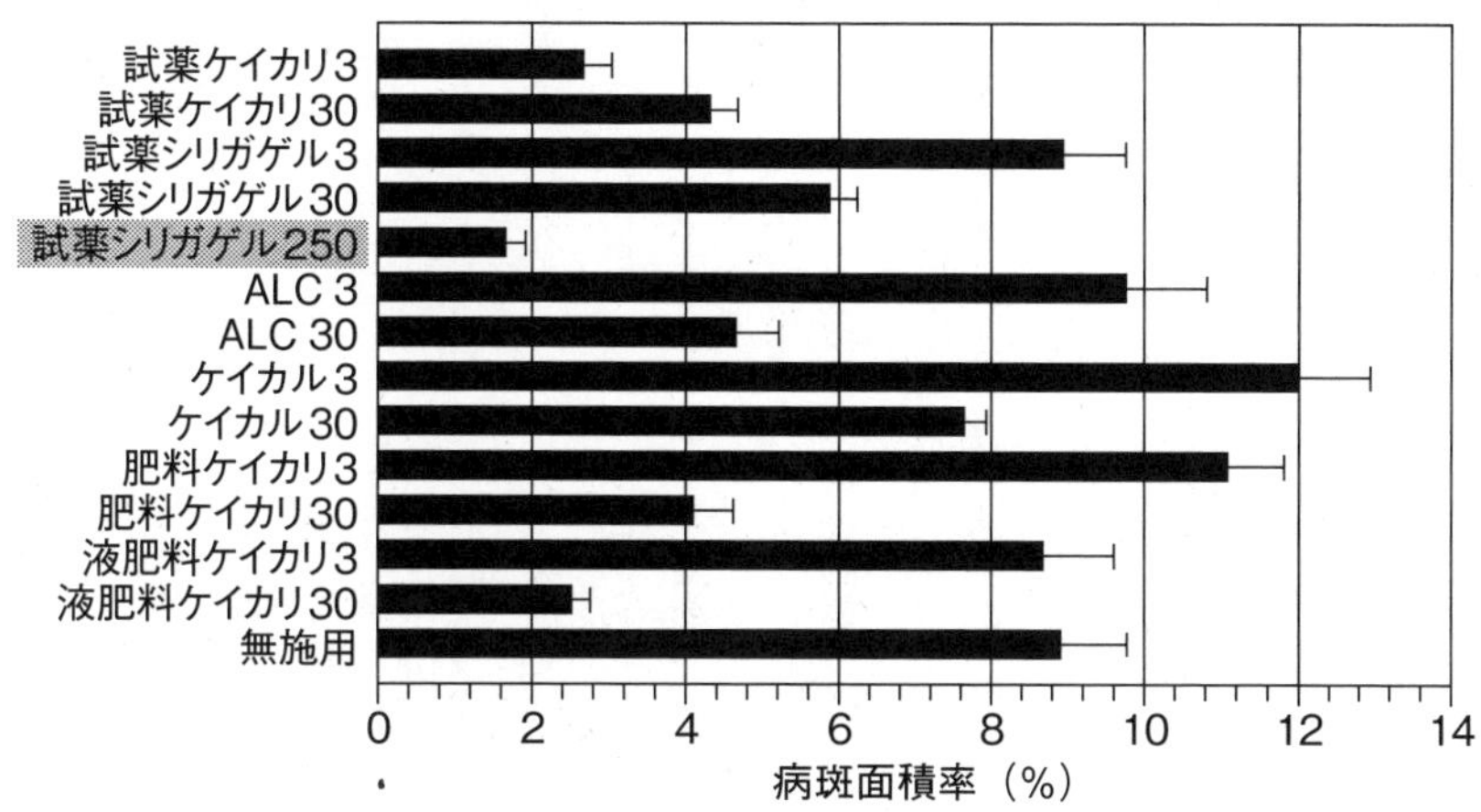

図2　各種ケイ素資材を育苗箱施用した苗の地上部のケイ酸含有率

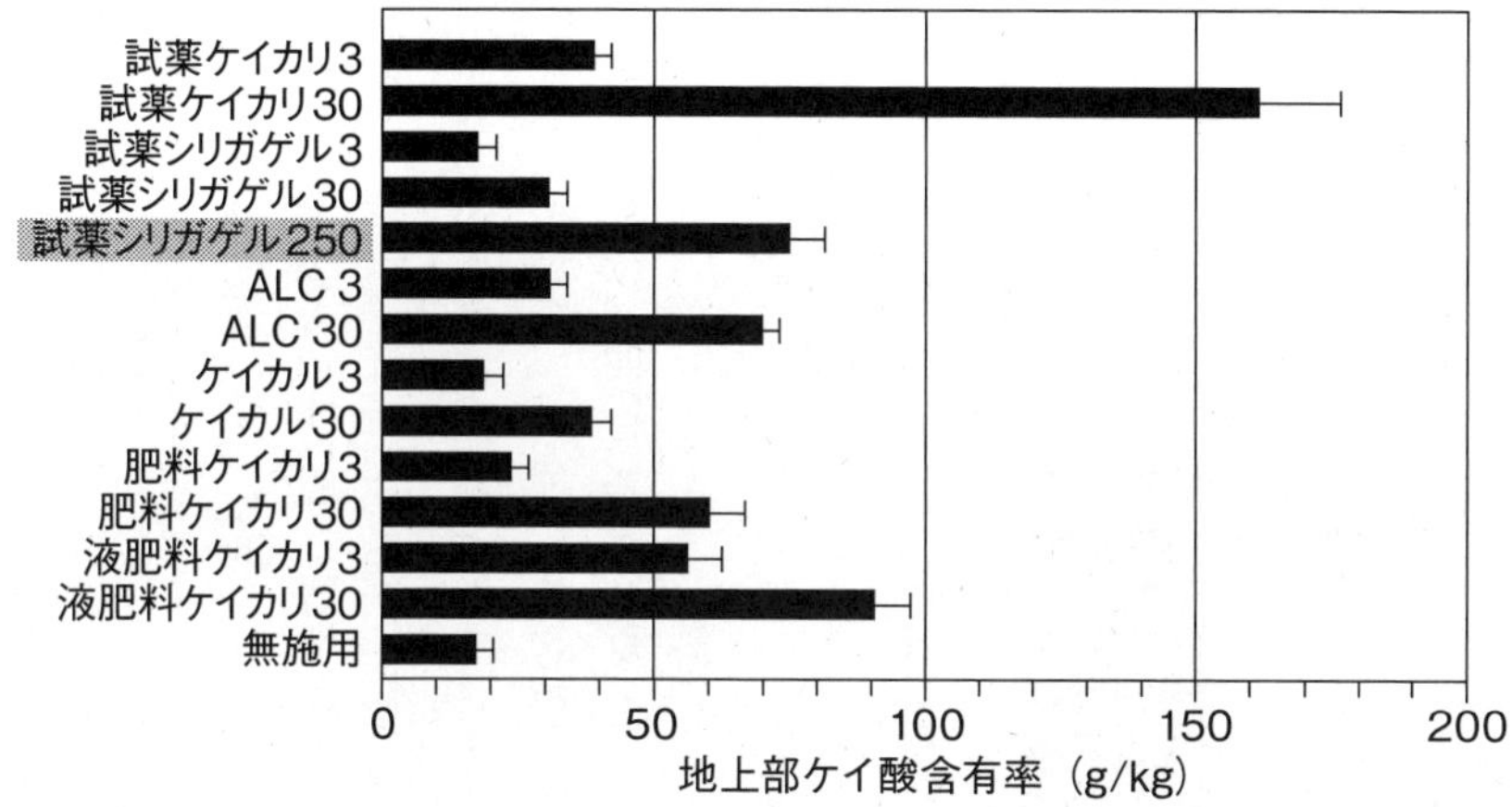

図3　シリカゲルと試薬ケイ酸カリウムを施用した苗のいもち病発生程度

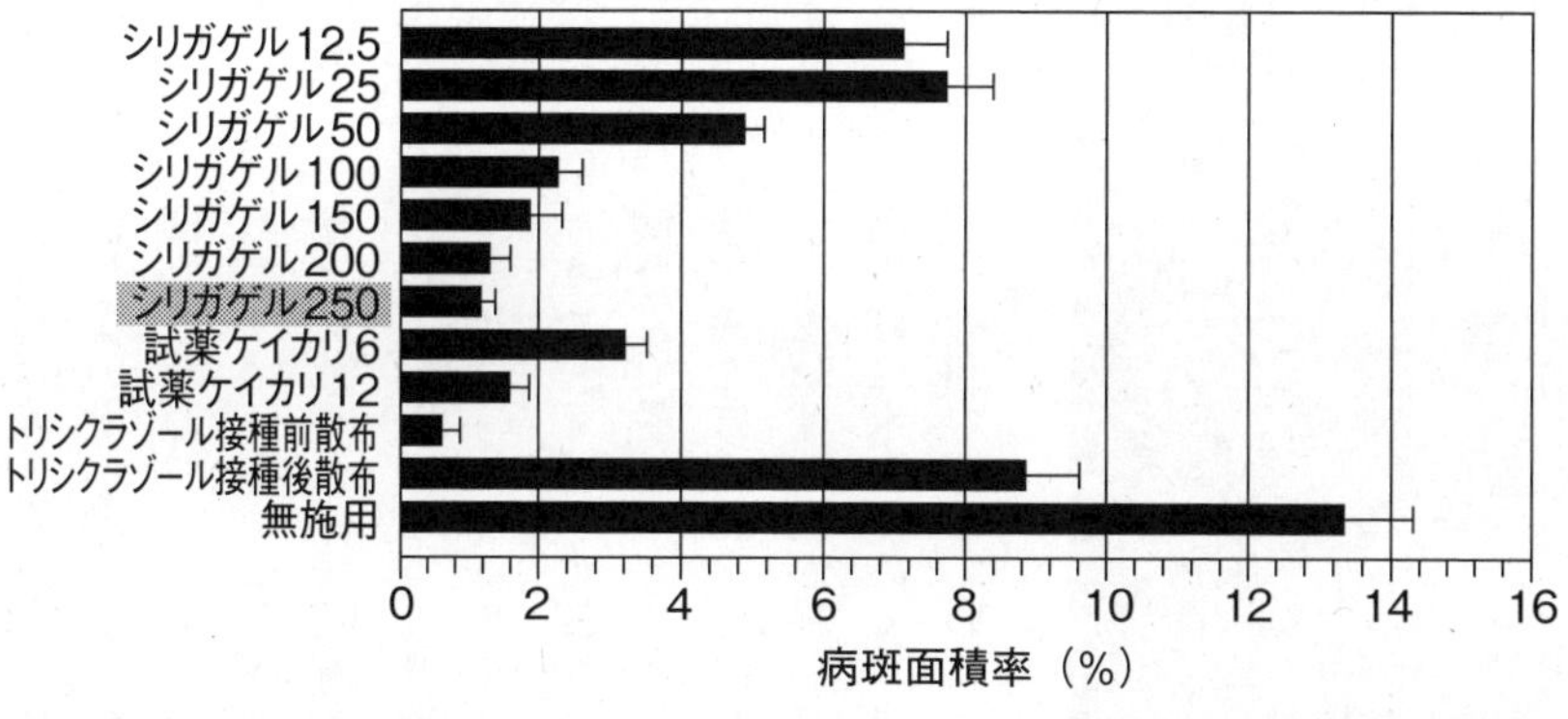

注）資材名の後の数字はSiO_2としての育苗箱当たりの施用量（g）、病斑面積率は最上葉におけるいもち病斑の占める面積率で示す。いもち病菌を接種して1週間後に調査。ALCは多孔質ケイカル

注）トリシクラゾールはいもち病接種前当日処理と接種2日後処理

ルはケイ酸のみを含み、大量に施用しても土壌pHが上昇しない長所がある。
ケイ素のイネ苗いもち防除効果を市販薬剤のトリシクラゾールと比較すると、育苗箱当たりシリカゲル二〇〇〜二五〇g施用区は、殺菌剤の予防処理にほぼ匹敵する高い抑制効果を認めた。また、いもち病感染後の殺菌剤の散布処理に対しては、ケイ素前処理のほうが、はるかに優れた効果が認められた。ケイ素はいもち病予防剤として殺菌剤の代替に十分なると考えられる。
無機元素の全身獲得抵抗性誘導に関する研究は始まったばかりである。リン酸やカリウムの全身獲得抵抗性誘導に関する作用機作も知りたいものである。（二〇〇〇年十月号）

ケイカルの浸み出し液で イチゴのうどんこ病防除

編集部

千葉県旭市　花沢　馨さん

私は、三十年近くイチゴを栽培していますが、うどんこ病はほんとうにやっかいでした。ひどいときは、クズが一日で一〇kgも出ました（経営面積は七反）。以前は、白いポツッとしたのを見つけたら、すぐにイオウのくん煙を焚いて、殺菌剤も一週間おきに最低三回は必要でした。でも、ケイ酸溶液を使うようになってからは、まったく必要ありません。

ホームセンターで苦土ケイカル（二〇kg三五〇円を三〇袋）を買ってきて、五〇〇ℓのタンクに八分目くらい詰めます。上から水を入れると、タンクの底の排水口から、浸み出た液がポタポタ落ちてきます。それを溜めておいて、灌水と一緒に流してやるだけです。量は、四〇〇坪のハウスで一回に二ℓくらい。ほんとうはもっと入れたいのですが、浸み出し液は、一日で二ℓくらいしか溜まりません。

毎日点滴チューブで一時間くらい灌水しますが、ケイ酸溶液を一緒に入れたら、二〜三日で葉がピンと立ちます。クラウンの株元から根もどんどん出ます。

以前、苗作りのときに水溶性のケイ酸資材を使って、とてもいい苗ができました。でも、この資材は一ℓ八五〇〇円もするので、自分で作れないかと思いました。ケイ酸は水に溶けにくいために、作物に吸わせることが難しいのです。いろいろと調べてみると、ケイ酸は還元状態にすれば作物に効くと書いてあり、また、岩からゆっくり浸み出るように溶液を作るといいらしいという話も聞きました。

また、イチゴ仲間から、イチゴ名人の貝吹満さん（愛知県）のところに視察に行ったとき、田んぼの泥水を灌水に使っていたと聞きました。稲刈りが終わって、稲わらをまいた田んぼに水を溜めて、ポンプで泥水を吸い上げ、砂利で濾していたそうです。稲わらや籾

500ℓタンク。8分目までケイカル、その上に水が入っている
ポタポタとケイ酸水が落ちる

タンクの中の上澄み液のpH は7.2。少しをどぶ臭い。浸み出してきたケイ酸溶液のpHは6.8

殻に含まれるケイ酸は水に溶けやすく、さらに、還元状態の田んぼの水ならイチゴに吸収させやすい。貝吹さんは、そういうことまで考えてやっていたのかと思い、とても驚きました。

だったら、ケイカルをタンクに入れて水を張りっぱなしにし、下から浸み出るようにしてやればいいだろうと考えたわけです。ケイカルのタンクは、いつも還元状態になるように、水が無くなる前に足します。はっきりわかりませんが、二〜三年はそのまま使えると思います。（二〇〇九年一月号）

うどんこ病にスギナ汁

編集部

取っても取っても出てくるスギナ。シダ植物で地下茎で繁茂するスギナは、「地獄の底から生えてくるやっかいもの」という人もいる。そんなスギナを病気予防に使っているというのが鹿児島県南九州市の山下勝郎さん。一反五畝の畑で野菜や果樹をいろいろ作り、地元の直売所にも出荷する。

「うちは無農薬なんですけど、七年くらい前に、近所で自然農法をしている人からスギナ汁のことを教えてもらったんです」

山下さんはトマトやキュウリ、ナス、ピーマンなど、夏野菜の病気予防にスギナ汁を使っているが、これをかけると不思議と病気が出にくくなるという。キュウリのうどんこ病なんかは最近ほとんど見てないらしい。「病気が出そうだな」と思ったら、山下さんはスギナ汁を噴霧器で葉が濡れる程度かけてやる。

どうして効果があるのかはわからないという山下さんだが、スギナには三〜一六％ものケイ酸が含まれている。スギナ汁をかけたトマトなんかは、春に植えてから、病気という病気はほとんどつかず、霜が降りるまでとれるのだそうだ。（二〇〇八年五月号）

スギナ汁の作り方

①掘り取ってきたスギナを、3日くらい天日干ししておく。
②水を4ℓくらい入れた鍋に、両手いっぱいほどのスギナを入れて、15分くらい煮出す。すぐに赤黒くなる。
③鍋が冷めたら、煮汁を布で濾して完成。
④スギナ汁を50倍くらいに薄めて、作物に動噴で散布する。原液でかけても問題ない。

熱ショックで病気が防げる仕組み

佐藤達雄　神奈川県農業総合研究所

神奈川農総研では十年近く前、夏季の栽培に適したキュウリの品種に関する情報を得るため、真夏にガラス温室でキュウリを栽培し、午前中いっぱい、あるいは午後まで換気温度を四五℃に設定する密閉処理を試みました。密閉された条件下で湿度が十分に高い場合、葉からの蒸散量も少ないので葉やけは起きず、作物は案外、高温でも耐えることができます。

このとき、予想に反して、ある品種では密閉処理をしたほうがキュウリがよく育ち、病害虫もほとんど発生しないということがわかりました。

害虫に関しては和歌山農試ですでにナスのビニールハウスで同様の技術を発表しており、別の実験では四〇℃の高温下で、ミナミキイロアザミウマでは一時間以内、ミカンキイロアザミウマでは二時間以内、タバココナジラミは五時間以内、オンシツコナジラミは三時間以内に死滅することも明らかになっています。

一時的高温（熱ショック）処理の方法

播種から接ぎ木、定植までの作業は通常どおり行なう。

夏期は定植後１～２週間で雌花が咲き始めるので、このころから高温順化処理を始める。この時点では病害虫が抑制できていることが重要である。とくにダニ類は高温耐性が強く、高温処理で抑制することができない場合があるほか、ハモグリバエ類などは発育が進むと土中で蛹化するため、蛹に対しては効果が劣る。また、すでにうどんこ病、べと病などの病徴が出始めている場合、高温処理だけで治療することは困難である。このような病害虫が見られる場合は、あらかじめ薬剤防除を行なったうえで処理を行なう。

日中よりも早朝から処理を始めたほうが収量、病害虫抑制効果ともに高いため、午前の収穫・管理作業後、ただちに処理を行なうとよい。７～８月の晴天日ならば、施設を密閉すると内気温は急上昇し、30 分から１時間ほどで 40 ～ 45℃以上となる。同時に湿度も上がり、外部からガラスやフィルムの結露が視認できる。

換気設定温度に達すると、それ以上の内気温の上昇を抑えるため窓を開けて換気することになり、施設内の湿度が急激に低下する。このため、葉の蒸散に水分供給が追いつかず葉やけを起こす。これを避けるため処理中、内気温が目標温度に達した後、遮光ネット、保温カーテンなどを活用して遮光し、できるだけ密閉状態を持続するようにする必要がある。

処理を開始して５～７日程度は、内気温 40℃を１時間維持した後、すべての窓を開放して外気を取り入れ、内気温を下げる。翌日もこの処理を繰り返してキュウリを高温に十分順化させる（高温順化処理）。

高温順化後、同様の方法で内気温を 45℃まで上げ、１時間後にもとに戻す処理を数日行なう。日数は、収穫が軌道に乗るまでのあいだ、５～15 日間を目安とする。この時期には、多少、高温により花落ちがあってもあまり問題はない。

あとはキュウリの生育や病害虫の発生を見ながら、７～10 日に１～２回程度の割合で 45℃の一時的高温処理を行なう。花や若い果実は葉よりも高温に弱いため、５日おきに処理を１回行なうよりも、１日１回ずつ２日間連続して処理を行ない、あとの８日間は無処理としたほうが落果を少なくすることができる。

一方、病害が発生しないという現象については、うどんこ病のように高温に弱いものもありますが、それだけでは説明できません。そこで、過去の研究を当たったところ、一九六〇年代に、作物体を数秒から数時間、高温処理することによって病害抵抗性を誘導できたとする報告が海外でいくつかありました。その後、作物に何か人為的な処理を施すことによって作物体全体に得られる病害抵抗性は、「全身獲得抵抗性」と呼ばれるようになりました。

病原体が作物に感染すると、作物はサリチル酸という物質をすみやかに合成し、これが抵抗性に関連するさまざまなタンパク質（病原体感染特異的タンパク質）の合成を促すことが明らかにされています。人為的な全身獲得抵抗性の誘導では、病原体の代わりに、ある種の化合物や植物ホルモンを処理しても同様の反応が起きます。

温湯に苗を漬けて熱ショックを与える実験系を作って解析したところ、熱ショック処理をしたキュウリではサリチル酸の濃度が急激に上昇し、病原体感染特異的タンパク質の遺伝子が発現することがわかりました。熱ショックは全身獲得抵抗性を誘導する要因のひとつとして考えられます。

次に、病原菌を接種してみたところ、熱ショックはキュウリのうどんこ病、炭疽病、黒星病、斑点細菌病に対して抵抗性を誘導することがわかりました。トマトでも灰色かび病に対して有効でした。一方、キュウリの褐斑病に対しては今のところ、効果が認められません。

全身獲得抵抗性が発現する強さは、日射や温度、作物体の栄養状態などのさまざまな条件によって影響を受けます。安定的な効果を得るためには、まずは健全な作物体を育成することが基本です。（二〇〇五年六月号）

ベンツリア

菌界・子嚢菌門

Venturia　黒星病

ナシ　黒星病　病原菌の越冬は罹病した落葉上とおもに腋花芽であるが、そのりん片病斑で行なわれる。第一次伝染源としては、落葉上の菌がきわめて重要な働きをしている。落葉上には春になると偽子嚢殻が形成され、通常芽が十分にほころんだころから開花約三〇日後まで、降雨により子嚢胞子が飛散する。分生子は、りん片およびりん片病斑から伸張した菌糸に基づく新梢基部病斑上に形成され、開花初期ころから飛散が始まる。

病原菌の生育適温は一五～二五℃である。潜伏期間は組織が柔らかい時期には短く、また多発する。満開二週間後ころまでの幼果は品種間差異はほとんどなく、発病しやすい。枝病斑は病斑形成時以外は通常伝染源とはならない。落葉上の黒星病菌は主要な第一次伝染源であるので、休眠期に集めて焼くか土中に埋める。

参考　病害虫防除資材編　梅本清作

リンゴ　黒星病　越冬は前年の被害落葉、りん片病斑、枝病斑で行なわれるが、一次伝染源として量的にもっとも重要なのは被害落葉である。子嚢胞子は開花直前～落花二〇日後ころまで多く飛散し、病斑は落花期ころから六月中旬ごろに現われる。

落花三〇日後ころまでの発生がない場合、その後発生するおそれはほとんどないが、逆に発生が多い場合はその後も発生し、天候によっては秋にも感染し、収穫時あるいは貯蔵中に発病することもある。

参考　病害虫防除資材編　中沢憲夫、雪田金助

手作り発酵液で黒星が出なくなった

高知県窪川町　宮本敏史

私が作っている発酵液の害虫に対する効果は、死ぬ虫もいますが、殺虫効果よりは、忌避効果のほうが強いようです。

たとえば、キャベツについた幼虫のアオムシにかけると溶けるように死にます。ナシのケムシの場合は糸を引きながら落ちてくる。カメムシは、一時ひっくり返りますが死ぬことはない。でもニオイが嫌いなのか寄りつかなくなりました。またナシのダニによる被害もありません。

そして不思議なことですが、テントウムシなどの益虫には害がないのです。害虫は一般に草食性であり、益虫はその害虫を食べる肉食性です。消化のメカニズムが違うせいなのか、とにかく害虫だけに効きます。

病気にも効果があります（殺菌効果）。私は減反をきっかけにナシを作って八年になりますが、発酵液を使うようになってからは黒星病がまったく出なくなりました。

それから生育促進効果。ナシは節間が詰まり、葉が小さくて厚い樹になります。また、発根促進の効果もあるようです。殺虫、殺菌、生育促進と三つの効果があるので「一石三鳥」と命名しました。

発酵液の材料は次のとおり。トウガラシ、ニンニク、ワケギのイモ（鱗茎）、タマネギ、クマザサ、ドクダミ、イタドリの新芽、ゲッケイジュの葉、ナンテン、ヨモギ、クローバー（以上の材料を合計約一〇〇kg）、これに糖蜜または黒砂糖を一kg、ヨーグルト（ケフィア菌で自家製）一kg、納豆を一〇〇g、水一〇ℓ（水道水はダメ）を加えます。

植物材料は朝、満ち潮時に、可能なものは土つきで取ります。引き潮のときは植物の栄養価も下がっているのでよくありません。土つきで採取するのは、根のまわりの有用微生物もいっしょに取れるからです。材料は無農薬のものです。

材料は適当な長さに切断し、漬物を漬ける要領で漬け込み、重しをして密封します。水を入れるのは、漬け込んだときに材料をしっとりした状態にするため。ただし、カルキは微生物の働きを阻害するので水道水はダメ。私は、地下水のクラスターを小さくして使います。

一〇日に一度くらい軽く撹拌。二回めの撹

拌くらいまでは、すごい刺激臭がしますが、三か月も経つと甘酸っぱい香りがしてきます。これは発酵が進んだ証拠。こうなると出来上がりです。前述の材料で、約五〇ℓの発酵液ができます。これで一年分。上のほうの三〇ℓを葉面散布に、おりが沈んだ下のほうの二〇ℓは、秋に元肥をやるときに散布したり、灌水に混ぜて使います。保存するには、ビンに入れて密封し、冷暗所に置きます。

ナシに葉面散布するときは五〇〇倍にして使っています。四～十月まで、月に二～四回ずつ、反当四〇〇ℓ散布。このとき、希釈液一〇〇〇ℓ当たり一ℓの糖蜜を混ぜると、菌が活性化される。また、玄米酢一、ホワイトリカー一、キトサン一・五の割合で混合したものを同じく五〇〇倍で混ぜて使うと相乗効果が発揮されます。

収穫後の十一月初めには、元肥をまいた上に発酵液を散布します。私は肉牛二五〇頭の肥育もしているので、まず牛の生糞をナシ畑に反当三〇t（乾燥すれば約一〇t）散布。この上に、米ぬか三〇kgと油かす・魚粉・カキ殻粉末を各一〇〇kgずつ、それに海水から取ったミネラル剤四〇kgをよく混合してまく。そして発酵液をかけるわけです。こんなやり方で、畑でボカシを作ります。屋内でボカシを作ると、切り返しの仕方などで失敗することがありますが、畑の土の上ならそんな心配もありません。

一〇日もすると真っ白い菌がはびこってくるのがよくわかります。これは翌春に殺虫（忌避）・殺菌・生育促進効果を高めることにつながっているのではないかと思います。

畑の土はボサボサしてジュウタンみたい。春になると、秋にまいたボカシの形跡はほとんど残っていません。土に同化してしまったかのようです。なお、ナシ畑はいっさい耕さない不耕起栽培です。（一九九五年六月号）

菌界・子嚢菌門

バーティシリウム

Verticillium　半身萎《い》凋《ちょう》病、萎凋病ほか

トマト　半身萎凋病　本病原菌は多犯性で、ナス科、ウリ科、アブラナ科、バラ科など、二六〇種以上の植物に寄生するという。しかし、トマト以外の植物に寄生する種の大部分はトマトに病気を起こさず、一方、トマトの病原種は他の作物のほとんどを侵す。

菌核は菌糸の芽胞分裂によって生じる耐久期間であり、被害株（とくに発病して枯死した葉上）に豊富に形成される。この菌核の形で土壌中で越年している。苗を定植すると、菌核は発芽して菌糸を伸ばし、根の先端部や傷口から植物体に侵入する。侵入した菌は、おもに導管内に繁殖し、水分の上昇を防げたり、毒素を産生したりして萎凋を起こす。

病原菌の生育適温は二二～二五℃であり、二〇～二八℃の範囲で良好に生育する。二〇℃以下の低温や三〇℃以上の高温では発病しにくい。土壌湿度はトマトの適湿よりもやや湿潤で発病しやすく、日照不足は発病を助長する。

トマトを連作すると、発生しやすい。一部の抵抗性品種を除き市販品種のほとんどは本病に感受性である。

参考　病害虫診断防除編　漆原寿彦

イチゴ　萎凋病　病原菌の菌糸や微小菌核が土中に生き残って伝染源となり、イチゴの根から侵入し、導管を上昇して感染発病する。

バーティシリウムを病原とする病気、作物

病原	病名	主な作物
バーティシリウム	萎縮病	アイスランドポピー
	萎凋病	イチゴ、ウド、ダイズ、アルファルファ
	黄化病	ハクサイ
	黒点病	ダイコン（バーティシリウム黒点病）
	半身萎凋病	キク、トマト、ナス、ピーマン、トウガラシ類、フキ、バラ

親株が罹病するとランナー内の導管を経由して苗が発病したり、保菌苗となったりする。

菌の発育適温は二〇～二四℃、最低八℃、最高三二～三六℃である。二八℃以上の高温時にはほとんど発生しない。

イチゴの病原種は非トマト系で、イチゴ、ナス、トマト、ハクサイ、オクラ、キクなどに感受性が高い。土壌がアルカリ性の畑、土壌湿度の高い場合、多肥で栽培した場合に発生が多くなる。

参考　病害虫診断防除編　石川成寿

ヒエ緑肥でナスの半身萎凋病を一掃

草刈眞一　大阪府農林技術センター

水田とナスを交互に輪作している圃場では、半身萎凋病の発生が少ないことが知られています。病原菌の菌核を湛水した土壌中に埋没し生存率を調べると、三〇℃、二四日間の湛水で九一％の菌核が死滅することがわかりました。

湛水による病原菌の死滅は水温が高く、湛水期間が長いほど効果が高くなります。施設栽培ナスでは、七～八月下旬までの期間がちょうどこの湛水に適しています。湛水処理は水温が二五℃以上、期間は四〇日以上が必要です。

湛水処理だけでもかなりの菌が死滅しますが、イネ科作物のヒエを移植したほうがより効果的です。ヒエは、水稲の移植と同じ方法で行ないます。移植二週間ぐらい前に、育苗箱に粒状培土を用いて播種します。ヒエは発芽に光線を必要としますから、育苗箱に播種後軽く覆土（種子がわずかに見える程度）し、十分灌水します。灌水後表面の乾燥を防ぐため新聞紙で覆い、もう一度灌水したのち、軒下など直射日光を避けて育苗します。播種量は、箱あたり一五〇g程度で、ほぼ育苗箱表面がヒエの種子で覆われるのを目安とします。

移植は、水稲と同じ田植え機を用います。なお、ヒエは結実後脱落しやすく、雑草化させないように、できるだけ出穂の遅い中生～晩生の品種を用います（試験ではグリーンミレットを使用）。ノビエでもかまいませんが、除草が必要になる場合があります。

また、ナスなど果菜類の施設栽培では、多肥による塩類集積が問題となりますが、湛水とヒエ栽培により過剰な養分、とくにカリ、窒素が収奪され、地力となって塩類濃度低下に効果を発揮します。さらに、線虫密度の減少、湛水後の畑地化による土壌微生物の増加など、土壌生物相の変化が認められ、土壌の改良にも役立ちます。（一九九〇年六月号）

ヒエ跡にナスを栽培した場合の半身萎凋病の発生率

試験区	昭和58年度の発病		ナス作付後の処理		昭和59年度の発病		菌核減少率
	発病率	菌核密度（1gの土当たり）	湛水	ヒエ栽培	発病率*	菌核密度（1gの土当たり）	
Ⅰ	100%	47個	あり	あり	0（0）%	6個	87%
Ⅱ	100	52	あり	あり	17（67）	2	96
Ⅲ	100	29	あり	なし	50（100）	7	75
Ⅳ	100	63	なし	なし	100（100）	26	58
Ⅴ	100	31	なし	なし	100（100）	23	26

*：発病率は5月26日調査，（　）内の発病率は7月28日調査

ニラ混植、輪作でナスの半身萎凋病を防ぐ

神奈川県藤沢市　桜井正男さん

編集部

「うちじゃナスといったらニラ、ニラといったらナスだねえ」と言うのは桜井正男さん。ナスとニラの混植を始めてもう十五年ほどなる。桜井さんのナスには、半身萎凋病や青枯れ病などの土壌病害が出たことがない。おまけに、ヨトウムシ、ネキリムシ、アリなどの虫も、少ないような気がしている。「病気が出ないのはなんでかわからないけど、虫が来ないのはニラのにおいのせいだろうなあ」

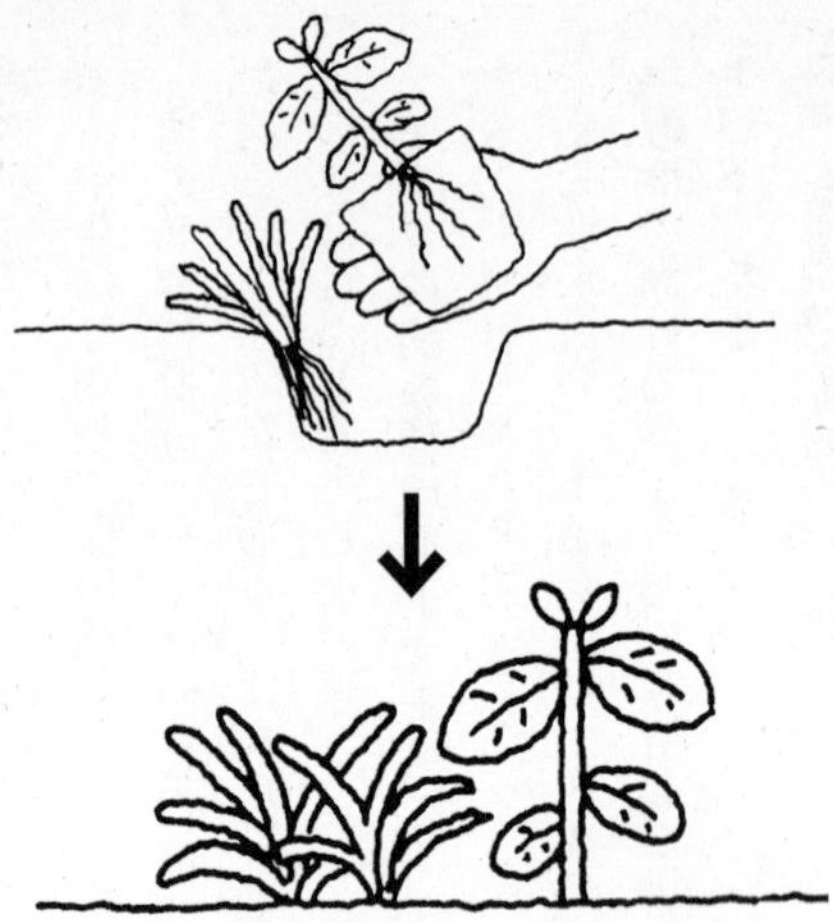

植え穴にニラを置いて、ナスとニラの根を絡ませるように植える。ニラの丈がナスより長いときは、先を摘んで短くする

最初のころは、定植後のナスの株間にあとからニラを植えていた。でも、離れたところに植えても効果がないような気がして、二年後くらいから今のやり方に変えた。「やっぱり根っこに近いほうが効き目があるような気がする」

混植するニラは、最初の年は近所のニラ農家に分けてもらったが、植えておけば分けつしてどんどん増えてくれる。収穫が終わる十一月にナスの樹は切ってしまうが、株元のニラは翌年の五月まで植えっぱなしにしておく。ナスは連作しないので、五月には別の畑にナスを定植するが、そのときに必要な分だけ掘ってきて、またナスと一緒に植えるのだ。余ったニラは土にすき込んでしまう。これも土に良かれと思って長年続けていることだ。

ナスとニラを混植すると、病気や虫が出なくなるだけでなく、味もよくなるのではないかと、桜井さんは思っている。というのも、「桜井さんとこのナスは甘くて柔らかくておいしいねえ」と、市場や近所の人に大評判なのだ。「オレはナスの味がいいのはニラのおかげだって信じてるよ。ニラと一緒じゃないと、いいナスが穫れる気がしなくて…。だからナス・ニラ混植はやめられないねえ」（二〇〇四年五月号）

菌界・担子菌門

ヘリコバシディウム

Helicobasidium　紫紋羽病

ヘリコバシディウムは担子菌門に分類される。森林、草地、園地など広範囲の土壌中に菌糸束、菌糸膜、菌糸塊などの形態をとりながら生息している。

リンゴ　紫紋羽病　病原菌は、土壌中の粗大有機物を利用したり、植物の根に寄生したりしながら生活している。土壌中での伝染は菌糸束の伸展によって行なわれる。

菌糸塊（菌核）は耐久性があり、長期間土壌中に生存できる。罹病性植物と接触すると菌糸を出して寄生する。地表面の近いところから、地下九〇cm～二mの深いところまで広く分布している。森林の開墾地やリンゴ、オウトウ、クワなどの栽培跡地で発生が多い。

沖積土壌および第三紀層土

ヘリコバシディウムを病原とする病気、作物

病原	病名	主な作物
ヘリコバシディウム	紫紋羽病	アスパラガス、オウトウ、カキ、クワ、ニンジン、ラッカセイ、リンゴ

壌（残積土壌）での発生は少なく、火山灰土壌での発生が多い。過乾燥や過湿、過着果、強剪定などによる樹勢衰弱は、発生を助長する要因となる。土壌改良（深耕、有機質肥料の施用）、堆肥マルチ、灌水により発生を軽減できる。埴質沖積土壌を植え穴に客土すると、発生を軽減できる。

参考　病害虫防除資材編　藤田孝二、雪田金助

クワ　紫紋羽病　病原菌の生育温度は七～三五℃の範囲で、適温は二五～二七℃、発病適温は二〇～二九℃である。菌の好む土壌は透水、通気性がきわめてよい軽しょう土壌（火山灰）、未分解有機質に富む土壌、酸性の高い土壌で旺盛で、かつ激発することが多い。過度の摘採や夏切りや他の障害によって樹勢が低下すると多発する。

参考　病害虫防除資材編　高橋幸吉

梅酢とシソが紫紋羽に効きそうだ

群馬県中之条町　今井達之

私のリンゴ園は火山灰土（黒ボク土）で紋羽病にかかりやすい土質なので、頭を悩まされています。そこで、唐突ですが、梅酢を使って紋羽病が治るのではないかと考えました。

梅は人の健康に良いし、リンゴと同じバラ科。それにウメの木には、白紋羽は出ても紋羽病は出ないのです。シソには殺菌・防腐・解毒作用があるらしいので、ひょっとして、梅酢とシソを活かせば紋羽病に効くのではないかと思いついたわけです。

まず、薄塩の梅酢の作り方から説明します。

完熟した梅四〇kgに塩三・二kgを用意。梅を水洗いしたあと、塩と混ぜながら樽に入れます。上のほうに塩を多く入れ、重石を十分に上げる。そのあと三五度の焼酎を一升注いで密封。塩が薄いのでときどき天地返し。カビが出ないように注意してください。

さて、こうして漬けた梅のほうは取り出して梅干しにして、残った汁を梅酢として利用するわけです。梅酢の中にシソの葉を漬けて、二か月くらいたったころから、それを軽く絞って取り出します。この梅酢に漬けたシソの葉だけをリンゴの木の下に、主稈の根元には多めに、半径一・五mくらいの範囲に振りまきます。

リンゴは確かに元気になったのです。一昨年は紋羽の被害でほとんど収穫できなかった木が回復してきたのです。根元を見ると、細い新しい根が出ていました。また、紫色の菌糸が根元より幹へ登っていたのが、処理したところは菌糸が消えていました。

梅酢を土壌かん注すればさらに有効なのではないかと思います。余談ですが、焼酎の梅酢（シソを入れて梅漬けをした梅酢）割りはとてもおいしいです。色も赤くて見た目もとてもきれいです。うめぇ。（一九九九年六月号）

紋羽病はトリコデルマ菌で治る

編集部

茨城県大子町でリンゴの観光農園を営む黒田恭正さん。畑は雑木林を切り開いたところがほとんどで、紋羽病の常習地。これまで「紋羽病にいい」といわれるあらゆる資材を試してみた。イネ科の草を生やすといいと聞いたが、それも完全ではない。どのやり方も一時は治るのだが、必ず再発してしまうのだ。最後にいきついたのが、トリコデルマ菌を接種した土壌改良剤（商品名「ネオトリコン」）。値段も手ごろで、上からパラパラとまきやすいのがいい。

三～四月に一回、梅雨前に一回、八月に一回と合計三回、この土壌改良剤一袋を樹冠下へ全体的にふる。三〇～四〇年生の大きな樹でも一袋でよく、まいた後に中耕などする必

要もない。土を掘り出したりしないほうが治りがいいみたいだ。雨が降る直前にまくのがポイント。雨を利用してそのまま土へとしみ込ませるためだ。

そして、蕾が出てきたらすべてとってしまう。実を成らせないで、そのぶん根をはらせるようにする。いったんは生殖生長をとめないと、根に養分が蓄積されないのだ。だいたい三年、長くて五年成らせないようにすれば、しつこい紋羽もたいがい治る。とくに効果があったのが紫紋羽。枝先までカサカサになったやつも九九％治る。

それとせん定のしかたも大事だという。紋羽にかかったら、樹の負担を少なくしようとバンバンせん定する人もいるが、黒田さんは枝を切らない。どうせ根が働かないのであれば、葉に働いてもらって樹を維持してゆくしかない。また、徒長枝を全部切って、下がり枝ばかりを残す「切り下げせん定」だと、紋羽になりやすい。徒長枝を切ったところからさらに枝が出るのでまた切る。こういう徒長枝を切ってしまうと頂部優勢が働かなくなり、根を伸ばす力もなくなってしまうのだ。

（二〇〇一年六月号）

紫紋羽病　カニ殻＋パーライトに高い効果

編集部

青森県りんご試の藤田孝二さんによると、カニ殻＋パーライトの土壌改良剤が、リンゴの紫紋羽病に高い治療効果があるという。

これまでの治療法の問題点は、殺菌剤による消毒では地中深くの病原菌を完全に殺菌することができず、樹勢が回復する前に、再び菌意に侵されてしまうことだ。そこで土壌改良資材によって、紫紋羽病菌の生育に不利な環境を作り出そうと考えた。いろいろな検討した結果、カニ殻などキチン質を含む資材がかなり有効であることがわかった。また紫紋羽病は火山灰土など乾燥しやすい土壌で発生しやすいとされているので、保水力を高めるために、パーライトを混和した。

まず、発病樹の根を掘り出し、殺菌剤で根を消毒する。掘り上げた土壌に、カニ殻配合肥料五kgとパーライト約二〇ℓを混和する。露出した根にパーライトを三〇ℓ振りかける（施用量は樹の大きさによって変える）。次に、薬液を注ぎながら資材混和土壌で埋めもどす。

処理当年は必ず全摘果し、三年目から少しずつ着果させる。二年目からは樹冠下にカニ殻配合肥料を一～二kgまいて軽く表土と混和する。盛夏期は避け、曇天日に実施するとよい。

その後の調査では、七樹中五樹が健全樹なみに回復したという。（一九九七年六月号）

プシニア

Puccinia　さび病

菌界・担子菌門

ネギ　さび病　別名、赤さび病。病原菌は罹病植物体上で冬胞子や夏胞子の形で越年して伝染源となる。翌春夏胞子を形成し、これが飛散して伝染がおこる。夏期は冷涼な山間地の罹病植物体上か、あるいは平野部の暖地の枯葉病斑上で夏胞子の形で越夏する。この夏胞子が飛散して秋の発生がおこる。

夏胞子の発芽適温は九～一八℃、夏胞子の感染および発病にもっとも好適な気温は一五～二〇℃で、二四℃以上では著しく不良になる。発病は一〇～二〇℃で、一〇〇％の多湿時間が六時間続くとおこる。潜伏期間は五～一〇℃では一四日以上、二〇～二五℃では八日以内である。

　春期と秋期が比較的低温で降雨が多い場合に多発しやすい。反対に春や秋に好天が続き、気温が高く降雨が少ないと発生は少ない。葉ネギの品種九条は発病しやすく、石倉などの根深ネギは発病が少ない傾向がある。

参考　病害虫防除資材編　善林六朗、竹内妙子

ムギ　さび病　病原菌は周年生活環の中で、夏から秋の時期に、寄主の相手を一時ムギ以外の植物（中間寄主）にかえる性質がある（黒さび病、小さび病、赤さび病）。中間寄主だけでなく、ムギ刈り後に圃場周辺のこぼれムギにも寄生して越夏する（赤さび病、小さび病）。

　黄さび病は北海道ではこぼれムギやマウンテンブロームグラスに中間寄生して越夏するが、他の地域では、越夏はむずかしく、黒さび病も一部越夏の事例が観察されているが、まだ実態解明はできていない。発生の順序は、黄さび病がもっとも早く、次いで赤さび病、小さび病で、黒さび病は遅くなってから現われる。

　ムギからムギへの伝播は胞子（夏胞子）による空気伝染である。したがって、伝染は非常に早く、広範囲にわたる。種子、土壌、水媒、虫媒伝染はしない。胞子の発芽と侵入には水滴と飽和湿度が必要であるが、通常は夜露程度のぬれで足りる。大雨が多いと胞子は洗い流されて発生は少なくなる。菌がムギに侵入後は、晴天が続いたほうが病菌の発育や飛散に好都合で、発病蔓延する。

参考　病害虫防除資材編　藤田耕朗、矢ケ崎健治

プシニアを病原とする病気、作物

病原	病名	主な作物
プシニア	赤さび病、黄さび病、小さび病	ムギ
	冠さび病	イタリアンライグラス、エンバク
	黒さび病	ムギ、オーチャードグラス
	さび病	アスパラガス、セリ、ニラ、ニンニク、ネギ、パンジー、プリムラ、マーガレット、ミツバ、ラッカセイ、ラッキョウ
	白さび病	キク

ミカンの皮で、ネギの赤さび病対策

宮城県東松島市　阿部幸子

　自家用と市場出荷用と野菜をいろいろ作っています。昔『現代農業』で、「ネギの赤さびにミカンの皮が効く」という記事を読んで試したことがあります。そうしたら、毎年困っていた赤さびが見事に出なくなりました。それ以来、ネギには欠かさずミカンの皮を使い続けています。

　食べた皮をせっせと拾い集めては、日当たりのよい縁側に菓子箱を並べて、その中に入れて乾燥させています。カラカラになったミカンの皮は、乾燥している冬の間に、庭先で袋ごと足で潰すとカリカリと潰れて粉になります。それでも大きい皮が残りますが、石の上に置いて棒で潰し、なるべく粉にちかいくらいまで細かくします。ひと冬に、ミカンをだいたい二箱は食べます。親戚も持ってきてくれますから、皮はたくさん集まります。でも、粉にするとペッチャンコです。

　ミカンの皮を使うのはネギだけです。秋の彼岸が来ると、ネギの株元に肥料と一緒に全部入れて、土寄せをします。（二〇〇八年十一月号）

秋の彼岸にネギの株元へ肥料といっしょに入れて土寄せする

菌界・担子菌門

リゾクトニア

Rhizoctonia　苗立枯病、根腐病ほか

リゾクトニアは、担子菌門に分類されており、アブラナ科系、ジャガイモ系、苗立枯病系など、多くの種が存在すると言われている。タナテホーラス（*Thanatephorus*）は、リゾクトニアの完全世代である（子嚢菌や担子菌は、無性生殖・不完全世代と、有性生殖・完全世代の二つの世代を有するものが多い）。

ナス　苗立枯病　土壌中のリゾクトニア菌核より菌糸が生じ、作物体（根または地際茎）に感染がおこる。条件によっては、菌核から担子器が形成され、担胞子により植物体地上部への感染がおこることがある。植物体の茎部、葉などの組織を侵し、幼植物を枯死させる。

枯死した罹病植物体には菌核が形成され、次作の感染源となるので、床土、育苗土は新しいものを使用する。

参考　病害虫防除資材編　草刈眞一

ダイコン　根腐病　病原菌は浅いところ（地下〇～五cm）に多く、被害作物の組織中に菌糸の形、または菌核や厚膜化細胞を形成して、土壌中で生存する。菌核は土壌中で一～二年間（条件がよければ五年間）生存する。また、本菌は土壌中の有機物を利用して腐生的生活を行ない、土壌中で長期間生存する。

高温、多湿など作物の抵抗力を弱め、菌の活動には好的な条件下で栽培すると、土壌中の菌糸や菌核から発芽した菌糸は粗大有機物などから栄養をとり、土壌表層を伸長して作物の軟弱な部位（根部の皮目、細根発生部、傷口、気孔など）から侵入し、発病させる。条件によっては植物の地際部に子実体が形成され、この子実層上の担子胞子が作物に飛散して発病させる場合もある。

七～三四℃で生育し、最適生育温度は二五～二八℃であるが、いくつかの系統があり、系統によってはより低い温度でよく生育するものがある。一五℃以上（系統によっては一〇℃以上）で菌核から発芽して菌糸を伸長する。

リゾクトニア（タナテホーラス）を病原とする病気、作物

病原	病名	主な作物
リゾクトニア	株腐病	ホウレンソウ、ミヤコワスレ
	茎腐病	カーネーション、ベゴニア、宿根カスミソウ
	黒あざ病	ゴボウ、ジャガイモ
	腰折病	タバコ
	さや褐斑病	ラッカセイ
	しり腐病	ハクサイ
	すそ枯病	レタス
	立枯病	キク、ミツバ
	苗立枯病	イネ、オクラ、カリフラワー、ブロッコリー、キャベツ、コマツナ、シネラリア、タマネギ、トマト、ナス、ビート、ピーマン、トウガラシ類、メロン
	根腐病	ダイコン、ナガイモ、ニンジン、ビート
	葉腐病	チューリップ、ハイドランジア
	実腐病	シロウリ
	芽枯病	イチゴ
	紋枯病	イネ、ショウガ
タナテホーラス	茎腐病	ベゴニア
	しり腐病	ハクサイ
	根腐病	ダイコン、ビート
	葉腐病	牧草類
	紋枯病	トウモロコシ

参考　病害虫防除資材編　粕山新二

キチンでリゾクトニアによる病害が軽減

宮下清貴　農林水産省農業環境研究所

キチンは糖であると同時に窒素も含むため、微生物の炭素源と窒素源になりうる。多くの微生物がキ

チンを栄養源として利用できる。そのうち細菌では、放線菌、バチルス、ビブリオ、クロストリジウム、一部のシュードモナスなどが代表である。なかでもストレプトミセス属の放線菌は、ほとんどすべてがキチナーゼを生産する。キチン培地を使って畑状態の土壌から分離されるキチン分解菌としては、放線菌が圧倒的に多い。

糸状菌も子嚢菌類、接合菌類、担子菌類などの幅広い菌の中から、キチンを分解できるものが見つかっている。土壌中の代表的なキチン分解糸状菌としては、モルティエレラ、トリコデルマ、ペニシリウム、バーティシリウム、フミコーラ、ケトミウムなどが知られている。さらに、土壌のアメーバにもキチンを分解できるものがおり、土壌の原生動物のなかにもキチナーゼを生産するものがいると考えられるが、この点についてはあまり研究されていない。

キチン分解菌と同様に、キトサン分解菌も土壌から容易に分離される。キトサン分解菌（キトサナーゼ生産菌）としては、バチルス、アルスロバクター、ストレプトミセス、スポロシトファーガなどの細菌が知られており、そのほか、糸状菌のなかにもキトサナーゼを生産する菌は多い。キチナーゼとキトサナーゼの両方を生産する微生物もいるが、その場合でもそれぞれ個別につくられ、別個に作用していると考えられている。

キチンはほとんどの糸状菌の細胞壁の主要構成成分である。糸状菌にはそのほか、キトサンを主要構成成分とするものや、セルロースを細胞壁成分とするものもいるが、土壌の糸状菌のほとんどがキチンを主成分としていると考えられる。このため、糸状菌の細胞壁はキチナーゼにより分解される。生長した古い菌糸の細胞壁はメラニンなどの他の成分と結合しているため、分解に対してある程度の抵抗性があるが、生長している菌糸の先端はキチナーゼに対してとくに感受性が高い。このため、キチナーゼの存在下では糸状菌の生育は阻害される。大量にキチナーゼやグルカナーゼを生産し、生きている糸状菌の細胞壁を強力に分解する細菌を、溶菌微生物という。

植物は病原菌の侵入を受けると反応し、防御の遺伝子のスイッチをONにして種々の防御物質を生産する。そうした防御物質のなかの一つがキチナーゼであることが判明している。植物自身はキチンを持たないため、植物がなぜキチナーゼを生産するかは長い間の謎であった。植物は糸状菌が侵入するとキチナーゼを生産し、糸状菌を攻撃しているのである。植物の病原菌としては細菌に比べて糸状菌が圧倒的に多いため、植物が細菌の細胞壁分解酵素であるリゾチームではなく、糸状菌の細胞壁分解酵素であるキチナーゼを生産することは理にかなっている。

植物寄生性のセンチュウも卵の壁の主成分としてキチンを含む。このため、センチュウの卵もキチナーゼにより攻撃され、分解を受ける。キチナーゼは糸状菌病に対するのと同様に、センチュウ病に対しても効果を発揮する。

キチンやキチン物質（カニがら、エビがらなど）を土壌に添加することで、植物の、フザリウムやリゾクトニアなどの糸状菌による病気や、センチュウによる被害が軽減される。ムギわら、セルロース、ソラマメ（植物体）、キチン等を添加した試験では、キチンの添加によりリゾクトニアによる病気の軽減がもっとも顕著であった（Henisら、一九六七）。

（農業技術大系土壌施肥編　一九九六年より抜粋）

土壌の生き物が病原菌を減らす

編集部

東北農試の中村好男さんによると、土の中には、さまざまな病原菌を食べる生き物がいることが明らかになってきた。

トビムシ　体長一〜二㎜で、ひと握りの表土の中に数十〜数百匹いる。この仲間には、イオウ病菌やリゾクトニア菌の菌糸をトビムシが食べるものがおり、作物の病気が軽減する。その他にも、キュウリツルワレ病菌を食べるものや、白モンパ病菌を食べるトビムシの仲間が知られている。

ササラダニ　体長〇・五㎜くらいで、ひと握りの表土に二〇〇〜三〇〇匹いる。アゴで有機物（病原菌）をかみくだいて食べる。苗立枯病菌（リゾクトニア）に汚染された土でもササラダニを加えると健全に育成するようになる

ミミズ　ショウガにシマミミズを加え貯蔵すると、腐敗しないことが試験的に確かめられた。しかも品質のよいショウガになるという。この方法はサツマイモやサトイモの貯蔵にも応用できる。根こぶ病の汚染土に、ミミ

ズを入れてからキャベツの種を播種すると、ミミズを入れてから播種するまでの時間が長いほどキャベツは健康に育つ。（一九九七年十月号）

菌界・担子菌門

スクレロチウム

Sclerotium　白絹病、黒腐菌核病ほか

トウガラシ類　白絹病　菌核はナタネ粒大で、当初は白い絹糸状の菌糸を密生させて白色を呈するが、のちに黄色～黄褐色に変わり、最後には暗褐色になる。トウガラシ類のほか、ナス科、ウリ科、アブラナ科、マメ科など六六科二五一種以上に寄主が確認されている。

病原菌の生育適温は三二～三三℃、最低一三℃、最高三八℃である。おもに茎の地際部を侵し、高温多湿環境で多発する。残渣上に形成された菌核が第一次伝染源である。温度と水分が好適になると菌核は発芽伸長し、植物体の表面に到達すると組織を殺して侵入し、感染、発病させる。罹病株上で増殖した菌糸は地表面を伸長し、隣接株に到達すると再び侵入し、感染、発病する。発病株上や土表面で増殖した菌糸は、そこで再び多量の菌核を形成する。

一般の畑土壌では菌核は五～六年間生存するが、湛水条件下では三～四か月で死滅するので、田畑転換または休作期に湛水すると被害が激減する。嫌気条件下では発育できず、土壌中での生息深度はほとんど表層部に限られ、一〇cmより深い土層中ではほとんど生育しない。

参考　病害虫診断防除編　高橋尚之

ネギ　黒腐菌核病　被害株の葉鞘部に形成される黒色菌核や被害組織内の菌糸が、土中で生存して伝染源となる。ネギが植えられ、土壌の温湿度が病原菌の発育に好適な条件になると、菌核が発芽して菌糸を伸長させ、葉鞘部や根を侵し、やがてそこに菌核を形成する。これをくり返して蔓延する。

病原菌の菌糸の生育適温は一五℃前後であり、二〇℃以下で生育するが、二五℃以上では生育しない。発病は一〇℃前後で著しいが、二〇℃以上では蔓延が停止する。

参考　病害虫防除資材編　善林六朗、竹内妙子

スクレロチウムを病原とする病気、作物

病原	病名	主な作物
スクレロチウム	褐色菌核根腐病	アスパラガス
	黒腐菌核病	ニラ、ニンニク、ラッキョウ、ネギ
	白絹病	コンニャク、トマト、ニラ、ニンジン、ネギ、ピーマン、トウガラシ類、ラッカセイ、マメ科牧草

白絹病には木酢液の灌注

大分県竹田市の入田泰則さんは、木酢で白絹病を防いでいる。ピーマンの白絹病には、発病株を抜き取ったところへ、木酢液一〇倍液をジョロで株元に二ℓくらい灌水する。このとき、となりの二、三株にも予防的にやっておくとよく効くそうだ。（二〇〇三年六月号）

ストラメノパイル

ペロノスポラ

Peronospora　べと病

アブラナ科やネギ科植物に、べと病を起こすペロノスポラは、従来は菌類あるいは藻菌類に分類されていたが、現在は、ストラメノパイル（鞭毛表面に小毛をもつ真核生物群）に分類する見解が提出されている。

タマネギ　べと病　第一次伝染源は、被害

葉などとともに土壌中で越年した卵胞子である。その寿命は長く十数年間休眠するものもあり、かなり長く感染能力を保持している。

胞子嚢は、一三〜一五℃前後でよく形成され、一五℃前後の水滴中でよく発芽して感染を起こす（無性生殖）。乾燥にあうと急激に発芽力を失うが、高湿度下では七日程度生存し、葉身表面の水滴中で発芽して気孔から組織内へ侵入する。

春秋季の多湿時には、胞子嚢を形成しながら蔓延をくり返すが、病葉身が萎凋しはじめると組織内に卵胞子を多量に形成するようになり休眠に入る（有性生殖）。

土壌中に潜伏している卵胞子の発芽には高湿度が必要である。秋季育苗時の多雨や灌水過多による土壌の過湿が発芽を助長するが、逆の条件では卵胞子の発芽が抑制され発生が少ない。感染には多湿環境や葉身が濡れるような状態が必要である。空気湿度が低かったり、葉身が乾いている条件では、たとえ適温下であっても感染はおこらない。

ペロノスポラを病原とする病気、作物

病原	病名	主な作物
ペロノスポラ	べと病	カブ、カリフラワー、ブロッコリー、キャベツ、シュンギク、ダイズ、タマネギ、ネギ、ハクサイ、バラ、パンジー、ホウレンソウ、ワケギ

参考　病害虫防除資材編　西村十郎、西口真嗣

キャベツ　べと病　ハクサイ、カブ、ダイコンのペロノスポラはそれぞれ別系統で、互いに寄生しない。ブロッコリー・カリフラワー、ハボタンのペロノスポラは、キャベツと互いに伝染発病する。八〜一二℃で、空気湿度約九六％であれば六時間で胞子嚢が形成される。形成の最適温度は八〜一〇℃である。胞子嚢の発芽力は、完成六時間後は十分あるが、一五時間後には著しく低下する。発芽最適温度も八〜一二℃である。

第一次伝染源は、種子に存在する卵胞子と、過去五年〜前年のキャベツ、ブロッコリーの発病株で形成され、地上に残された卵胞子である。卵胞子は、キャベツでは枯れかかった病組織の中に多数形成される。卵胞子は休眠性で、植物体が腐敗してもそのまま休眠状態で土中に残り、少数ずつ発芽し、また消滅していき、なかには約五年間生き残っている卵胞子もある。しかし堆肥の発酵熱などで、長い日数約四三℃以上に当たると死ぬと考えられる。

参考　病害虫防除資材編　本間宏基、竹内妙子

タマネギのべと病、追肥時期を誤ると病害多発

水口文夫

自家菜園のタマネギを見ていると、最終の追肥時期が、遅い人ほどべと病が多発しているように見えた。そこで、この確認と最終追肥はいつ行なうのがよいかを知るために、九月下旬まき、十一月下旬植え、五月下旬収穫のタマネギで次のような試験をした。最終追肥日を一月十日、二月十日、三月十日の三区をつくり、元肥六〇％、追肥は最終追肥日一月十日区は四〇％、二月十日区は、十二月二十八日二〇％、二月十日二〇％、三月十日区は一月十八日二〇％、三月十日二〇％施用した。

その結果は、最終追肥日が一月十日区はべと病がほとんど発生しないのに、三月十日区は著しくべと病が発生した。収穫物も、最終追肥一月十日区が最高で、三月十日区が、もっとも劣っていた。とくに玉腐れが多発した。

タマネギでは、最終追肥日がべと病の発生に大きく影響することがわかる。（二〇〇〇年十月号）

昆布とキクイモエキスでべと病がとまった

丹治隆宏

栃木県二宮町の仙波喜美子さんは、自作の植物ブレンドエキスを使って、虫つかず、病気知らずの元気な野菜を作っています。エキスの作り方は次のとおり。一五cmほどの昆布と半分に切ったキクイモを二つ分、三ℓの水に入れて火にかけ、色が変わるまで約三〇分煮立たせます。このゆで汁を三〇ℓの水で割ればできあがりです。

喜美子さんはこのエキスを大量に作り、動噴で五反のタマネギ畑にかけています。すると不思議とべと病が出なくて生長も早くなるそうです。ほかにもあらゆる野菜や花にも使っていますが、ホウレンソウやコマツナも穴が開かなくなるそうです。

ベースは昆布とキクイモですが、ほかにも柿、ミカンの皮、クリのイガ、スギの葉などなど身の回りにある季節の素材をいろいろ混ぜてもOK。（二〇〇六年四月号）

結露を防げば、べと病、灰かび病も防げる

夜間、放射冷却によって作物の温度が下がると、作物の表面に結露がおこり濡れる。また、外気温が低くなるとハウスのビニルの内側に結露をおこし、水滴がぽたぽた落ちて作物が濡れてしまう。

宮崎県都城市のバラ農家、矢野正美さんは、結露しやすい初秋から初夏までは、毎夜十〜十一時に温度・湿度を観測して、結露を防いでいる。やり方は①乾球湿球の湿度計を温室中央部、地上一・五mに設置 ②観測時の気温と湿度を測り、露点温度表より露点温度を読み取る ③露点温度より暖房のセット温度が高ければOK ④露点温度と暖房温度が同じか近い場合には、つねに送風の状態にして温室内の空気を動かしたり、天窓を少し開けたまま暖房する。この方法で結露をほとんど防ぐことができ、べと病や灰かび病、すすかび病などの発生はきわめて少なくなったという。（二〇〇四年十一月号）

露点温度表

		湿度（%）					
		40%	50%	60%	70%	80%	90%
温度（℃）	5					1.8	3.5
	6					2.8	4.5
	7				1.9	3.8	5.5
	8				2.9	4.8	6.5
	9			1.6	3.8	5.7	7.4
	10			2.6	4.8	6.7	8.4
	11			3.5	5.7	7.7	9.4
	12		1.9	4.5	6.7	8.7	10.4
	13		2.8	5.4	7.7	9.6	11.4
	14		3.7	6.4	8.6	10.6	12.4
	15	1.5	4.7	7.3	9.6	11.6	13.4
	16	2.4	5.6	8.2	10.5	12.6	14.4
	17	3.3	6.5	9.2	11.5	13.5	15.3
	18	4.2	7.4	10.1	12.4	14.5	16.3
	19	5.1	8.4	11.1	13.4	15.5	17.3
	20	6.0	9.3	12.0	14.4	16.4	18.3
	21	6.9	10.2	12.9	15.3	17.4	19.3
	22	7.8	11.1	13.9	16.3	18.4	20.3
	23	8.7	12.0	14.8	17.2	19.4	21.3
	24	9.6	12.9	15.8	18.2	20.3	23.3
	25	10.5	13.9	16.7	19.1	21.3	23.2

ストラメノパイル

シュードペロノスポラ

Pseudoperonospora　べと病

ウリ科植物に、べと病をおこすシュードペロノスポラは、ストラメノパイルに分類する見解が提出されている。

カボチャ　べと病　第一次伝染源は越年した卵胞子と考えられているが、カボチャを周年栽培する地帯では胞子嚢によると推定されている。しかし、その伝染経路は十分明らかにされていない。

感染は二〇～三五℃の範囲でおこり、感染の最適温度は二五～二八℃である。キュウリのべと病よりやや高温で発生が多いようである。感染はつねに気孔から行なわれ、葉の裏側は表面に比べ感染程度が著しく高い。これは本病原の侵入門戸である気孔が表面より裏面に多いことによる。

シュードペロノスポラを病原とする病気、作物

病原	病名	主な作物
シュードペロノスポラ	べと病	キュウリ、カボチャ、シロウリ、ホップ、メロン

発病葉齢は老葉または先端の幼若な葉は侵されないが、先端から五～六葉を除いた成葉ではつねに感染の危機にさらされている。二次伝染は胞子嚢によって容易に起こる。カボチャ、キュウリのいずれも本病原は侵すが、キュウリのべと病菌はカボチャに寄生しない。

感染には葉面が濡れている状態が必要である。その濡れの時間は温度により異なり、最適温度条件では二時間の濡れで十分感染する。また、濡れの時間が長いほど最適温度から上下にずれた場合でも感染する。逆に、濡れの時間が短くなれば、最適温度が続いても発病しない。

発病は肥料要素によって異なり、窒素は発病をもっとも少なくする。カリとリン酸は発病との関係がはっきりしないが、窒素の施用量と発病には密接な関係がみられ、とくに着果期前後の窒素肥料の不足は発病を促進する。生育期間にやや乾燥した場合や、窒素肥料が多く葉色の濃厚な状態では発病が少ない。

参考　病害虫防除資材編　三浦猛夫

べと病、さび病、うどんこ病にツクシ汁

古賀綱行さんによると、ツクシの胞子やエキスが、べと病、さび病、うどんこ病に効果があるという。作り方は以下のとおり。

①まだつぼみのうちに、ツクシの頭だけ切り取る。

②新聞紙の上に広げ、天日干し。二日もすると、つぼみが開き、胞子がいっぱい出てくる。

③胞子が出尽くした五日後ぐらいに、ビニール袋に入れて保存。一年中使える。

④乾燥したツクシの頭と胞子六gを、水一ℓに入れて、五分間沸騰。

⑤石鹸五gを少しの水で溶かし、冷めたツクシ液の中に入れる。

⑥布で濾せばできあがり。病気がでる前に、原液のまま五日おきに二回やると効果がある。（参考『自然農薬で防ぐ病気と害虫』）

ストラメノパイル

ピシウム

Pythium　根腐病、苗立枯病ほか

根腐病や苗立枯病をおこすピシウムは、現在は、ストラメノパイルに分類する見解が提出されている。

キュウリ　根腐病　作物体に感染すると菌糸が蔓延し、罹病植物は軟腐状に腐敗する。

ピシウムを病原とする病気、作物

病原	病名	主な作物
ピシウム	赤焼病	西洋シバ
	褐色雪腐病	ムギ
	茎腐病	ゼラニウム
	根茎腐敗病	ショウガ、ミョウガ
	しみ腐病	ニンジン
	立枯病	ホウレンソウ
	苗腐病	イネ、キンギョソウ、宿根カスミソウ
	苗黒腐病	カトレア
	苗立枯病	イネ、オクラ、キュウリ、トマト、ビート、メロン
	苗根腐病	チャ
	根腐病	キュウリ、コンニャク、サトイモ、チューリップ、トマト、ポインセチア、ミツバ、トウモロコシ
	腐敗病	レンコン
	舞病	タバコ
	綿腐病	キュウリ

植物体に蔓延した菌糸上には遊走子嚢が形成され、多湿条件下で水滴などで遊走子を形成して蔓延する（無性生殖）。土壌水分の少ない場合では、菌糸が伸長して、健康な植物に感染して蔓延する。

罹病植物組織内では、やがて蔵卵器が形成され、受精して卵胞子を生じる（有性生殖）。卵胞子は土壌中で長期間生存することが可能で、次作の感染源となる。

参考　病害虫防除資材編　草刈眞一

麦の間作でコンニャクの根腐病、えそ萎縮病が減る

群馬県子持村　生方喬美

かつては、コンニャクの間作にエン麦を植えていました。大きくなったら刈り取り、敷わら代わりにすることで、雑草を抑えていました。しかし、コンニャク畑が五町歩近くあるので、刈り取り作業が大変でした。

そこで、秋播き性の大麦（品種は万力）のマルチ栽培に切り替えました。秋播き性の麦を春に播くと、冬の低温に遭遇できないために穂が出ず、七月中旬～八月上旬には自然に倒伏して枯れてしまいます（座止現象）。これなら、刈り取りの手間が不用です。

また大麦は、コンニャクのえそ萎縮病の予防にもなるとのことでした。えそ萎縮病はアブラムシによるウイルスで伝染します。アブラムシの吸汁害がこわいのは、コンニャクが芽を出してから開葉するまでです。五月にコンニャクを植え付け、七月上旬に開葉するこのころ、ちょうど麦が障壁になったり天敵のすみかとなって、アブラムシを防いでくれます。えそ萎縮病は完全に防げるわけではありませんが、大麦のマルチを植えてからは、問題にならないくらい減りました。

コンニャクの間作に植えられた大麦（品種は「てまいらず」カネコ種苗）

九年ほど前からは、秋播き性の小麦をマルチに使うようになりました。草丈は二〇～二五cmで座止するので刈り取り不要です。えそ萎縮病予防になるのは大麦と同じです。しかし、大麦より枯れるのが遅いのが気に入りました（七月下旬から十月中旬まで生育）。夏の大雨時に、小麦の地上部や根が元気なので、畑の土が乾きやすいのです。それまで根腐病がとても多かったのですが、発生がだんだん減ってきています。

群馬農試こんにゃく分場の試験でも、小麦をうね全面にばら播きして被覆したところ、従来の大麦条播きによる間作に比べて、根腐病が二分の一から一〇分の一に減ったということです。

私は、小麦を通路に条播きします。高さ二〇cm幅六〇cmくらいのうねにコンニャクを一条植えにし、その通路に播種機を使って、二kg／一〇aていど播きます。二条寄せ植えにしている農家は、麦をうねの上に播いています。そのほうが麦の生育は早いらしいのですが、私は通路の水はけをよくしたいのです。

最近、私の村ではコンニャクの間作に麦類を播く農家が増えました。平成十年に、アブラムシによるえそ萎縮病がかなり発生したこと。さらに翌年には雨が多く、根腐病が多かったこと。そんな中でも麦の間作を取り入れていた農家は被害が少なかったことが、麦の間作を広めたようです。（二〇〇一年五月号）

ストラメノパイル

フィトフトラ

Phytophthora　疫病ほか

疫病をおこすフィトフトラは、近年では、ストラメノパイルに分類する見解が提出されている。

キュウリ　疫病　根、地際部の茎から感染し、菌糸が植物組織に蔓延し、種に茎部を軟腐状に破壊、維管束部が侵され植物体は萎凋枯死する。苗から収穫最盛期の植物体まで広く植物体を侵す。苗では、苗立枯病のように茎部が腰折れ状になり立ち枯れる。

フィトフトラは罹病植物体中に卵胞子、厚膜胞子を形成して越冬する（有性生殖）。卵胞子や厚膜胞子は土壌中に埋没して生存し、次作の感染源となる。卵胞子は、キュウリの根周辺で発芽管または遊走子を形成して感染し、発病する。

降雨のあとなど多湿な条件では、罹病植物植に遊走子嚢を形成し、遊走子を放出、二次感染を繰り返す（無性生殖）。罹病植物を土壌中に埋没すると、土壌中の用言菌密度が増加し、被害が大きくなる。排水の悪い圃場では、発病後蔓延速度が速く、被害が大きい傾向がある。圃場の排水を良好にするとともに、罹病株はできるだけすみやかに除去し、二次感染を防止する。

参考　病害虫防除資材編　草刈眞一

リンゴ　疫病　病原は土壌中の卵胞子および被害組織中の菌糸、卵胞子で越冬する。卵胞子はきびしい環境条件にもよく耐えることができる。春になり適当な環境条件にあうと遊走子嚢を形成する。

遊走子嚢は発芽管を出して直接発芽する場合と、遊走子を放出して間接発芽する場合とがある。直接発芽したものはさらにその先端に遊走子嚢を形成する。遊走子には鞭毛があり、水中を遊泳して根に集まる。遊走子はやがて鞭毛を失って被嚢胞子となり、発芽して植物体に侵入する。果実への感染は、土壌中

フィトフトラを病原とする病気、作物

病原	病名	主な作物
フィトフトラ	疫病	イチゴ、イチジク、ウド、カーネーション、ガーベラ、カボチャ、カンキツ、キュウリ、キンギョソウ、クリ、サルビア、ジャガイモ、スイカ、セントポーリア、タバコ、トマト、ドラセナ類、ナシ、ネギ、ピーマン、トウガラシ類、ホウレンソウ、メロン、リンゴ、宿根カスミソウ
	黄化萎縮病	イネ
	褐色腐敗病	カンキツ、ナス
	茎疫病	アズキ、ダイズ
	白色疫病	タマネギ、ネギ、ラッキョウ、ワケギ
	苗腐病	イネ
	苗葉枯疫病	ナス
	根腐疫病	トマト、ナス
	根腐病	イチゴ、ガーベラ
	灰色疫病	キュウリ

の遊走子嚢が間接発芽して放出した遊走子が果実に付着することでおこる。植物体に侵入した病原菌は組織中で蔵精器や蔵卵器をつくり、受精して卵胞子が形成される。

果実のはや疫病の発生は六月から七月中旬にかけて多い。これは梅雨の時期で降雨により土壌中の遊走子が飛沫となってはね上がり、地面に近いところにある果実に付着して感染発病するためである。果実のおそ疫病は、十月中旬以降に降雨が多いと発生する。収穫作業中に、遊走子の含まれている地表水が果実に付着して感染する。

クラウンロット（根頸疫病）は水田跡地、水田隣接地、傾斜地の下の伏流水の出るようなところ、滞水しやすいところに発生が多くみられる。クラウンロットは台木品種間の罹病性の差が明らかで、従来、リンゴ台木として使われているマルバカイドウ、ミツバカイドウおよびコバノズミ台のリンゴ樹には発生が認められていない。わい性台木のあいだでもMM106台リンゴ樹に発生がもっとも多く、M26台では少ない。

対策は、①クラウンロットは土壌が過湿状態のところで発生するため、暗渠排水などで排水をよくする。②降雨時や雨あがりに草刈り機械で草を刈らない。③土を樹上にはね上げないようにする。④降雨時の収穫は避ける。やむを得ず収穫する場合は、果実に地表水が付着しないようにするために、収穫かごの底にビニールを敷く。また、かごを直接地面に置かない。⑤落果を収穫果に混入しない。⑥収穫果を野積みしておかない。⑦収穫箱や手はきれいにしておく。

参考　病害虫診断防除編　柳瀬春夫、藤田孝二

排水対策でジャガイモ疫病を防ぐ

北海道の高橋義雄さんによれば、「バレイショの疫病は防除畦から発生することが多い」という。その原因として、「トラクタとブームスプレイヤーの踏圧による排水不良があげられる。雨が降った後などには必ずといっていいくらい水たまりが発生、そこが疫病菌の発生源となる」という。防除畦に注目することはもちろん、作付け前に心土破砕やサブソイラーなどによって水はけをよくしておくことも大切だ。あるいは防除畦には初めからバレイショの植付けをしないという方法もある。（一九九四年六月号）

狭い通路、長いベッドは排水不良に注意

兵庫県三田市で露地でピーマンを栽培している山本明さんは、通路の狭い畑では作業中にピーマンの葉先が体に触れ、疫病が広がることがあるという。そんなこともあって山本さんの通路は一mと広い。収穫はもちろんラクだが、疫病などの伝染も防げるという。

またベッドの作り方でも疫病の出やすさが違う。「畑の長い辺に沿ってうねを立てると、排水が悪くなり、通路の真ん中あたりに水がたまりやすい」。当然、その辺りから疫病も発生しやすいということになる。そこで山本さんのうねは畑の短い辺に沿って作ってあり、できるだけ排水をよくしている。（一九九四年三月号）

カルシウム施用でダイズ茎疫病が減る

兵庫県では、丹波黒栽培地域において、ダイズ茎疫病が多く発生している。兵庫県立農林水産技術総合センターの杉本琢真さんらに

よると、ダイズ定植前の、初生葉確認後から約一週間、カルシウム溶液（スイカル）に一二八穴の苗床を湛水処理すると、茎疫病の発生率が減少するという。

また、茎疫病が自然発生した黒ダイズに、カルシウム溶液一ℓ（一五mM）を加えると、無処理区では発病後二週間までに完全枯死したが、カルシウム処理区では感染部分の進展が遅延され、健全株に比べて少ないものの収穫が可能であったという。（二〇〇八年六月号）

キュウリの疫病に苦土石灰

熊本県南小国町でキュウリを三十五年作っている城戸文夫さんは、ハウスに入るときはいつも石灰を持ち歩く。疫病は暖かくなってジメジメしたときに発生するが、地際の台木と穂木の接合部から赤茶色のドロドロとした液が出てくる。

そこで、城戸さんはちょっとでも液が出ている株を発見したら、そこへ小さな柄杓を使って苦土石灰を一杯分ちょこっとかけてやる。液が出てきた部分を石灰で覆ってやるような感じだ。出始めならこれで疫病が抑えられる。「石灰をかけると乾くような感じになるんです。それで液も出なくなります」（二〇〇八年六月号）

株元にかかった苦土石灰。少し時間をおくと湿気を吸収するように乾いてくる

リザリア界・ケルコゾア門

プラスモディオホラ

Plasmodiophora　根こぶ病

アブラナ科植物に根こぶ病を起こすプラスモディオホラは、従来はカビの一種とされてきたが、近年はリザリア界ケルコゾア門（鞭毛虫などの原生生物）に分類する見解が提出されている。

根こぶ病　病組織の中で休眠胞子を形成し、土壌中で四年以上生存し、水中で一年七か月以上生存するといわれる。休眠胞子は六～二七℃で発芽し、最適温度は一八～二五℃である。宿主植物が植えられると休眠胞子は発芽し、通常一個の遊走子を生じる。遊走子が水中を運動し、根に達すると粘菌アメーバに変わる。この粘菌アメーバは短時間（約三〇分）のうちに根の傷口や表皮細胞を貫通して侵入し、変形体となって細胞から細胞へと増殖する。根の組織は、細胞の異常増殖により、こぶを形成する。

周辺への蔓延は、洪水など、水の流れによって病原が運ばれることによる場合が多い。pH六・〇以下の酸性土壌で発生しやすく、pH七・二以上では発生しにくい。土壌水分が最大容水量の八〇％以上の過湿状態で発生しやすく、四〇％以下の乾燥状態では発生しにくい。

前年発生したところでは連作を避け、アブラナ科以外の作物と三年以上の輪作を行なう。石灰を施用し、土壌の酸度を六・五以上に矯正する。

参考　病害虫防除資材編　長井雄治

プラスモディオホラを病原とする病気、作物

病原	病名	主な作物
プラスモディオホラ	根こぶ病	カブ、カリフラワー、ブロッコリー、キャベツ、コマツナ、チンゲンサイ、パクチョイ、タアサイ、ハクサイ

根まわりへの消石灰・堆肥施用

「昭和二十～三十年代にも根こぶ病は発生していた。ところが被害は蔓延することもなく、ほとんど問題にしていなかった。それが昭和五十～六十年代になって被害が急激に蔓延するようになった」そう指摘するのは、愛知県の水口文夫さんだ。昭和二十年代のやり方を参考しているのが、水口さんの根まわり堆肥と消石灰施用技術だ。

高めのうねを立てて植え穴を掘り、その穴に消石灰一握りを三株に分けて入れる（反当約一〇kg）。上から松葉や落ち葉、稲わらを材料とした半熟堆肥を手で大つかみ二杯分を入れ、その堆肥をかき分けて苗を定植する。これだけのことで、雨が降っているさなかでも滞水することがなくなる。しかも、根のまわりは石灰が施されているからpHも高く保たれている。被害株が三〇％以下の畑ならたったこれだけのことで十分だそうだ。（一九九七年六月号）

消石灰の局所施用で根まわりだけ高pHに

土壌pHということでいえば、もっと簡単に、消石灰だけで根こぶ病を減らす方法もある。東京都農試では、局部的に土のpHを上げて根こぶ病を抑える実験を行ない、白菜を定植する列に溝を切って、そこへ消石灰を真っ白になるくらいに施し、最初に根が伸びる部分の土を高pHにする。その結果、根こぶ病が多発している畑でも被害が激減したという。（一九九七年六月号）

大麦との輪作

長野県の伊藤敏さんは、転作田での野沢菜連作三年目にして、根こぶ病で皆無作というどん底を味わった。そこで、カキ殻を原料にした石灰資材を施用し、大麦との輪作を組んだ。四月上旬に、出穂直前の大麦をすき込む。そこに春の野沢菜を播き付け、六月に収穫する。二作目は八月上旬播種、十月収穫だ。

その結果、皆無作だった野沢菜が再建四年目にして、反当四tまで復活した。石灰を連年多投することはできないので、もっとも重要なのは大麦だ。「大麦跡の春の野沢菜の一作目は根こぶは全然出ない。秋の二作目に少しは出るが、枯れることはない」という。（一九九七年六月号）

カルシウム施用でダイズ茎疫病が減る

大根は、根こぶ病に強い抵抗性を示す品種が多く、とくに宮重系青首や聖護院系は、きわめて強い抵抗性をもつことが知られている。これらの大根では、プラスモディオホラが根には感染するが、増殖することができない。そのために、これらの大根を作付けた畑では、新しい胞子が供給されず、土壌中の休眠胞子がどんどん減少していくという。

そこで、根こぶ病が発生している白菜の畑で、根こぶ病抵抗性の大根と輪作することで、根こぶ病を減らすことができる。（一九九七年十月号）

大根の緑肥で根こぶを防ぐ

大根で根こぶ病を減らすためには、葉大根

を作付けてすき込む方法もある。種苗メーカーからは、根こぶ病抵抗性の葉大根が販売されているので、これを利用してもよい。

愛知県の水口文夫さんは、安い在来種を買ってきて自家採種して利用している。どんな葉大根を播けばいいかというと、抽根しない品種、つまり大根がせり上がってこない品種だという。いくつか在来の種を買って播いてみて、抽根しないものを選ぶ。

アブラナ科野菜を採種するには、秋に種を播いて寒さにあて、花を咲かせなければならない。水口さんは冷蔵庫に種を入れておいて、春に種播きする。こうすると、「遅く播いても種がとれる」ので、畑が有効に使える。冷蔵庫に入れる期間は種播き前の半月ぐらい。ふつうの冷蔵庫の野菜室に入れてやればいい。

根こぶ病予防の葉大根は五月に播種するが、反当たり六ℓは播かないと効果は安定しない。二か月後の七月下旬にトラクターでそのまま打ち込む。そして九月にブロッコリーを定植。葉大根をすき込んだ後、作物を植えるまでに十分期間をおかないと、効果がでない。これで見事に根こぶ病が防げる。

（二〇〇〇年五月号）

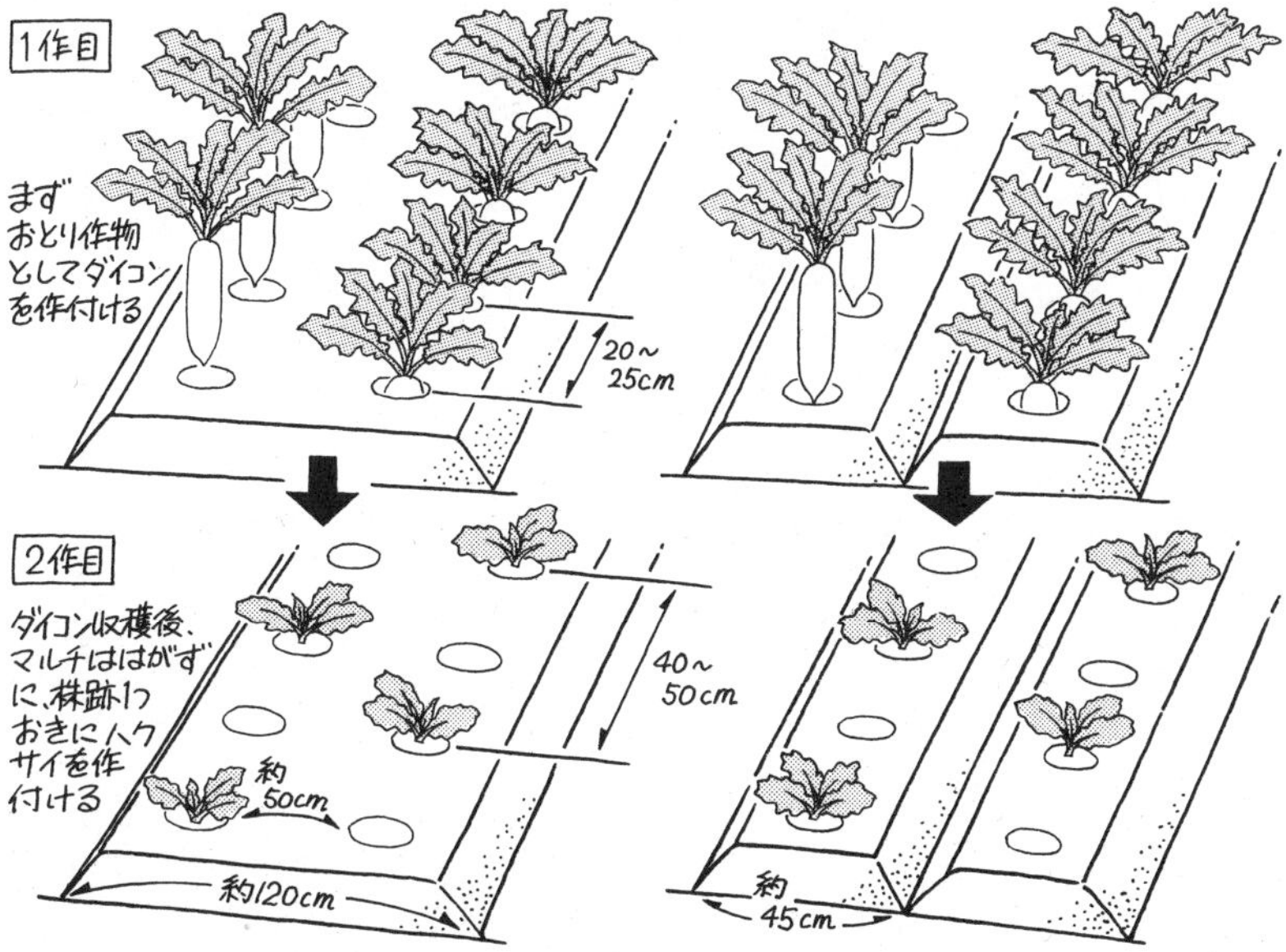
1作目
まず
おとり作物
としてダイコン
を作付ける
20～
25cm
2作目
ダイコン収穫後、
マルチははがず
に、株跡1つ
おきにハク
サイを作
付ける
40～
50cm
約
50cm
約120cm
約
45cm

大根と白菜の二作分の緩効性肥料を全面施用する。まず夏大根（根こぶ病に強い大根品種）を栽培し、二作目の秋白菜は、大根の株跡ひとつおきに定植する
（山田和義　長野県中信農業試験場）

大豆を入れれば根こぶ病は出ない

青森県板柳町の神山節さんは数年前、近所のおじいさんから、根こぶ病にはくず大豆を畑にまくといいと聞き、いつも根こぶ病が出る畑でやってみた。大豆は芽が出ないように前日に熱湯をかけてそのままお湯に浸しておき、肥料と一緒に植え溝にまいた。そこに土寄せしてうねを立て、白菜の苗を定植。すると、その年の白菜は青々として根こぶ病にもやられず、立派にできたそうだ。それから毎年、白菜の畑には大豆をまくようにしているが、連作しても、依然としていい白菜がとれるという。

白菜だけでなく、この間は大根の畑にもくず大豆を入れてみたら、じつに肌のきれいなのができた。一方、くず大豆を入れない畑にタカナを播いたら、やはり根こぶ病にやられてしまったという。

ところで、窒素やカリを豊富に含む大豆は、肥料にもなるので、その分与える肥料の量を控えないと、野菜が太りすぎてしまう。とる時期が遅れたこともあるが、節さんは、一個五kgもある白菜ができたこともあるそうだ。

（二〇〇五年一月号）

リザリア界・ケルコゾア門

スポンゴスポラ

Spongospora　粉状そうか病

スポンゴスポラは、リザリア界ケルコゾア門に分類する見解が提出されている。

ジャガイモ　粉状そうか病　第一次伝染源は土壌中および罹病塊茎病斑中の胞子球である。胞子球は耐久性が高く、家畜の消化管を通過しても死滅しないとされ、また土壌中で十年以上生存できる。胞子からの遊走子の形成は、低温（一三〜二〇℃）、多湿で良好である。寄主体侵入は一三〜二〇℃でおこり、一七〜一九℃で盛んである。

ジャガイモ、トマト、ナス、イヌホオズキなどのナス科植物のほか、アカザ科、アカネ科、アブラナ科、イネ科、イラクサ科、キク科、シナノキ科、スミレ科、タデ科、ヒユ科、フウロソウ科、ユリ科の根に感染することが報告されている。

ジャガイモの品種によって抵抗性の差があり、男爵薯、とうや、キタアカリ、トヨシロは抵抗性弱、農林1号、ワセシロはやや弱、メークイン、さやか、コナフブキ、デジマは中、紅丸、ホッカイコガネ、サクラフブキ、スタークイーン、エニワはやや強、ユキラシャは強に属する。

発病は塊茎の形成期以降に多雨のとき、とくにある期間乾燥が続き、その後降雨があるとき著しい。しかし、二〇℃を超えると発病は抑制される。腐植に富む土壌で、保水力が強い排水不良の低湿地に被害が多い。

無病の種芋の使用、四年以上の輪作、常発畑でのジャガイモの栽培回避、暗渠排水や心土耕による圃場の排水改善、抵抗性強の品種の栽培、などの対策を行なう。

なお、スポンゴスポラはジャガイモ塊茎褐色輪紋病の原因ウイルス（ジャガイモモップトップウイルス）を媒介する。

参考　病害虫診断防除編　谷井昭夫、中山尊登

豚尿液肥が粉状そうか病を抑えた

ジャガイモの病気には、そうか病と粉状そうか病があるが、北海道真狩村のあたりでは、八対二くらいの割合で粉状そうか病が多いという。一般にそうか病は高温・乾燥で発生しやすく、粉状そうか病は低温・多湿で発生しやすいとされている。

豚尿を曝気して作った液肥が、粉状そうか病抑えるのに効果があるらしいことを以前から聞いていた川西正広さんは、粉状そうか病が出やすい二町歩の畑で、種芋の植付け前に豚尿液肥を散布した区と無散布区に分けて、比較試験を行なった。結果は、無散布区で収穫したジャガイモの八〇％が粉状そうか病に侵されていたのに対して、散布区のイモではわずか五％しか発生しなかった。川西さんの他にも、比較試験した農家があったが、やはり同様の結果だった。

豚尿液肥を提供したのは、村内の養豚農家・印南正治さんである。年間約四〇〇〇頭を出荷する繁殖・肥育一貫経営だ。糞と分離された尿は、まず原尿槽に集められる。次に曝気槽に送られて、ここで攪拌されながら一〇〇時間、曝気処理される。好気性の微生物の働きで分解され、ニオイはほとんどない。窒素、カリ、リンが豊富で、pHは八・四。

豚尿液肥が粉状そうか病を抑えるのかの仕組みはわからないが、豚尿液肥をまいた畑の馬鈴薯は、茎が太くなる、生育が旺盛になる、増収する。また、ビートや小豆など他の畑作物での増収効果も表れているらしい。

（二〇〇〇年六月号）

真正細菌・プロテオバクテリア門

アグロバクテリウム

Agrobacterium　根頭がんしゅ病

アグロバクテリウムは、真正細菌、プロテオバクテリア門に分類される。プロテオバクテリアは、グラム陰性で鞭毛を持ち、通性嫌気性または偏性嫌気性のものが多い。

バラ　根頭がんしゅ病　がんしゅには病原細菌が生息し、とくに若いがんしゅに多い。古いがんしゅはやがて腐敗、あるいは崩壊し、病原細菌は土壌中に広がる。病原細菌は土壌中で数年間生存し、根や接ぎ木部の傷口から侵入・感染する。

感染すると、病原細菌の核外遺伝子であるプラスミドが、正常細胞の核に取り込まれる。その結果、正常細胞はがんしゅ細胞に変換される。がんしゅ細胞は正常細胞よりも分裂速度が速い。いったんがんしゅ細胞が生じると、急速に分裂を繰り返し、がんしゅが形成される。

高温・多湿の条件で発生しやすい。排水不良地の温室栽培や水耕栽培も多発しやすい。接ぎ木や挿し木の作業時に、刃物を消毒しないで作業を続けると感染の危険性が大きい。

二五℃前後の高温多湿の条件では感染後一～二週間でがんしゅの形成が認められるが、秋の低温期に感染した場合には、潜在感染し、がんしゅが形成されるのは翌年春以降となる。

参考　花卉病害虫診断防除編
長井雄治

ブドウ　根頭がんしゅ病

病原細菌は *Agrobacterium vitis* とされる。バラ科植物に寄生する *A. tumefaciens* は多犯性で、イネ科以外の多数の植物にこぶを形成するのに対し、本菌は、ブドウ以外の植物に病気をおこすことはほとんどない。

定植、耕耘、昆虫の食害などによって根にできた傷から侵入する。侵入後は導管内の樹液によって運ばれて樹体各部に分布を拡大する。植物の傷口から分泌される物質によって刺激を受けると、病原細菌のプラスミドの一部が植物細胞内に送り込まれて感染が成立する。感染細胞は無秩序な増殖を始め、こぶが肥大する。

凍害が発病の引き金となるので、樹体の耐寒性が比較的低い初冬期や春先に、きびしい低温が続くような年は発生が多い。また、霜道、霜だまりなど凍寒害の発生しやすい地区で多発する。

参考　病害虫防除資材編　澤田宏之、那須英夫

アグロバクテリウムを病原とする病気、作物

病原	病名	主な作物
アグロバクテリウム	根頭がんしゅ病	オウトウ、キク、ナシ、バラ、ブドウ、ホップ、モモ、リンゴ、宿根カスミソウ
	毛根病	メロン

納豆ボカシで根頭がんしゅ病、軟腐病にサヨナラ

神奈川県平塚市　浜田光男さん

編集部

「納豆ボカシをひとつまみ、根頭がんしゅ病のコブにのっけておくと、四日目でコブに白いカビがつき始めて、一〇日目にはコブが黒ずんでくる。二〇日ぐらいたつと腐り始め、五日ぐらいで乾く。のせてから一か月たつとコブがポロッととれるんだ」

神奈川県平塚市でバラを栽培浜田さんは、以前は三分の二も根頭がんしゅ病にやられたことがある。浜田さんにとって、根頭がんしゅ病は難病害のひとつだった。

あるとき、鉢植えのシクラメンの株元にカビが出ているのを見つけた浜田さん。殺菌剤をかけても何の効果もなかったそのカビに、ふと思いたって酒かすをのせてみた。カビには酵母菌で対してみようと考えてのことだっ

た。「しばらくして見るとね、そのカビが消えて患部が乾いているんだ」。

そのとき、これはいけると思ったのだそうだ。早速、酒かすや納豆菌で「納豆ボカシ」を作って試してみた。コチョウランの葉の腐り（軟腐病？）を米ぬかを培地にのせ、納豆ボカシをつけてみた。これはダメで、それならと油かすを加えて再度発酵しなおしたものを使ってみて成功。観葉植物のサンゴアブラギリや、白菜の軟腐病にも、納豆ボカシを株元に施用してやると効果があった。とにかく、腐れる病気などを抑止する働きが、納豆ボカシにあるようなのだ。

納豆ボカシの作り方は簡単だ。油かすか米ぬかに発酵促進剤の「コーラン」（香蘭産業）を加え、そこに納豆と酒かすを水に溶いてひと握り入れればいい。あとはよく攪拌、切返しをするだけ。三、四日目（冬場なら四、五日目）もすれば、五七～八℃に温度があがる。その後温度は下がり、作り始めてから一週間程度で使える。

改植時には、納豆ボカシを元肥の牛糞発酵堆肥四tに約二〇kg混ぜ施用する。定植するときには、一二坪に五kgベッド上にふって耕耘。バラの定植株はボカシに包まれるようになる。定植前、接ぎ木した株を植えておく床土にも、二tに五～一〇kgの割合で混ぜている（二〇〇〇鉢分）。

こうした土づくりで根頭がんしゅはもちろん、土壌病害も、センチュウ害もないとのこと。根頭がんしゅ病が再発した株も、納豆ボカシでいったん抑えたあと、米ぬかなどを発酵させたときにできるオレンジ色や黒いカビをとってはりつけると患部は収縮し、石のように固くなって、少なくても一年は再発しないそうだ。（一九八九年十月号）

真正細菌・プロテオバクテリア門

エルビニア

Erwinia　軟腐病

ネギ　軟腐病　病原細菌はネギの根部や葉鞘軟白部のおもに傷口から侵入して増殖し、組織を軟化腐敗させる。罹病株の組織が土中に残ると、病原菌もそこで生活し長期間生存する。そこへネギなど寄生できる作物が栽培されると、侵入して発病させる。寄生できる作物がないときは、土壌中の有機物などに寄生している。

病原細菌は灌水や降雨などによって土とともに跳ね上がり、地上部や周辺に飛散し伝播するほか、水とともに土壌中を移動し、蔓延する。好高温性で、増殖適温は三〇～三五℃である。土壌中の生存にはpH六～七が適し、土壌湿度が高いと増殖や感染に好適である。

初夏から初秋にかけて、とくに盛夏に、土壌湿度が高いと発生しやすい。長期の長雨、台風などによる集中豪雨、平年より気温が高い初秋の長雨などで、とくに数日間畑が湛水や浸水すると激発する。低湿地や窪地の畑、基盤が整備されていない水田転換畑は、土壌が多湿になり滞水しやすいため多発する。

参考　病害虫診断防除編　善林六朗、竹内妙子

ジャガイモ　軟腐病　病原細菌は非寄主作物栽培条件下の土壌中で、少なくとも三年間生存する。病原細菌は塊茎の表面でも生存する。土壌中や種芋表面で生存していた病原細菌は、二五～三〇℃の高温多湿条件下で、小葉が接する土壌や株元土壌で増殖し、感染する。発病は高温と多雨がそろうと増加するが、乾燥で経過すると発病しない。

参考　病害虫防除資材編　尾崎政春

苦土石灰で軟腐、褐斑、葉かび、炭疽も抑える

茨城県常陸大宮市　大越　望さん

編集部

大越さんはイチゴの炭疽病対策に苦土石灰を苗の上からバサバサかける。約二万本の苗のうち、炭疽病が出るのは多い年で三〇本程度。今シーズンも苗はほぼ枯れることなく、いたって快調だ。

エルビニアを病原とする病気、作物

病原	病名	主な作物
エルビニア	軟腐病	カブ、カリフラワー、ブロッコリー、キャベツ、シクラメン、ジャガイモ、シンビジウム、セルリー、ダイコン、タマネギ、チンゲンサイ、パクチョイ、タアサイ、ニンジン、ネギ、ハクサイ、パセリ、ピーマン、トウガラシ類、ファレノプシス、プリムラ、レタス、ワサビ
	枝軟腐病	クワ
	かいよう病	ウメ
	茎腐細菌病	ナス
	黒あし病	ジャガイモ
	こぶ病	宿根カスミソウ
	せん孔細菌病	モモ
	立枯細菌病	カーネーション
	立枯病	センリョウ
	吊腐れ	タバコ
	倒伏細菌病	トウモロコシ
	葉腐細菌病	シクラメン
	春腐病	ニンニク
	腐敗病	コンニャク、タマネギ

白菜の軟腐病　大越さんが石灰を防除に使い始めたのは二十年前のこと。まず、自家用の白菜の軟腐病に試してみた。外葉が黒くとろけ始めた株の上から苦土石灰をバサッと一つかみかけた。すると、黒い部分がだんだんとなくなり、病気が止まり、しっかり結球していい白菜がとれた。

キュウリの褐斑病、べと病　数年前まで夏は夏秋キュウリを出荷していたのだが、褐斑病やべと病にはいつも手をやいていた。とくに褐斑病は発病すると農薬をかけても治まらない。ひどいときは一週間で全滅したこともある。そこで、葉表まで病斑が見えている株に、葉の表面が白くなるくらい苦土石灰をかけてみた。するとやはり病気がピタリと止まった。褐色の病斑の跡は残るのだが、病斑のふちが硬く固まって、そこからは広がらないのだ。

ただ、キュウリの場合は収穫が始まってから石灰をかけると、実が白く汚れてしまう。一本一本拭いて出荷するのは手間なので、石灰を水に溶かし、その上澄み液を使うことにした。やってみるとこれがまたバッチリと効いた。以来、キュウリを定植してから最初の花が咲き始めるころまでは、苦土石灰を粉のまま散布し、実がなり始めてからは上澄み液をかけるようにした。予防を兼ねて一か月に一～二回を目安に散布したら、褐斑病やべと病はもう怖くなくなった。

トマトの葉かび病　自家用のトマトにもかけてみたら、葉かび病が一発で止まった。病斑の跡は残るが、その後広がらずに治まってしまう。

イチゴの炭疽病　イチゴでもっとも怖いのが炭疽病。大越さんはナイアガラ方式で六～七月ごろに苗を採取して、雨よけハウスにビニールを敷いて土を入れ、隔離した地床に仮植して育苗する。九月上旬定植だから、それまでの二～三か月間が育苗期間。この時期、苦土石灰を最低でも四回はかける。二週間に一回くらいが目安というが、苗だけでなく、よく歩く場所やハウスの入り口、ハウスの外周りもグルリとかけておく。「炭疽の場合は株の内部まで菌が入るから、出てからじゃあ、石灰をかけてもダメだね。イチゴの場合は菌を入れないための予防だよ」

育苗中だけでなく、親株のときから石灰を定期的にまき、本圃に定植してからもまく。九月上旬といえばまだ暖かく、炭疽病菌も繁殖しやすい時期。ほんとうは本圃でも年中か

けたいところだが、マルチを張ってからだとイチゴが汚れてしまうので、十月下旬のマルチ張りまでに二回くらいかける。通路やハウスの外周りもきちんとかける。

粉でかける場合、たいていは手でバサバサとかけるのだが、ミスト機を使うこともある。細かい霧状で勢いよく噴き出るので、葉柄や葉裏にもかかりやすい。散布量も少なくすむが、ハウスの中に石灰粉が蔓延するのでマスクが必需品となる。

散布量はかけたところの「表面がうっすらと白くなる程度」でいいと大越さんは考えている。重要なことは石灰を散布した後、必ず灌水すること。葉の上にふりかかった石灰を、株全体や株元にも届かせたい。そこで、上から灌水してやると、水と一緒に石灰が流れ落ち、葉と葉の間や地際のクラウン部など、手散布ではかかりにくい部分にも付着してくれる。病気が入りやすい場所もしっかりガードできるというわけだ。

大越さんは、イチゴの上から苦土石灰を手散布する（倉持正実撮影）

ところで、石灰過剰や高pHで、土や作物がおかしくなってしまわないかと心配にもなってくる。昨年、ある資材屋さんが、苦土石灰を散布した育苗床の土壌診断をしたのだが、結果はpHが六・五と適正範囲で、石灰成分は若干不足気味と出たそうだ。（二〇〇七年六月号）

苦土石灰で軟腐病が止まった

熊本県阿蘇市　宮崎政志さん

編集部

熊本県阿蘇市で六町も大根を作っていた宮崎政志さんが、かつてもっとも困っていたのが軟腐病。平均気温が二〇℃を超えてジメジメしてくると必ずと言っていいほど発生し、ありとあらゆる農薬をかけても止めることができませんでした。

困り果てた宮崎さん、ある有名な大根の先生に対策を相談。その先生が「なかなか信じてもらえないんだけど」と言いつつ、こっそり教えてくれた方法が「苦土石灰をまくこと」でした。

「そんなもんで止まるならクスリはいらんわ」と呆れましたが、だまされたと思って、軟腐が出ている畑に、苦土石灰一〇〇〇倍液の上澄みをまいてみたのです。すると驚いたことに、葉っぱのとろけ始めている部分が黒くなってフタを被せたようになり、軟腐病がピタッと止まったのでした。

それだけではありません。葉っぱがパチッと硬くなって厚みが増し、徒長した葉がなくなって上から見るときれいな円形で、生育も順調。以来十年以上、軟腐の被害はいっさいなくなったのです。

使うのは粉状の苦土石灰。よく水と混ぜてから五分くらい待ち、完全に透き通った上澄みをとればノズルもつまりません。基本は一〇〇〇倍ですが、雨あとなどとくに軟腐が出やすいときは若干濃い目にします。ただ五〇〇倍以上にすると葉の色が浅くなり、なぜか生育がいったん止まったように見えるそうです。しかし不思議なことに、そのあとは倍くらいのスピードで生長し、大きくなり過ぎてしまうこともあるとのこと。また農薬とは混ぜないほうがいいそうです。

昨年大根栽培を引退した宮崎さんですが、今でも田んぼや家庭菜園に苦土石灰を使っています。やはり軟腐病が困る白菜への効果はもちろんのこと、イネも葉っぱが手に刺さるほど硬くなり、いもち病などもピタッと止まってしまうので、たいへん重宝しているそうです。（二〇〇七年六月号）

真正細菌・プロテオバクテリア門
シュードモナス
Pseudomonas　斑点細菌病、腐敗病ほか

シュードモナスは、広く地球上に生息する真正細菌で、グラム陰性桿菌である。好気性の種が多いが、海水、淡水、土壌中に棲む種も存在する。

キュウリ　斑点細菌病　病原細菌は被害植物組織、保菌種子、病土壌などの中で長期間生存し、最初はおもに種子および土壌伝染により発病する。その後は病斑部で増殖した菌が、空気伝染して発病蔓延する。

生育温度は〇・五～三五℃で、一五～二七℃でよく生育し、適温が二五℃くらいである。本病は比較的低温から二五～二七℃、湿度が九〇％以上で多発する。湿度が高いと、比較的低温から高温までの広い温度範囲で発生しやすい。気温がかなり高くなり、湿度が比較的低くなると発生が少ない。

参考　病害虫防除資材編　善林六朗、橋本光司

レタス　腐敗病　発生型が二つある。*Ps.cichorii* によるものは、高冷地の七～九月ごろ収穫する作型や平坦地の秋期に収穫する作型に発生する。*Ps.viridiflava*、*Ps. marginalis pv. marginalis* によるものは、暖地の冬から春収穫する作型に発生する。

一次伝染源として重要なものは、圃場内外の雑草、および土壌中にすき込まれたレタス罹病葉の残渣上で生存した病原細菌である。降雨による土壌の跳ね上がりや、雑草からの風雨による飛散で葉面に細菌が付着し、葉面上で増殖後、葉の自然開孔部や傷口から感染するものと考えられる。

収穫期は結球内部が好適な湿度、温度条件となるうえ、レタスの本病に対する感受性が高まるので発病が多くなる。連作、降雨、多湿条件が好適発生条件となる。非宿主植物との輪作を行なう。

参考　病害虫防除資材編　植松清次、小木曽秀紀

黒砂糖農薬で、斑点細菌病が発生しなくなった

鹿児島県高山町（肝付町）の大坪進伍さんは、奥さんと二人で六反の水稲、二反のハウスキュウリを作っている。キュウリに斑点細

シュードモナスを病原とする病気、作物

病原	病名	主な作物
シュードモナス	青枯病	シソ、ダリア、ヒマワリ
	赤焼病	チャ
	萎凋細菌病	カーネーション、スターチス、宿根カスミソウ
	かいよう病	ウメ、キウイフルーツ
	かさ枯病	インゲン、イタリアンライグラス
	褐色腐敗病	カトレア、シンビジウム
	褐斑細菌病	ファレノプシス
	株腐細菌病	ニラ
	がんしゅ病	ビワ
	茎えそ細菌病	トマト
	首腐病	グラジオラス、フリージア
	黒斑細菌病	ダイコン、チンゲンサイ、パクチョイ、タアサイ、ハクサイ
	縮葉細菌病	クワ
	立枯病	マーガレット
	てんぐ巣病	チャ
	倒伏細菌病	トウモロコシ
	野火病	タバコ
	花腐細菌病	キウイフルーツ
	春腐病	ニンニク
	斑点細菌病	カーネーション、キュウリ、ヒマワリ、ホウレンソウ、ミツバ、メロン、宿根カスミソウ
	斑葉細菌病	プリムラ
	腐敗病	キャベツ、タマネギ、レタス

菌病が大発生し、大坪さんを不安に陥れたのは三年前、昭和五十九年が明けてからのことだった。

斑点細菌病は低温多湿で発生する。それまでもこの時期には頭痛の種だったが、この年はとくにひどかった。斑点細菌病に効くというあらゆる農薬を二日と間を置かずに散布したがまったく効いてくれない。それどころか農薬をかけることによって目に見えて葉がガサガサに荒れる。とうとうその年は長期のキュウリも中途で収穫を打ち切り、新たに苗を仕立てて植えかえることにした。

そんなとき、『現代農業』で知ったのが、黒砂糖農薬。「そんなものが本当に効くのか」と半信半疑ながらも、農薬が効かないのだから他に手がない。翌年の一月に、黒砂糖農薬を作って試してみた。散布した後のキュウリの目に見える変化は「葉にツヤ、果実にテリが出たていど」だったというが、とにかくあれほど猛威をふるった斑点細菌病がまったく発生しなくなった。また、べと病、灰色かび病も少なくなったという。（一九八六年九月号）

黒砂糖農薬の作り方

材料：湯5ℓ、黒砂糖（三温糖、赤ザラメでもよい）3kg、バイムフード100g。きれいな容器を準備する。
容器をよく洗う。使い古しなら煮沸消毒する。
黒砂糖を容器に入れ、沸騰した湯3kgを加えて溶かす。
湯が30℃くらいに冷えたらバイムフード（種菌）を加えて軽くかき混ぜる。
きれいな布（サラシ綿布）で容器の口をおおい暖かい所におく。18〜35℃ぐらいがよい。
1日1回撹拌する。5〜10日目ごろからアルコール発酵して泡がでる。さらにすすむと表面に産膜酵母の薄い膜が広がる。これで出来あがり。
出来た発酵液360cc、酢360cc、焼酎360ccを100ℓの水で薄めて葉面散布する。

ラルストニア

真正細菌・プロテオバクテリア門

Ralstonia　青枯病

トマト　青枯病　病原細菌は前作の被害株の茎葉や根の中で越冬し、第一次伝染源となる。多くの菌は、土中深くに生息すると考えられる。

トマトが植えられ、根が伸長し病原菌の生息する層に達すると、根の傷口や細根が発生したときの傷に病原菌が侵入して、トマトの維管束に達し、増殖して発病させる。地上部の茎葉がしおれるころには、病原菌は根部から土壌中に排出され、隣接する株に伝染する。

一度発生すると土壌中では少なくとも数年間は、発病に要する菌密度が維持される。実験的には二〇℃以上では殺菌土壌中で三五〇日以上生存するが、一〇℃では九〇日間、三℃では七〇日以上は生存できない。

土壌水分が少ない畑土壌とか、土壌微生物が豊富な土壌では、本菌に拮抗性を有する微生物が多く生存するため、本菌の土壌中での増殖は比較的少ない。

病原菌にはレースが三つあり、それらの寄主作物は一七科、一〇〇余種と広範にわたる。イネ科作物には寄生性が認められないので、これらの作物を数年間輪作すれば、本病の発生を少なくすることができる。

参考　病害虫防除資材編　相野公孝

ジャガイモ　青枯病　北海道では七〜八月、長崎では五〜十月のジャガイモ栽培期間中に発生する。病原細菌の増殖最適温度は三四℃前後であり、この期間の気温が高いほど激しく発生する。

病原細菌は、宿主がなくても土壌中で長く生存する。土壌中での垂直分布は深さ三〇cm

ラルストニアを病原とする病気、作物

病原	病名	主な作物
ラルストニア	青枯病	イチゴ、ジャガイモ、トマト、ナス、ピーマン、トウガラシ類
	立枯病	タバコ

くらいまで多く、低密度ながら深さ一mのところにも分布する。

病原細菌*R. solanacearum*には宿主範囲の異なる種々の系統（レース）の存在が知られている。ジャガイモを侵す細菌がトマトなどを侵すこともあるため、基本的にはジャガイモと他のナス科作物との輪作は避けたほうがよい。

参考　病害虫防除資材編　片山克己、佐山充

トマトの青枯病に生石灰水の灌注

千葉県鋸南町　福原敬一さん

編集部

「ポッツン、ポッツンと毎日一株ずつ端から順序よく枯れてたのに、生石灰をやったその日から枯れなくなった」。福原さんは、『現代農業』の記事を見て、ほぼそのとおりに実践。ジョウロで「一株につき一合くらい」を目安に注いで歩いた。

昨年はトマトが枯れ始めた十一月に灌注したが、今年は青枯病が出る前に予防的にやって、一本も枯らさずにトマトをとり続けてやろうと思っている。

水溶液の作り方は以下のとおり。五〇〇ℓタンクいっぱいの水に、生石灰一〇kgを入れる（作る量が少ないときは、水一・八ℓに生石灰三〇～五〇g）。このとき、生石灰が水と反応して発熱し、激しく蒸気を吹くので注意する。熱をよく冷ましてから、タンクの下に石灰が沈むのでかき混ぜる。

トマトの株元にその水溶液を流す。量は一株につき牛乳ビン一本分くらいでよい。このとき必ずその両隣の株にも流しておく。被害がうね全体にでるようなときは灌水チューブを使う。（二〇〇八年六月号）

1株につき1合くらいの目安で株元に注いで歩く。ハウスはメロン用の温室で隔離ベッド

籾がら堆肥で青枯病を克服

編集部

群馬県群馬町の金井さんはハウスナスで昨年はじめて青枯れ病を出してしまった。五月下旬からボツボツ出始めて六月には大きく広がり、六月末には半分以上の株がかかってしまった。原因としては、ナスの台木をまちがえたこと、定植前にトレンチャーで天地返しをして下層から病原菌を出してしまったことが考えられた。

それまでも種菌のVS34や「あかきん」を使って堆肥を自分で作って畑に入れていたが、十分な効果が上がらなかったようだ。そこで、堆肥の作り方を再検討することにした。金井さんの籾がら堆肥の作り方は次のとおり。

籾がらを二t車で四～五台分、動物有機（七-七-七）三〇〇kg、米ぬか一五〇〇kg、それにVS34・あきかん三〇袋を積んで、切り返して堆肥にした。

ただ、籾がらを大量に使うばあいは、いかに水分を吸わせるかがむずかしい。籾がらは湿りにくいから、うまく発酵しないのだ。そこで、材料を最初に混ぜ合わせるときにスプ

リンクラーで水をかけながら切り返すことで解決した。この方法なら半月くらいで籾がらに水分がしみてくれる。

　籾がら堆肥のよい点はいったん水分条件が整えれば四〇日でよい堆肥ができあがることだ。ただ、熱が上がってくると水分が飛ぶので、切り返しのときに十分水を補給して、よく踏みつけてやることがポイントである。

　これを全面散布して、ハウスから青枯れ病を追い出すことができた。（一九八七年十月号）

青枯病は三〇℃以下の地温にして防ぐ

編集部

　千葉県横芝町の若梅健司さんによれば、青枯病は地温が三〇℃以上になると、汚染圃場では多発してくるという。そこで、敷わらやメデルマルチ、ダブルマルチなどで地温を下げる工夫をする。また、汚染圃場では、地温が三〇℃以下になってから定植するのもひとつの方法という。それでも発生するようであれば、抵抗性品種（瑞栄など）を用いたり、接木栽培をする。（一九八八年六月号）

真正細菌・プロテオバクテリア門

キサントモナス

Xanthomonas

褐斑細菌病、かいよう病、斑点細菌病、黒腐病ほか

　キサントモナスは、短桿状のグラム陰性細菌で、種子伝染、土壌伝染する。

カボチャ　褐斑細菌病　罹病組織とともに土壌中で越年、または種子に付着して翌年の第一伝染源になる。おもに葉に発生するが、まれに茎や果実にも発生することがある。

　発育温度は一五～三三℃で、発育最適温は二九℃とされる。しかし、栽培地での自然発病は比較的低温と多湿の条件で見られるようである。初期には黄色のハローをともなった小円形病斑ができるが、角形の大型病斑となる。病勢の進展とともに褐色となり、葉脈を残してその中心部が破れやすくなる。

　種子伝染は、新しい種子ほど発病が多く、貯蔵期間が長くなるほど伝染率は低下するが、五℃の六か月でも伝染することが確認されている。被害茎葉は翌年の伝染源となるが、汚染土壌を作成して試験した結果では、一か月→四か月と経過するにしたがい伝染率は低下し、五か月では発病しなかった試験例がある。土壌伝染は、長期間にわたるとは考えられないが、圃場の環境条件によって異なる。水分が発病を助長するので本圃のうねを高くし滞水をさける。肥料切れにならないように肥培管理に注意する。

参考　病害虫防除資材編　三浦猛夫

キサントモナスを病原とする病気、作物

病原	病名	主な作物
キサントモナス	かいよう病	カンキツ
	角斑細菌病	イチゴ
	褐斑細菌病	カボチャ、キュウリ、メロン
	黒腐病	カリフラワー、ブロッコリー、キャベツ、ストック
	黒斑細菌病	ゴボウ
	黒斑病	スモモ
	白葉枯病	イネ
	せん孔細菌病	モモ
	斑点細菌病	トマト、ピーマン、トウガラシ類、ベゴニア、レタス
	斑葉細菌病	ゼラニウム

カンキツ類　かいよう病　病原細菌は葉、枝、果実の病斑部内で越冬する。とくに夏秋枝の病斑での生存率が高い。また、前年秋期に強風雨によって葉や緑枝の気孔や傷口から押し込められた病原細菌はそのまま越冬していて、気温が上昇してくる三月中下旬に増殖

して病斑を形成する（潜伏越冬病斑）。これらの病斑内の病原細菌が第一次伝染源になる。潜伏越冬病斑からの溢出量は夏秋枝病斑よりも多く、もっとも重要である。

病原細菌は落葉中の病斑内では生存できず、根圏土壌中では生存しない。三月下旬ころから増殖した病原細菌は、雨で分散し、風雨によって遠くまで飛散し、気孔や傷口から侵入する。冬〜春先が温暖な場合には新葉発生前に前年葉に気孔感染して四月ごろから発病してくる。春葉は発芽後一〇〜五〇日の間に気孔感染して五月上旬ころから発病し、五月中下旬が最盛期になる。その後組織が硬化すると傷口感染する。果実では落花直後の五月下旬ころから九月下旬まで感染する。

春葉や緑枝の新しい病斑、果実の病斑から二次伝染により夏秋梢のミカンハモグリガの加害部跡などにまとまって発病し、落葉する。潜伏期間は二五℃で五〜一〇日、それより低温の春や秋では一〇日以上と長くなる。

前年の秋に台風や強風雨などがあると潜伏越冬病斑が多くなり、春からの発病が多くなる。五月の発芽期の強風雨は気孔感染と傷口感染を多くする。夏〜秋の台風襲来は発病を著しく増加させる。また、夏秋梢の発生が多いとミカンハモグリガの加害が多くなり、その傷口から発病が多くなる。

防風網や防風垣などの施設整備、苗木や若木ではミカンハモグリガの防除が必要。窒素肥料を多用しないような適正な肥培管理が大切で、強剪定は夏秋枝の発生を多くすることになり、好ましくない。整枝・剪定により園内の通風を良くして雨などの乾きが良いようにし、病葉や秋枝などは努めて剪除する。

参考　病害虫診断防除編　牛山欽司

キャベツ　黒腐病　一次伝染源は被害残渣と汚染種子である。被害残渣中の病原細菌は乾燥に強く、乾燥状態、土壌中いずれにおいても一年以上生存して重要な感染源となる。

土壌中の病原細菌は雨滴とともに跳ね上がり、葉縁の水孔や傷口から侵入する。増殖した病原細菌は維管束を通って移動する。種子伝染は低率であるが、とくに無病地への病原細菌の侵入原因となること、苗床での蔓延の原因となることから重要である。種子内の病原細菌は二八か月生存可能である。

二次伝染は、病患部から溢出した病原細菌が、雨滴とともに飛び散り、周辺の葉に感染することにより起こる。発生の多い作型は、春〜初夏播きおよび夏播きであり、晩夏〜秋播きでは発生は少ない。

参考　病害虫防除資材編　深谷雅博

ソルゴー防風垣で、かいよう病を抑える

編集部

風が当たるミカン畑では、枝が風雨に揉まれてかいよう病が多発しやすい。長崎県では、ソルゴー（モロコシ）による、防風対策を進

長崎県諫早市・藤原邦明さん。ソルゴーの品種は「大きいソルゴー」（カネコ種苗）

めている。

まず畑の周囲を、一～二m幅で耕耘しておく。四月以降、二条に、条間六〇cm株間一〇cmに三～四粒ずつ播種し、覆土、鎮圧する。なるべく薄く播いたほうが分げつがすすみ、茎葉の隙間がなくなる。播種時に肥料を少し施用し、生育が悪い場合は、五～六葉時に追肥する。鳥害対策として、播種直後にミシン糸を五～一〇cmの高さに張るとよい。

出穂すると伸長が止まるので、穂を刈り取る。ミカンとの間隔が狭いときは、横に広がった葉を刈る。

またソルゴーは冬場には刈り倒し、敷き草や堆肥化して果樹園に還元する。（二〇〇九年四月号）

レモン　かいよう病は「黒砂糖＋米酢」で防ぐ

編集部

愛媛県八幡浜市の矢野源一郎さんは、十五年前からレモンの減農薬栽培に取り組んできた。レモンはミカン以上にかいよう病に弱いので、その予防に黒砂糖＋米酢をかけている。散布すると葉の表面にテリ、ツヤが出て、色も濃くなり、かいよう病を寄せつけないのではないかという。

散布時期は春から夏にかけての葉の展開期に二～三回。秋は台風が来そうだと必ずその前に散布する。倍率は黒砂糖も酢も五〇〇倍。かいよう病だけでなく、ダニも、天敵が活動するせいか、まったくわかないという。（二〇〇五年六月号）

かいよう病に塩が効く

編集部

愛媛県中島町の岡野勲さんは、海水から作った塩で、ミカンのかいよう病が防げるという。

昔、台風の潮害で樹がやられたときの経験がヒントになって、もしやと思って試してみた。かいよう病が出たと思ったら、三〇〇〇倍の食塩水を葉裏から丁寧にかけてやる。そうすると、病斑が茶色く枯れて穴があき、病勢がそこでストップするそうだ。果実の場合は肥大にともなって、被害痕が目立たなくなる。

ネーブル、レモンのかいよう病に、従来はボルドーを全園にかけていたのが、これなら病気が出てからスポット散布でいい。そのほうが効くし、それで間に合う。小力散布にもなるという。

ただしほかの農薬と混ぜると沈澱するので、単用で使う。葉裏にかかるように、対症療法的にかける。これが、食塩水でかいようを叩くこつだそうだ。（一九九九年八月号）

真正細菌・放線菌門

ストレプトマイセス

Streptomyces　そうか病ほか

ストレプトマイセスはグラム陽性細菌に分類され、放線菌の多数を占める。おもに土壌中に棲息する。

ジャガイモ　そうか病　病原はジャガイモが存在しなくとも、土壌中の腐敗植物体上、他植物の根、家畜廃物を多量に施した畑土壌中などで長期間生存できる。寄生範囲は広く、レッドビート、ビート、ダイコン、カブ、ニンジン、ゴボウなどの根に感染してそうか病をおこすほか、*S.scabies* ではコムギ、ダイズ、インゲンマメなどの各種植物根に感染するとされる。

塊茎形成から肥大初期に地温が高く、少雨乾燥に経過した年次に早発し、発病も多くなる。この時期が多湿な場合、発病は抑制される。これは塊茎皮目は土壌湿度が高いと、肥大した添充細胞がそう生し、皮目孔から感染部位を噴出、除外するほか、多湿な条件では拮抗微生物の活動も盛んとなり、感染が阻止されるためといわれる。乾燥しやすく通気のよい圃場で発病被害が多い。土壌pHが五・二以上で発生し、六・五ないしアルカリ側で多発生する。

種芋は健全無病のものを使用するほか、種芋消毒を行なう。ジャガイモの連作、過作をさけ、土壌pHを低く抑えるため過度の石灰施用をさけ、酸性肥料を使用する。さらに、発病を助長させる粗大有機物の施用をひかえ、完熟堆肥を用いる。前作緑肥としてイネ科作物、とくにエンバク野生種は発病軽減効果がある。休閑緑肥、後作緑肥のいずれでも効果がある。マメ科作物はイネ科に次いで有効である。

多くのジャガイモ品種は本病に罹病性であるが、ツニカ、ユキジロ、スタークイーン、ユキラシヤ、スノークィーンは抵抗性である。

ストレプトマイセスを病原とする病気、作物

病原	病名	主な作物
ストレプトマイセス	そうか病	ジャガイモ、ニンジン、ゴボウ
	立枯病	サツマイモ

参考　病害虫診断防除編　谷井昭夫、田中文夫

そうか病に米ぬかが効く

編集部

ジャガイモの早出し産地である鹿児島県沖永良部島では、植え付け前の畑に米ぬかをすき込んで、そうか病対策に成果をあげている。島内のジャガイモ生産者八三〇戸のほとんどが米ぬかを使っており、沖永良部農業改良普及センターの試験でも、六年連作で前年に多発した圃場でも発病がほぼ抑えられたという。

米ぬかを反当300kgまいているところ（撮影　赤松富仁）

ジャガイモを一〇町歩栽培している和泊町の川村秀文さんのやり方を紹介しよう。収穫は四月で終了し、七月に深耕。九月までに五～六回耕耘してよく砕土し、米ぬか一〇a当たり三〇〇kgを畑にすき込む。十月下旬に植え付ける。

植え付け一か月前に米ぬかを畑にすき込むのだが、沖永良部の土は赤土で塊になりやすいので、米ぬかが土とよく混ざるように事前土を細かくしておく。また、夏の強い日射に土壌をさらして病原菌を死滅させられないか、との思いもあるようだ。

沖永良部農業改良普及センターでは、「米ぬかを処理することによって土壌pHはやや低くなったが、土壌中の糸状菌、細菌、放線菌数が著しくふえている。そうか病菌と拮抗する菌群もふえることで、そうか病が減少するのではないか」と見ている。

この方法は、同じ鹿児島県でも、島以外の火山灰土地帯では効果にバラツキがでるのだという。火山灰土は乾燥しやすいので、そうか病菌と拮抗する菌群がふえにくいのであろうか。一方、沖永良部島は多湿になりやすい赤土の重粘土地帯だ。

また、この方法で同時に粉状そうか病も抑えられるという。粉状そうか病も、そうか

病と同じくらいやっかいな病気だが、こちらの病原は、スポンゴスポラ（*Spongospora subterranea*）で、低温多湿を好むとされる。（二〇〇四年六月号）

消石灰で、ジャガイモがピカピカ、ポクポクに

福島県二本松市　佐藤正夫

ファームランドやまろく

昔、ジャガイモを作るときは、苦土石灰を土壌改良剤としてまいて、鶏糞を肥料にするのが常でした。あるころから、お得意様の農家の畑で、そうか病が発生するようになり、ジャガイモを作るときは石灰を使わないで、専用の配合肥料だけで作るように指導をしておりました。

ところが十年程前に『現代農業』に、ジャガイモの花が咲き始めるころに、追肥として消石灰をふるとポクポクとおいしくなるという記事が掲載されました。ほんとかなと思いつつ試してみることにしました。

しかし花の咲くころは、畑一面がジャガイモの葉で覆いつくされます。「葉にかかっても肥焼けしないのだろうか？」と心配しつつ、最初はふる量もわからず、おっかなびっくり消石灰をふってみました。葉にかからないように注意したのですが、案の定、葉にもたっぷりかかってしまい、枯れることも覚悟しました。

ところが結果は、葉が肥焼けすることもなく、夏にはポクポクとおいしいジャガイモが収穫できたのです。腐れもなく、そうか病もなく肌もきれいでした。驚いたことには、ジャガイモの疫病も減ったのです。消石灰をふることでイモはおいしくなるし、農薬の使用量も少なくなりました。

追肥としてふりかけた石灰は、夜露や雨で溶けて葉からも根からも吸われると思います。石灰が吸われれば窒素も抑えます。水膨れの肥大でなく、硬くしまった生育になるのでしょう。

そこで次の年からは、お得意様を中心に、消石灰の追肥をおすすめしました。最初はなかなか信じてもらうことができず、実行する方はほんの少しでしたが、次々と口コミで広がり、今ではお客さんの半数以上の方が消石灰をふっていると思われます。

岩井清さんは、メークインと十勝こがねを栽培しています。今年、消石灰をふった時期は、メークインが花盛りであり、十勝こがねは花の咲き始めでした。消石灰を一緒にふる都合上、メークインに対する散布適期は少し遅れてしまったかもしれません。施用量は、一〇a当たり二〇kgくらいが適当です。多くても、三〇kgくらいでしょうか。なお、作付け前の石灰はふっていません。

ジャガイモの頭から消石灰をふりかける岩井清さん（撮影　田中康弘）

ジャガイモを掘ってみましたが、腐っているイモもなく、素晴らしい作柄となりました。今年の福島市は雨が多く、畑の中でイモが腐ってしまった方や、掘り上げてから腐り始めた方が多数いたにもかかわらずです。

消石灰の追肥には、注意点もあります。ジャガイモの葉が濡れているときに厚く散布しないということです。少量なら問題ありませんが、葉への付着が厚く強くなると、肥焼けすることがあります。また、濡れた衣服に付くと、肌がかぶれることも考えられます。風があるとき、雨の中や後、朝露があるときの散布は控えたほうがよいでしょう。（二〇〇七年十月号）

あっちの話こっちの話

激辛ハバネロエキスで虫もスズメも退散

和田祥子

「少ない防除回数で虫が減らせるような方法はないか」と常日頃から考えていた熊本県菊池市の稲田昭一さんが編み出したのが、泣く子（虫）もだまる「ハバネロエキス」。

　作り方はとても簡単。夏に収穫した激辛トウガラシの「ハバネロ」と、同量の三五度のホワイトリカーをミキサーにかけ、梅酒のビンに入れて一か月くらい寝かせるだけです。

　イネに使うときは、これをタオルで漉した液を一〇〇〇倍に薄め、出穂後の防除のときに農薬と混ぜて散布します。稲田さんは周りの人よりも防除回数が一回少ないのですが、昨年はみんなが困ったウンカやカメムシの被害も少なかったそうです。また刺激のあるニオイを嫌ってか、キラキラのスズメ脅しなしでもスズメも寄らなくなりました。

　またメロンの消毒にときどき混ぜたり、窓付きペットボトルに木酢と同量のハバネロエキスを入れたものをハウスの外に吊るし、虫を寄りにくくしたりもしています。

　日本のトウガラシの辛さを数倍超えたハバネロエキス、ぜひみなさんも試してみてください。

二〇〇八年六月号　あっちの話こっちの話

炭と米ぬかでアブラムシなしの元気なバラ

畠中諒子

長野県池田町のYさんは花が好きで、畑や家のまわりにサルビアやバラなどを植えています。朝起きて家の外に花が咲いていると気分がスッと晴れる感じがするので、もうずっと何年も花を植え続けているそうです。そこで今回は、バラにアブラムシが寄りつかなくなる方法を教えてもらいました。

　やり方はとても簡単。木炭をこまかく砕いたものに米ぬかを混ぜて、バラの根元にドーナッツ型にパラパラまくだけ。バラの樹が丈夫になるからか、不思議とアブラムシがつかなくなるのです。昔もらった炭が家にたくさんあったことから、この方法を試してみたそうです。皆さんもお試しあれ！

二〇〇六年七月号　あっちの話こっちの話

本書は『別冊 現代農業』2009年10月号を単行本化したものです。
編集協力　本田進一郎

著者所属は、原則として執筆いただいた当時のままといたしました。

農家が教える
農薬に頼らない病害虫防除
ハンドブック

2010年6月30日　第1刷発行
2012年2月15日　第3刷発行

農文協　編

発行所　社団法人　農山漁村文化協会
郵便番号 107-8668 東京都港区赤坂7丁目6-1
電 話 03(3585)1141(営業)　03(3585)1147(編集)
FAX 03(3585)3668　振替 00120-3-144478
URL http://www.ruralnet.or.jp/

ISBN978-4-540-10177-9　DTP製作／ニシ工芸㈱
〈検印廃止〉　印刷・製本／凸版印刷㈱